STATISTIQUE INTERNATIONALE

DE L'AGRICULTURE

STATISTIQUE INTERNATIONALE

DE L'AGRICULTURE

RÉDIGÉE ET PUBLIÉE

PAR LE SERVICE DE LA STATISTIQUE GÉNÉRALE DE FRANCE

(MINISTÈRE DE L'AGRICULTURE ET DU COMMERCE)

NANCY

IMPRIMERIE ADMINISTRATIVE DE BERGER-LEVRAULT ET Cⁱᵉ

11, RUE JEAN-LAMOUR, 11

—

MDCCCLXXVI

PRÉFACE

Par une décision du congrès international de statistique de La Haye, de 1869, confirmée en 1872 au congrès de Saint-Pétersbourg, la France a été chargée de dresser une statistique internationale de l'agriculture.

Immédiatement après la clôture du congrès de Saint-Pétersbourg, le service de la Statistique générale de France se mit en mesure d'exécuter cette décision, et son premier soin fut de rédiger un questionnaire où devaient figurer, dans un ordre méthodique, les éléments à recueillir. Il avait été entendu que la France aurait, pour la rédaction de son questionnaire, la liberté réservée à chaque État pour la préparation des statistiques internationales. Pénétrés, d'ailleurs, des difficultés de notre tâche, nous nous sommes abstenus d'entrer dans des détails sur lesquels l'interrogation eût été embarrassante, et nous nous sommes bornés à demander les chiffres les plus essentiels, à la seule condition que ces chiffres fussent présentés sous la même forme et ramenés aux mesures métriques, pour être comparables entre eux.

Notre programme, établi dans cet esprit, se réduit à quatre objets principaux, savoir :

1° Les superficies cultivées et non cultivées ;

2° Les produits des diverses cultures rapportées aux surfaces qu'elles occupent ;

3° Les animaux de ferme considérés comme produits et comme instruments de travail ;

4° Les systèmes d'exploitation, les procédés de culture et l'outillage agricole.

Ces quatre parties de notre statistique agricole se divisent ainsi :

La première, qui a pour but la connaissance du *territoire agricole,* se subdivise en trois sections comprenant : 1° les terres labourables (céréales, farineux, cultures potagères et maraîchères, cultures industrielles, prairies artificielles et fourrages annuels, jachères mortes et cultures non dénommées) ; 2° les autres superficies productives, savoir : vignes, bois et forêts, prairies naturelles et vergers, pâturages et pacages, que nous avons nettement distingués des terres incultes ; 3° les terres incultes, montagnes, rochers, etc.

Dans la seconde partie, consacrée aux *produits des cultures,* nous nous sommes bornés à demander, relativement aux céréales et autres farineux, aux plantes oléagineuses et textiles, aux betteraves et généralement à toutes les plantes industrielles, telles que le tabac, la garance, le safran, la chicorée, etc., trois renseignements essentiels, savoir : le nombre d'hectares cultivés, la quantité de semence employée par hectare, le produit moyen de la récolte par hectare ensemencé, en réservant, s'il y a lieu, pour un travail ultérieur, ce qui concerne le prix moyen et la valeur de ces produits. Quant aux cultures potagères et maraîchères, pour éviter les complications qui résulteraient de la grande variété des produits récoltés, on a simplement demandé la valeur en francs produite par la récolte moyenne d'un hectare. Pour les prairies artificielles, les fourrages annuels et pour les prairies naturelles, on s'est contenté de l'indication de la superficie et du rendement par hectare. Pour les pacages et pâturages, dont le produit est si aléatoire, nous n'avons demandé que la superficie exploitée.

La troisième partie comprend, dans un premier tableau, le nombre des *animaux domestiques* des diverses espèces, et, dans le second, le nombre des animaux livrés à la boucherie, leur poids brut et leur rendement en viande.

La quatrième partie, qui se rapporte à l'*économie rurale,* c'est-à-dire aux divers systèmes d'exploitation du sol, aux procédés de culture et à l'outillage agricole, devait, nous le savions, offrir de sérieuses difficultés, et c'est pourquoi nous avions réduit notre questionnaire à ses éléments les plus simples.

Les renseignements demandés sur ces divers points devaient se rapporter à l'année 1873 ; mais, pour nous rendre compte de la situation normale de l'agriculture de chaque pays, nous avons jugé à propos de faire consigner dans les colonnes ouvertes à cet effet, les résultats d'une *année moyenne* calculés sur les cinq dernières années (de 1869 à 1873 inclusivement).

Dès le mois de novembre 1872, des exemplaires de notre questionnaire ont été envoyés aux préfets des départements français et aux directeurs des bureaux de statistique de tous les États étrangers. Grâce au zèle et au travail intelligent des commissions cantonales et des administrations préfectorales, les réponses des départements français ont été généralement assez pertinentes et précises pour nous permettre d'établir, sous la forme de tableaux réguliers, la situation agricole de notre pays. Mais le résultat est loin d'avoir été aussi satisfaisant pour la plupart des États étrangers ; le royaume des Pays-Bas est le seul dont la statistique agricole ait été rédigée suivant nos modèles. Ce travail remarquable est l'œuvre du savant M. de Baumhaüer.

Nous avons divisé les différents États interrogés par nous en quatre catégories, selon le degré d'exactitude de leurs réponses à notre programme :

1° Ceux qui l'ont rempli à peu près complétement;

2° Ceux qui ne l'ont rempli que d'une manière imparfaite;

3° Ceux qui, sans répondre directement au questionnaire, nous ont adressé des renseignements utiles ;

4° Ceux qui se sont abstenus de toute participation à notre travail.

En dehors de la France et de la Hollande, sur les vingt-six États de l'Europe auxquels nous avons adressé notre questionnaire, on peut considérer comme ayant fourni des réponses à peu près complètes, la Norvége, le Danemark, la Finlande, la Bavière, le Wurtemberg, la Saxe-Royale, Bade, Hesse-Darmstadt, Saxe-Altenbourg, Saxe-Weimar, la Hongrie et la Roumanie.

Nous avons reçu des données incomplètes de la Suède, qui a confondu en un seul total toutes les céréales ; de la Grande-Bretagne, qui n'a donné, en fait de cultures, que les superficies, sans faire connaître ni la semence ni le produit moyen.

Nous n'avons obtenu aucune réponse des États suivants : l'Autriche, la Prusse, la Russie, la Suisse, l'Italie, l'Espagne, le Portugal, la Turquie, la Grèce et la Serbie. Nous avons espéré jusqu'au dernier moment que la Russie, dont les travaux de statistique agricole ont été remarqués au congrès de géographie tenu l'an dernier à Paris, nous enverrait des documents qui, d'après des promesses formelles, devaient nous être adressés vers la fin de l'année 1875. La Prusse a déclaré que les éléments d'une statistique agricole du royaume n'avaient pas, jusqu'alors, été réunis ; elle annonçait néanmoins l'envoi prochain d'un dénombrement des bestiaux. Le bureau fédéral suisse a fait connaître qu'il n'était pas en mesure de répondre à notre programme. « Tous les renseignements que nous possédons sur ce point se rapportent, dit-il, à l'éducation du bétail et à l'entretien des pâturages « dans les Alpes, et la plupart des cantons sont encore privés de cadastre. On estime les terres d'une manière approximative et en se « servant d'une manière fictive, par exemple de l'*ouvrée* pour la vigne, « du *Kuhrecht* pour le pâturage. » La statistique agricole n'ayant jamais été dressée en Espagne, l'Institut géographique a fait une tentative pour obtenir des réponses même incomplètes à notre questionnaire ; mais les événements politiques l'ont fait échouer. L'Autriche a pensé qu'il y avait lieu de subordonner la confection d'une statistique internationale agricole aux résolutions que la commission permanente de statistique de Stockholm pourrait provoquer à ce sujet dans le congrès de statistique de Buda-Pesth. Enfin, l'Italie a fait savoir qu'elle n'avait point de statistique agricole organisée et ne pouvait satisfaire à nos demandes. Elle a, toutefois, produit depuis un travail isolé de recensement du bétail.

Les États-Unis nous ont adressé un rapport étendu, qui, sans répondre directement à nos questions, nous a fourni des informations intéressantes sur la situation agricole de l'Union. Le Canada nous a envoyé quatre volumes du dernier *Census*, où nous avons puisé un grand nombre de renseignements du plus haut intérêt. Enfin, les colonies anglaises d'Australie nous ont fait parvenir des documents qui ont pu être complétés au moyen de statistiques locales.

Ces documents, ainsi mis en œuvre, ont été placés à la suite d'observations communiquées par des départements français et par des gouvernements étrangers ; ils forment une série d'annexes importantes du travail statistique proprement dit que nous publions aujourd'hui.

Le présent volume se compose :

1° D'une *introduction* générale, où sont résumés et comparés entre eux les résultats constatés ;

2° De *tableaux* présentant la situation agricole de la France et celle de la Hollande, et de *tableaux récapitulatifs* concernant les divers États de l'Europe et les États-Unis d'Amérique ;

3° De *notices agricoles*, soit générales, soit locales, sur divers pays de l'Europe, de l'Amérique et de l'Océanie.

Une *table analytique* des matières marque nettement les divisions de ce volume, qui se termine par une *table alphabétique*, destinée à faciliter les recherches de ceux qui voudront le consulter.

Nous avons fait tous nos efforts pour tirer le meilleur parti des documents, trop peu nombreux à notre gré, qu'il nous a été donné de recueillir, et nous avons la conscience de n'avoir rien négligé pour remplir, dans ces conditions, la tâche confiée à la Statistique française par les congrès de 1869 et de 1872.

TABLE DES MATIÈRES

TABLEAUX RÉCAPITULATIFS PAR DÉPARTEMENT.

Première section. — Territoire.

Deuxième section. — Produit des cultures.

Troisième section. — ANIMAUX DOMESTIQUES.

Quatrième section. — ÉCONOMIE RURALE.

II. — HOLLANDE (Statistique agricole de la).

RÉSUMÉS GÉNÉRAUX PAR PROVINCE.

III. — DOCUMENTS AGRICOLES

RELATIFS AUX DIVERS ÉTATS DE L'EUROPE.

IV. — DOCUMENTS RELATIFS AUX ÉTATS-UNIS.

TROISIÈME PARTIE. — NOTICES AGRICOLES SUR DIVERS PAYS.

I. — FRANCE.

CHAPITRE Ier. — *Renseignements généraux.*

CHAPITRE II. — *Renseignements particuliers par département.*

II. — HOLLANDE.

CHAPITRE Ier. — *Renseignements généraux.*

CHAPITRE II. — *Renseignements particuliers par province.*

———

PREMIÈRE PARTIE

INTRODUCTION

INTRODUCTION

CHAPITRE PREMIER

TERRITOIRE AGRICOLE

I. — *France.*

Depuis 1840, date de la première enquête agricole entreprise par le service de la Statistique générale dé France, le territoire de notre pays a éprouvé des modifications qu'il est utile de rappeler.

Jusqu'en 1860, la surface des 86 départements qui formaient la France proprement dite a été évaluée à 52,769 mille hectares.

A la suite de l'annexion de la Savoie et du comté de Nice, le nombre des départements s'est élevé à 89. Après avoir pris soin de rectifier les chiffres afférents à ces nouveaux territoires, nous croyons pouvoir porter à 54,355 mille hectares l'étendue totale de notre pays à cette époque.

En 1871, en vertu du traité de Francfort, la France a perdu le département du Bas-Rhin en entier, presque tout le Haut-Rhin, et une partie plus ou moins importante des départements de la Meurthe, de la Moselle et des Vosges, en sorte que sa contenance se trouve actuellement réduite à 52,905 mille hectares, superficie à peu près égale à celle qu'elle occupait avant 1860.

Avant de dire quelle est, par nature de culture, l'étendue du territoire agricole de la France, il ne sera pas sans intérêt de la comparer, en procédant par grandes divisions, à celle qui lui a été attribuée lors des trois précédentes enquêtes, en 1840, 1852 et 1862.

Toutefois, nous ne pouvons donner le tableau de ces variations sans faire une observation préalable sur les pacages et pâturages, comme aussi sur les terres absolument incultes. Jusqu'en 1862 inclusivement, les pacages et pâturages avaient été confondus avec les landes et les bruyères et compris, par conséquent, dans les terres incultes; mais ces terres incultes paraissent n'avoir pas été relevées en totalité. En 1873, au contraire, le questionnaire a prescrit de donner l'évaluation aussi exacte que possible des terres incultes proprement dites, en les séparant des pacages et pâturages. Il y aurait donc lieu de craindre que les résultats relevés à ces quatre époques ne fussent pas parfaitement comparables entre eux, si l'on n'avait le soin de laisser de côté à la fois les pâturages et les terres incultes.

Cette réserve faite, nous avons pu établir, ainsi qu'il suit, pour les quatre années considérées, la répartition du territoire productif de la France :

ÉTENDUE COMPARÉE DU TERRITOIRE PRODUCTIF (en milliers d'hectares).

DIVISIONS DU TERRITOIRE.	1840.	1852.	1862.	1873.
Céréales et farineux	16,258	17,123	17,763	16,997
Autres cultures	1,050	1,100	1,223	1,316
Prairies artificielles et fourrages	1,831	2,858	3,150	3,095
Jachères	6,783	5,705	5,148	4,863
Terres labourables	25,917	26,786	27,293	26,301
Prairies naturelles et vergers	4,198	5,057	5,021	4,224
Vignes	1,972	2,191	2,321	2,583
Bois et forêts	8,436	8,600	9,035	8,357
Autres terrains productifs	14,606	15,848	16,377	15,164
Total du territoire productif (pâturages non compris)	40,523	42,634	43,670	41,465
Territoire général de la France	52,769		54,355	52,905

En rapportant ces diverses superficies au territoire total du pays, on obtient les chiffres suivants :

ÉTENDUE PROPORTIONNELLE DU TERRITOIRE PRODUCTIF (par kilomètre carré).

DIVISIONS DU TERRITOIRE.	1840.	1852.	1862.	1873.
Céréales et farineux	30,7	32,5	32,6	32,1
Autres cultures	2,0	2,1	2,2	2,5
Prairies artificielles et fourrages	3,5	5,4	5,8	5,8
Jachères	12,9	10,8	9,5	9,2
Terres labourables	49,1	50,8	50,1	49,6
Prairies naturelles et vergers	7,9	9,6	9,2	8,0
Vignes	3,8	4,1	4,3	4,9
Bois et forêts	16,0	16,8	16,6	15,8
Autres terrains productifs	27,7	30,0	30,1	28,7
Rapport du territoire productif (pâturages non compris) au territoire total	76,8	80,8	80,2	78,8

A la seule inspection de ces rapports, on voit que l'étendue de notre territoire productif n'a subi que peu de changements. Si, en effet, il y a eu progrès sensible de 1840 à 1852, ce progrès s'est trouvé atténué en 1862 par l'annexion de départements relativement peu fertiles. Quant à la décroissance constatée en 1873, elle peut être imputée presque exclusivement à la perte des départements alsaciens-lorrains, qui, au point de vue agricole, étaient classés au premier rang.

Toutefois, si l'on considère les périodes extrêmes, on constate qu'il y a eu une augmentation considérable dans les étendues affectées aux prairies artificielles, aux vignes et aux autres cultures (désignation dans laquelle on comprend les cultures maraîchères et les plantes industrielles), tandis qu'on ne remarque que des variations peu sensibles dans les superficies occupées par les céréales [1], les prairies naturelles, les pacages et les forêts. On constate de plus que l'étendue en jachères tend de plus en plus à diminuer.

II. — *Comparaisons internationales.*

Comparons maintenant la France aux États étrangers :

On trouvera à la page 96, un tableau faisant connaître, par nature de culture, la répartition du territoire agricole de 20 États européens. Dans cette répartition on a compris non-seulement les pacages et pâturages, mais encore les terres incultes, lesquelles, ajoutées aux terres labourables et aux autres terrains productifs, constituent ce que nous appelons le territoire agricole.

C'est à ce territoire et non plus au territoire total, comme on a dû le faire dans les tableaux précédents, que nous avons rapporté les diverses superficies exploitées. La comparaison ainsi faite, en effet, permet de ne pas tenir compte des inégalités, souvent très-considérables, que présentent les divers pays au point de vue des superficies des lacs et cours d'eau, voies de communications de toute espèce et propriétés bâties.

RÉPARTITION PROPORTIONNELLE DU TERRITOIRE AGRICOLE.

DÉSIGNATION DES ÉTATS.	TERRES LABOURABLES.						AUTRES TERRAINS PRODUCTIFS				TOTAL du territoire exploité.	TERRES incultes.
	Céréales et farineux	Cultures potagères et maraîchères.	Cultures industrielles.	Prairies artificielles et fourrages annuels.	Jachères.	TOTAL.	Prairies naturelles et pâturages.	Vignes.	Bois et forêts.	TOTAL.		
Grande-Bretagne.	21,3	0,1	0,2	15,9	1,5	39,0	27,9	»	4,7	32,6	71,6	28,4
Irlande	15,3	»	0,7	12,5	0,1	28,6	56,3	»	1,7	58,0	86,6	13,4
Danemark. . . .	40,1	0,2	0,3	0,9	8,6	50,1	37,7	»	6,4	44,1	94,2	5,8
Norvége	0,7	»	»	1,3	0,1	2,1	1,9	»	24,0	25,9	28,0	72,0
Suède	3,4	0,1	0,1	1,6	0,8	6,0	4,8	»	41,5	46,3	52,3	47,7
Finlande.	1,4	0,1	0,1	»	0,7	2,3	5,6	»	61,3	66,9	69,2	30,8
Autriche.	26,1	0,5	0,1	4,5	0,2	31,4	28,3	0,8	32,6	61,7	93,1	6,9
Hongrie	26,5	»	1,1	1,0	7,3	35,9	25,4	1,4	27,1	53,9	89,8	10,2
Bavière	28,7	0,9	1,1	4,9	6,4	42,0	19,6	0,3	32,2	52,1	94,1	5,9
Saxe-Royale . . .	33,0	1,5	1,4	13,5	2,8	52,2	14,7	0,1	28,9	43,7	95,9	4,1
Wurtemberg. . .	31,5	0,4	1,9	6,6	4,7	45,1	20,3	1,0	32,2	53,5	98,6	1,4
Duchés allemands[2]	30,5	0,5	2,8	11,6	2,3	47,7	14,5	1,1	33,2	48,8	96,5	3,5
Hollande.	23,0	0,8	2,2	6,1	0,7	32,8	37,0	»	7,2	44,2	77,0	23,0
Belgique.	43,7	2,3	4,3	7,2	2,0	59,5	13,8	»	16,8	30,6	90,1	9,9
France.	34,7	1,0	1,8	6,3	9,9	53,7	15,0	5,3	17,0	37,3	91,0	9,0
Portugal.	13,5	0,6	1,0	0,1	8,3	23,5	22,7	2,5	8,1	33,3	56,8	43,2
Roumanie.	25,3	1,5	0,8	»	1,7	29,3	21,3	0,8	16,9	39,0	68,3	31,7
						100,00						

Si, laissant de côté les terres incultes, on n'a égard qu'au territoire agricole exploité (terres labourables et autres terrains productifs), on obtient les rapports ci-après :

---

1. La superficie céréale a augmenté, en 30 ans, de moins de 5 p. 100.
2. On a compris sous la rubrique : *Duchés allemands*, les États de Bade, Hesse-Darmstadt, Saxe-Weimar et Saxe-Altenbourg.

RÉPARTITION PROPORTIONNELLE DU TERRITOIRE PRODUCTIF.

DÉSIGNATION DES ÉTATS.	TERRES LABOURABLES.						AUTRES TERRAINS PRODUCTIFS.			
	Céréales et farineux.	Cultures potagères et maraîchères.	Cultures industrielles.	Prairies artificielles et fourrages annuels.	Jachères.	TOTAL.	Prairies naturelles et pâturages.	Vignes.	Bois et forêts.	TOTAL.
Grande-Bretagne .	29,8	0,1	0,2	22,2	2,1	54,4	39,0	»	6,6	45,6
Irlande	17,7	»	0,8	14,4	0,1	33,0	65,0	»	2,0	67,0
Danemark	42,6	0,2	0,3	1,0	9,1	53,2	40,0	»	6,8	46,8
Norvége.	2,5	»	»	4,6	0,4	7,5	6,7	»	85,8	92,5
Suède.	6,5	0,2	0,2	3,0	1,5	11,4	9,2	»	79,4	88,6
Finlande	2,1	0,1	0,1	»	1,0	3,3	8,1	»	88,6	96,7
Autriche.	28,0	0,5	0,1	4,9	0,2	33,7	30,4	0,8	35,1	66,3
Hongrie.	29,5	»	1,3	1,1	8,1	40,0	28,4	1,4	30,2	60,0
Bavière.	30,5	1,0	1,2	5,2	6,8	44,7	20,8	0,3	34,2	55,3
Saxe-Royale. . . .	34,4	1,5	1,5	14,1	2,0	53,5	15,3	0,1	30,2	45,6
Wurtemberg. . . .	31,9	0,4	1,9	6,7	4,8	45,7	20,6	1,0	32,7	54,3
Duchés allemands .	31,6	0,5	2,9	12,0	2,5	49,5	15,0	1,2	34,3	50,5
Hollande.	29,8	1,0	2,9	7,9	0,9	42,5	48,1	»	9,4	57,5
Belgique.	48,5	2,6	4,8	8,0	2,2	66,1	15,3	»	18,6	33,9
France.	38,2	1,1	1,0	6,9	10,9	59,0	16,5	5,8	18,7	41,0
Portugal.	23,7	1,1	1,7	0,2	14,6	41,3	39,9	4,6	14,2	58,7
Roumanie.	37,0	2,2	1,2	»	2,5	42,9	31,2	1,2	24,7	57,1
						100,00				

On conclut de ce tableau que les pays qui renferment le plus de terres labourables sont, par ordre d'importance décroissante, la Belgique, la France et la Grande-Bretagne ; tandis que ceux qui, toute proportion gardée, contiennent le plus de terrains productifs, en dehors des terres labourables, sont, par suite de l'étendue de leurs forêts, la Finlande, la Norvége et la Suède.

En ce qui concerne les céréales et farineux, la Belgique tient le premier rang ; viennent ensuite le Danemark, la France et la Roumanie. La Belgique est également le pays qui cultive le plus de plantes potagères et maraîchères. Pour les cultures industrielles, le maximum se trouve en Hollande et dans les duchés allemands; les prairies artificielles dominent dans la Grande-Bretagne et l'Irlande. Quant aux jachères, auxquelles les prairies artificielles tendent à se substituer dans les pays à culture intensive, c'est le Portugal et ensuite la France qui en offrent la plus grande proportion.

Si l'on considère les terrains productifs autres que les terres labourables, c'est-à-dire les prairies naturelles, les vignes, les bois et les forêts, on trouve que les prairies naturelles dominent en Irlande et dans la Grande-Bretagne ; les vignes en France, en Portugal, en Hongrie et en Roumanie ; et les bois et forêts en Finlande, en Norvége et en Suède. A l'égard de ces derniers, la France est au même rang que la Belgique ; il y a, au contraire, peu de forêts en Irlande, ainsi que dans le Danemark, la Grande-Bretagne et la Hollande.

On peut vouloir se rendre compte de l'étendue fourragère complète afférente aux différents États. A ce point de vue, le tableau ci-dessus permet de les classer ainsi :

RAPPORT DES PRAIRIES DE TOUTE NATURE AU TERRAIN PRODUCTIF.

Irlande	79,4	Wurtemberg	27,3
Grande-Bretagne	61,2	Duchés allemands	27,0
Hollande	56,0	Bavière	26,0
Danemark	41,0	France	23,4
Portugal	40,2	Belgique	23,3
Autriche	35,3	Suède	12,2
Roumanie	31,2	Norvége	11,3
Hongrie	29,5	Finlande	8,1
Saxe-Royale	29,4		

Nous rechercherons plus loin si, en ce qui concerne l'importance du bétail dans chaque pays, les faits ne fournissent pas un classement analogue.

Il nous paraît utile, avant de passer aux produits des cultures, de déterminer séparément, dans le tableau des superficies productives, la répartition proportionnelle des terres labourables et celle des autres terrains productifs.

Cette comparaison nous fournit les rapports ci-après :

RÉPARTITION SÉPARÉE DES TERRES LABOURABLES ET DES AUTRES TERRAINS PRODUCTIFS.

DÉSIGNATION DES ÉTATS.	TERRES LABOURABLES.						AUTRES TERRAINS PRODUCTIFS.			
	Céréales et farineux.	Cultures potagères et maraîchères.	Cultures industrielles.	Prairies artificielles et fourrages annuels.	Jachères.	TOTAL.	Prairies naturelles et pâturages	Vignes.	Bois et forêts.	TOTAL.
Grande-Bretagne.	54,8	0,2	0,4	40,8	3,8	100,0	85,5	»	14,5	100,0
Irlande	53,7	»	2,4	43,6	0,3	100,0	97,0	»	3,0	100,0
Danemark	80,0	0,4	0,5	2,1	17,0	100,0	85,5	»	14,5	100,0
Norvége	33,2	»	»	61,3	5,5	100,0	7,2	»	92,8	100,0
Suède	57,0	1,8	1,7	26,3	13,2	100,0	10,4	»	89,6	100,0
Finlande	63,7	3,0	3,0	»	30,3	100,0	8,3	»	91,7	100,0
Autriche	83,3	1,4	0,3	14,4	0,6	100,0	45,9	1,2	52,9	100,0
Hongrie	73,8	»	3,2	2,7	20,3	100,0	47,3	2,4	50,3	100,0
Bavière	68,3	2,2	2,7	11,6	15,2	100,0	37,6	0,5	61,9	100,0
Saxe-Royale	63,2	2,3	2,8	25,9	5,8	100,0	33,6	0,2	66,2	100,0
Wurtemberg	69,8	0,9	4,2	14,6	10,5	100,0	37,9	1,9	60,2	100,0
Duchés allemands	63,8	1,0	5,9	24,2	5,1	100,0	29,7	2,4	67,9	100,0
Hollande	70,1	2,4	6,8	18,6	2,1	100,0	83,7	»	16,3	100,0
Belgique	73,4	3,9	7,3	12,1	3,3	100,0	45,1	»	54,9	100,0
France	64,7	1,9	8,2	11,7	13,5	100,0	40,3	14,1	45,6	100,0
Portugal	57,4	2,7	4,1	0,5	35,3	100,0	68,1	7,8	24,1	100,0
Roumanie	86,3	5,1	2,8	»	5,8	100,0	54,6	2,1	43,3	100,0

Relativement à l'étendue des terres labourables, c'est l'Autriche qui tient le premier rang pour les céréales, la Belgique pour les cultures potagères et maraîchères et les cultures industrielles; la Norvége et l'Irlande pour les prairies; le Portugal, la Finlande et la France pour les jachères.

Si l'on ne considère que les autres terrains productifs, on doit mettre en première ligne l'Irlande, l'Angleterre et le Danemark pour les prairies et pâturages; la France pour la vigne. En tête des pays forestiers on trouve, comme nous l'avons déjà remarqué, la Norvége, la Finlande et la Suède. Signalons comme n'ayant que très-peu de forêts, l'Irlande d'abord, puis la Grande-Bretagne, le Danemark, le Portugal et les Pays-Bas.

CHAPITRE II

PRODUIT DES CULTURES

Dans ce chapitre nous étudierons successivement les céréales, les farineux, les plantes potagères et maraîchères et les cultures industrielles. Nous dirons enfin quelques mots des prairies artificielles et naturelles.

§ 1er. — CÉRÉALES.

1. — *France.*

On a compris sous le titre de céréales, le froment et l'épeautre, le seigle, l'orge, l'avoine, le sarrasin, le maïs et le millet, ainsi que les mélanges de céréales, tels que le méteil (mélange de froment et de seigle), les mélanges d'orge et d'avoine, etc.

Notre premier soin doit être de déterminer, d'après les résultats des enquêtes de 1840, 1852, 1862 et 1873, le rapport de chaque céréale en particulier à l'ensemble de cette culture. Nos comparaisons ne portent que sur la superficie et la production en grains, aucun renseignement n'ayant été demandé, en 1873, sur la production de la paille.

DISTRIBUTION DES CÉRÉALES. — SUPERFICIES [1].

DÉSIGNATION DES CÉRÉALES.	1840.	1852.	1862.	1873.	MOUVEMENT de 1840 à 1873.	
					Accroissement.	Diminution.
Froment.	3,816	4,516	4,785	4,655	800	»
Avoine	2,066	2,123	2,130	2,126	60	»
Seigle.	1,774	1,428	1,298	1,278	»	496
Orge	818	677	698	747	»	71
Méteil.	627	372	337	336	»	291
Sarrasin.	435	462	429	453	18	»
Maïs.	434	392	383	405	»	29
Ensemble.	10,000	10,000	10,000	10,000	887	887

On voit que, malgré quelques fluctuations intermédiaires, les superficies de presque toutes les céréales et principalement du seigle et du méteil ont diminué au profit du froment; l'avoine, l'orge, le sarrasin et le maïs sont restés à peu près stationnaires.

Si l'on passe maintenant à la production en grains, on obtient les rapports ci-après :

---

1. Le millet et autres menus grains n'ont pu être compris dans cette comparaison.

DISTRIBUTION DES CÉRÉALES. — PRODUCTION EN GRAINS.

DÉSIGNATION DES CÉRÉALES.	1810.	1852.	1862.	1873.	MOUVEMENT de 1840 à 1873.	
					Accroissement.	Diminution.
Froment.	3,646	4,209	4,151	3,835	235	»
Avoine	2,562	2,726	3,080	3,222	579	»
Seigle.	1,457	1,115	945	951	»	495
Orge	873	757	778	854	»	8
Métail.	619	361	302	288	»	328
Sarrasin.	444	461	413	443	5	»
Maïs.	309	368	328	407	12	»
Ensemble.	10,000	10,000	10,000	10,000	831	831

Cette distribution diffère assez notablement de celle des superficies ; cela tient, comme nous le verrons plus loin, aux différences en sens contraire qui se sont produites dans le rendement à l'hectare. Il convient, d'ailleurs, pour se rendre compte de la valeur des accroissements ou des diminutions que nous venons de signaler dans la répartition des céréales, de comparer directement les nombres absolus.

SUPERFICIE CULTIVÉE (en milliers d'hectares).

DÉSIGNATION DES CÉRÉALES.	1840.	1852.	1862.	1873.	ACCROISSEMENT OU DIMINUTION POUR 100.			
					1840 à 1852.	1852 à 1862.	1862 à 1873.	1840 à 1873.
Froment.	5,587	6,985	7,457	6,966	+ 25,0	+ 6,8	— 6,6	+ 24,7
Avoine	3,001	3,263	3,324	3,182	+ 8,7	+ 1,0	— 4,3	+ 6,0
Seigle.	2,577	2,193	1,928	1,913	— 14,9	— 12,8	— 0,8	— 25,8
Orge	1,188	1,040	1,087	1,117	— 12,5	+ 4,4	+ 2,8	— 5,9
Métail.	911	573	511	503	— 37,1	— 10,1	— 2,1	— 44,8
Sarrasin.	651	709	669	678	+ 8,9	— 5,7	+ 1,3	+ 4,1
Maïs.	632	602	587	606	— 4,8	— 2,6	+ 3,2	— 4,1
	14,547	15,365	15,566	14,905	+ 5,6	+ 1,7	— 3,9	+ 2,9
Superficie de la France. . . .	52,769	52,769	54,855	52,905				
Proportion des terres cultivées en céréales	27,0	29,1	28,7	28,3				

Remarquons tout d'abord que, par rapport au territoire total de la France, la superficie céréale, telle qu'elle est donnée ci-dessus, n'a augmenté, de 1840 à 1873, que de 0,7 par kilomètre. De 1840 à 1852, l'augmentation avait été de 1,5, c'est-à-dire deux fois plus grande ; mais les deux périodes suivantes ont accusé une diminution qui explique la faible augmentation définitivement acquise.

En résumé, le territoire cultivé en céréales, après avoir augmenté de 5.6, puis de 1.7 p. 100, a diminué de 3.9 p. 100 dans la dernière période, ce qui porte l'accroissement définitif à 2.9 p. 100.

Le seul accroissement notable que l'on puisse signaler a porté sur le froment ; mais, par contre, les superficies ensemencées en méteil et en seigle ont considérablement diminué.

PRODUCTION EN GRAINS (en milliers d'hectolitres).

DÉSIGNATION DES CÉRÉALES.	1840.	1852.	1862.	1873.	ACCROISSEMENT OU DIMINUTION POUR 100.			
					1840 à 1852.	1852 à 1862.	1862 à 1873.	1840 à 1873.
Froment.	69,558	95,262	109,457	83,861	+ 36,9	+ 14,9	— 23,4	+ 20,7
Avoine	48,900	61,695	81,119	70,493	+ 26,1	+ 31,5	— 13,1	+ 41,2
Seigle.	27,812	25,235	24,897	20,779	— 9,3	— 1,3	— 16,5	— 25,3
Orge	16,661	17,130	20,515	18,733	+ 2,8	+ 19,8	— 8,7	+ 12,4
Méteil.	11,829	8,171	7,972	6,237	— 30,9	— 2,4	— 21,1	— 47,0
Sarrasin.	8,470	10,511	10,878	9,722	+ 24,1	+ 3,5	+ 10,6	+ 11,7
Maïs.	7,620	8,335	8,648	8,918	+ 9,8	+ 3,8	+ 8,4	+ 17,1
	190,850	226,389	263,486	218,783	+ 18,5	+ 16,7	— 17,9	+ 14,6

Malgré les diminutions qui se sont produites sur presque toutes les céréales, de
1862 à 1873, il y a, pour la période entière, une augmentation de 13 p. 100,
alors que celle des superficies n'est que de 3 p. 100 au plus. L'accroissement le
plus sensible est celui de l'avoine; la production du seigle a, au contraire, diminué
à peu près du quart, et celle du méteil dans une proportion plus considérable
encore.

Quoi qu'il en soit, les différences qu'on vient de signaler n'en laissent pas moins
subsister une augmentation dans le rendement de la plupart des céréales. C'est
d'ailleurs ce que confirme directement le tableau suivant:

RENDEMENT PAR HECTARE.

DÉSIGNATION DES CÉRÉALES.	1840.	1852.	1862.	1873.	ACCROISSEMENT OU DIMINUTION POUR 100.			
					1840 à 1852.	1852 à 1862.	1862 à 1873.	1840 à 1873.
	hectol.	hectol.	hectol.	hectol.				
Froment.	12,4	13,6	14,7	12,0	+ 1,2	+ 1,1	— 2,7	— 0,4
Avoine..	16,3	18,9	24,4	22,1	+ 2,6	+ 5,5	— 2,3	+ 5,8
Seigle.	10,8	11,5	12,9	10,9	+ 0,7	+ 1,4	— 2,0	+ 0,1
Orge..	14,0	16,5	18,9	16,7	+ 2,5	+ 2,4	— 2,2	+ 2,3
Méteil.	13,0	14,3	15,5	12,5	+ 1,3	+ 1,2	— 3,0	— 0,5
Sarrasin.	13,0	14,8	16,3	14,3	+ 1,8	+ 1,5	— 2,0	+ 1,3
Maïs.	12,1	13,8	14,7	14,7	+ 1,7	+ 0,9	»	+ 2,6
Moyennes.	13,0	14,7	16,9	14,5	+ 1,7	+ 2,2	— 2,4	+ 1,5

Par suite des diminutions de rendement que l'année 1873 accuse par rapport à
1862, l'accroissement total du rendement de 1840 à 1873, c'est-à-dire en un tiers
de siècle, n'est plus que de 1.5 p. 100. Et encore cet accroissement général doit-il
être attribué principalement à l'avoine.

La faiblesse de l'augmentation que l'on vient de constater provient du ralentisse-
ment de la production dans l'année 1873, qui, à tous les points de vue, est restée
bien au-dessous d'une année moyenne. Il nous semble donc qu'on se rendra mieux
compte des mouvements *normaux* en comparant entre elles non plus les années
1862 et 1873, mais deux années moyennes calculées, à chacune de ces époques,
sur une période de 5 ans.

RENDEMENT PAR HECTARE POUR UNE ANNÉE MOYENNE.

DÉSIGNATION DES CULTURES.	1858 à 1862.	1869 à 1873.
	hectol.	hectol.
Froment et épeautre.	15,8	15,0
Avoine	24,4	22,1
Seigle.	13,8	13,8
Orge	19,6	18,1
Méteil	16,5	15,4
Sarrasin	17,7	16,9
Maïs.	15,9	16,0
Millet	17,7	13,8
	16,2	14,4

Cette comparaison laisse subsister l'infériorité du rendement actuel; il y a lieu de croire que cette diminution tient, en grande partie, à la perte de l'Alsace-Lorraine, dont les rendements en céréales ont toujours été très-élevés.

Le déficit de la récolte de 1873 résulte principalement de la faiblesse relative du rendement par rapport à la quantité de semence employée. Si nous comparons, en effet, à ce point de vue, les résultats de cette année à ceux de 1862, nous obtenons les rapports suivants :

RAPPORT DE LA PRODUCTION A LA SEMENCE.

DÉSIGNATION DES CÉRÉALES.	QUANTITÉ DE SEMENCE par hectare.		RENDEMENT MOYEN par hectare.		PRODUCTION par hectolitre de semence.	
	1862.	1873.	1862.	1873.	1862.	1873.
Froment et épeautre.	2,01	2,17	14,80	12,04	7,36	5,55
Méteil.	2,06	2,13	15,49	12,50	7,52	5,87
Seigle.	2,03	2,09	12,91	10,86	6,36	5,19
Orge.	2,17	2,10	18,87	16,75	8,70	7,98
Avoine	2,46	2,36	24,40	21,33	9,92	9,39
Sarrasin.	0,39	0,86	16,26	14,35	37,82	16,69
Maïs.	0,82	0,68	15,87	14,72	19,83	21,65
Millet	0,26	0,36	8,94	12,24	34,39	34,00

Ainsi, bien que l'on ait employé pendant cette année 1873, dont le rendement a été cependant si faible, une plus grande quantité de semence, la production de toutes les céréales, à l'exception du maïs, a subi une décroissance marquée.

II. — Comparaisons internationales.

Après avoir étudié les principaux résultats de la culture des céréales dans notre pays, il nous reste à comparer la France aux autres États de l'Europe.

C'est ce que nous avons fait dans le tableau suivant qui est divisé en deux parties, dont la première fait connaître à divers points de vue l'importance de la culture céréale, et la seconde contient, pour chaque espèce, le rendement moyen par hectare, et donne une idée de la fertilité relative du sol.

RENDEMENT PAR HECTARE.

NOMS DES ÉTATS.	RAPPORT POUR 100 DE LA SUPERFICIE CÉRÉALE				RENDEMENT MOYEN PAR HECTARE.								
	au territoire entier.	au territoire agricole.	au territoire productif.	aux terres labourables.	Froment.	Méteil.	Seigle.	Orge.	Avoine.	Maïs.	Sarrasin.	Millet et autres menus grains.	Moyenne générale.
Grande-Bretagne....	15,0	18,3	25,6	46,0	26,0	—	30,0	34,0	40,0	—	—	—	32,6
Irlande	9,2	10,4	12,0	36,3	20,0	—	18,5	31,6	32,9	—	—	—	31,6
Danemark.......	27,0	37,3	39,6	74,3	17,0	—	13,0	20,0	26,0	—	11,0	28,0	20,4
Norvége........	0,6	0,6	2,0	28,0	20,3	—	21,9	26,3	33,8	—	—	32,5	30,8
Suède.........	2,8	3,0	5,7	49,2	—	—	—	—	—	—	—	—	18,9
Finlande.......	1,3	1,4	2,0	60,4	15,5	—	15,2	19,9	19,6	—	16,5	10,0	17,1
Autriche.......	26,5	27,6	29,7	88,2	13,6	—	13,2	15,2	17,2	13,6	12,1	12,0	14,7
Hongrie........	24,6	25,2	28,1	70,3	11,0	14,0	16,2	12,6	12,4	14,9	9,0	14,6	13,3
Prusse.........	28,4	—	—	—	15,8	—	15,0	22,5	29,5	—	—	—	20,1
Bavière	23,1	24,4	26,0	58,2	18,0	—	11,7	18,2	20,2	22,4	10,8	15,0	17,5
Saxe-Royale.	25,5	26,4	27,6	50,7	23,5	—	22,0	28,7	40,1	—	15,0	—	36,0
Wurtemberg.....	26,1	27,0	27,4	50,9	20,0	—	16,0	21,3	25,9	19,6	15,0	15,0	27,6
Duchés allemands ...	23,2	24,2	25,1	51,5	20,0	13,3	17,5	23,3	26,1	28,3	14,0	14,0	21,2
Hollande.......	15,2	16,7	21,7	53,7	21,6	—	16,7	37,0	38,2	—	17,0	—	23,9
Belgique.......	32,8	36,3	40,8	60,9	24,3	20,2	22,1	30,6	37,0	—	21,7	—	29,8
France........	28,4	30,6	33,7	57,1	15,0	15,4	13,8	18,1	22,1	16,0	16,9	13,8	16,7
Espagne.......	12,0	—	—	—	14,0	—	7,5	16,0	—	—	—	—	13,1
Portugal.......	11,6	13,3	23,4	56,7	11,5	—	7,4	14,3	16,0	13,5	—	—	10,8
Roumanie	24,2	24,4	35,8	83,4	12,0	—	20,0	20,0	30,0	30,0	17,0	28,0	22,2
Grèce et îles Ioniennes.	7,2	—	—	—	11,8	—	10,0	16,0	17,0	15,6	10,0	10,0	13,0

On voit par ce tableau que, parmi les divers États considérés, c'est la Belgique
et, après elle, la France et la Prusse qui consacrent la plus grande proportion de
leur territoire à la culture des céréales. L'ordre des États se modifie un peu,
comme le montre notre tableau, si l'on rapporte les cultures céréales, non plus
au territoire agricole, mais au terrain productif, ou bien aux terres labourables.

La fertilité du sol varie suivant les espèces cultivées ; si nous embrassons l'ensemble des céréales, le tableau suivant montre qu'au point de vue de la fertilité
générale, les divers pays se classent ainsi :

RENDEMENT PAR HECTARE, SANS DISTINCTION DES ESPÈCES.

Grande-Bretagne	32,6	Suède........	18,9
Irlande	31,6	Finlande........	17,1
Norvége...........	30,3	France........	16,7
Belgique	29,8	Autriche........	14,7
Allemagne..........	24,6	Hongrie........	13,3
Hollande...........	23,9	Espagne........	13,1
Roumanie..........	22,2	Grèce........	13,1
Danemark..........	20,4	Portugal........	10,8

Ainsi, sauf de très-rares exceptions, ce sont les pays du Nord qui produisent le
plus à l'hectare, viennent ensuite ceux du Centre et de l'Est, et au dernier rang
ceux du Midi.

En ce qui concerne la production totale des céréales, nos renseignements sont
beaucoup plus complets que pour le rendement. Ils portent en effet sur 28 États

et comprennent l'Europe presque entière. Nous les résumons dans le tableau suivant, où à côté de la production nous avons placé la répartition proportionnelle des diverses espèces :

PRODUCTION GÉNÉRALE DES CÉRÉALES.

NOMS DES ÉTATS.	POPULATION en milliers d'habitants.	PRODUCTION totale en milliers d'hectolitres.	RÉPARTITION PROPORTIONNELLE DES DIVERSES CÉRÉALES.							
			Froment.	Méteil.	Seigle.	Orge.	Avoine.	Maïs.	Sarrasin.	Millet et autres menus grains.
Grande-Bretagne.	26,785	113,240	328	»	6	287	379	»	»	»
Irlande	5,337	24,487	56	»	2	120	822	»	»	»
Danemark.	1,785	21,050	46	»	153	289	453	»	10	44
Norvége.	1,763	5,396	18	»	54	243	563	»	»	121
Suède.	4,298	23,521	37	»	224	189	479	»	»	71
Russie.	71,731	584,125	134	»	373	75	356	»	»	62
Finlande	1,832	8,069	4	»	499	271	219	»	1	6
Autriche.	20,395	94,971	134	»	276	172	339	»	81	6
Hongrie.	15,509	105,999	18	»	54	243	564	»	»	121
Suisse.	2,669	6,192	122	»	494	82	302	»	»	»
Prusse.	24,656	197,813	131	»	309	155	405	»	»	»
Bavière.	4,852	31,647	241	»	273	195	288	1	1	1
Saxe-Royale.	2,556	9,757	193	»	413	210	143	»	11	»
Wurtemberg.	1,818	8,775	298	29	68	220	382	3	»	»
Duchés allemands	2,742	14,068	262	27	191	254	248	6	1	11
Hollande	3,716	11,972	156	»	276	141	333	»	94	»
Belgique	5,254	25,857	327	28	247	52	328	»	18	»
France	36,103	250,634	416	31	105	81	280	33	46	3
Portugal	4,012	11,234	256	»	264	89	17	374	»	»
Espagne.	16,262	79,695	520	»	112	259	»	109	»	»
Italie	26,801	74,316	503	»	42	110	»	242	»	97
Grèce et îles Ioniennes. .	1,453	4,474	403	»	9	179	16	255	21	117
Turquie d'Europe	8,700	39,600	364	»	90	227	28	273	»	18
Serbie.	1,338	5,040	286	»	36	214	36	357	36	»
Roumanie.	4,500	64,098	183	»	32	109	46	590	1	39
	296,874	1,816,728	235	7	229	130	298	68	9	29
			1,000							
États-Unis.	40,000	558,942	183	»	9	22	175	606	5	»
			1,000							

La production des céréales, en Europe, serait donc en moyenne de 1 milliard 816 millions d'hectolitres, sur lesquels la Russie seule en ferait 584 (presque le tiers) ; l'Allemagne entière, 270 ; la France, 250, et l'Autriche-Hongrie, 200.

De leur côté, les États-Unis de l'Amérique du Nord en produisent 559 millions d'hectolitres.

Mais, pour se rendre compte de l'importance réelle de ces productions, il convient de les rapporter à la population des divers États.

Disons d'abord qu'en 1873, pour une population de 40 millions, les États-Unis d'Amérique ont produit 559 millions d'hectolitres de céréales, ce qui correspond à 14 hectolitres par habitant; tandis que l'Europe, pour une population de 297 millions, n'en a fourni que 1,816 millions, c'est-à-dire 6 hectolitres par habitant.

Quant aux États de l'Europe, ils se classent ainsi :

PRODUCTION DES CÉRÉALES PAR HABITANT (en hectolitres).

Roumanie	14,4	Irlande	4,6
Danemark	11,8	Turquie	4,6
Russie	8,1	Finlande	4,4
Prusse	8,0	Grande-Bretagne	4,2
France	6,9	Saxe-Royale	3,8
Hongrie	6,8	Serbie	3,8
Bavière	6,5	Hollande	3,2
Suède	5,5	Norvége	3,1
Duchés allemands	5,1	Grèce	3,1
Belgique	4,9	Italie	2,8
Espagne	4,9	Portugal	2,8
Autriche	4,7	Suisse	2,1
Wurtemberg	4,7		

Or, comme les évaluations les plus modérées portent à 5 hectolitres et demi la quantité moyenne de céréales nécessaire à la consommation, on peut conclure des rapports qui précèdent que tous les États de cette liste qui suivent les duchés allemands, sont constamment obligés de recourir à l'importation étrangère.

Aux États-Unis, les trois cinquièmes des céréales consistent en maïs. En Europe, c'est l'avoine qui domine, suivie de près par le froment et le seigle. Viennent ensuite, par ordre d'importance, l'orge, le maïs, les menus grains, le sarrasin et le méteil.

Les nations de l'Europe qui produisent relativement le plus de froment sont l'Espagne, l'Italie et la France ; celles qui produisent le plus de seigle sont : la Finlande, la Suisse et l'Allemagne ; celles qui produisent le plus d'orge sont : les États scandinaves et l'Allemagne ; l'avoine domine en Irlande, dans les pays scandinaves, en Hongrie et dans l'Allemagne du Nord.

Le sarrasin n'a guère d'importance qu'en Hollande et en France.

Enfin, le maïs tient le premier rang en Roumanie, en Serbie et au Portugal. On en récolte également de grandes quantités dans les autres États méridionaux.

§ 2. — CULTURES DIVERSES.

Farineux alimentaires, cultures potagères et maraîchères, cultures industrielles.

I. — FARINEUX ALIMENTAIRES.

Sous ce titre sont compris les légumes secs, les pommes de terre et les châtaignes. En France, ces diverses cultures ont occupé, en 1873, une surface totale de 1,981,424 hectares, soit 3.8 p. 100 du territoire total.

Le tableau suivant indique quelle a été leur production :

PRODUCTION EN 1873.

DÉSIGNATION DES CULTURES.	NOMBRE d'hectares cultivés.	SEMENCE par hectare.	RENDEMENT moyen par hectare.	PRODUCTION totale.
		hectolitres.	hectolitres.	hectolitres.
Légumes secs	322,681	1,83	13,77	4,444,107
Pommes de terre.	1,176,496	12,32	102,85	120,410,929
Châtaignes.	482,247	»	13,62	6,567,381
	1,981,424	»	»	131,422,417

Les statistiques antérieures ne nous permettent de comparer que les pommes de terre. Nous résumerons comme il suit les résultats obtenus :

POMMES DE TERRE.

ANNÉES.	SUPERFICIE en milliers d'hectares.	PRODUIT MOYEN par hectare.	PRODUCTION en milliers d'hectolitres.
		hectolitres.	
1840	922	104,4	96,284
1852	829	69,9	57,943
1862	1,235	115,5	142,684
1873	1,176	102,8	120,411

On voit, d'après ces chiffres, que la production de ce tubercule, entravée par la maladie en 1852, n'a pas tardé à se relever. Si elle a subi une nouvelle atténuation en 1873, c'est que nous avons perdu des départements où cette culture occupe une place importante.

Pour nous rendre compte de l'importance de cette production dans les divers États de l'Europe, nous avons rapporté par pays le nombre d'hectares récoltés au chiffre de la population.

Cette comparaison nous a fourni les rapports ci-dessous :

PRODUCTION DES POMMES DE TERRE PAR HABITANT (en hectolitres).

ÉTATS.	HECTOLITRES.	ÉTATS.	HECTOLITRES.
Irlande	8,1	Autriche-Hongrie	3,0
Empire allemand.	6,4	Russie et Finlande.	1,6
Pays-Bas	5,1	Grande-Bretagne	1,1
Belgique	4,1	Italie	0,4
France	3,6	Portugal.	0,3
États scandinaves	3,5	Espagne.	0,1

Dans les autres États, la production est insignifiante. Nous manquons d'ailleurs de renseignements pour la Suisse, la Turquie et la Serbie.

II. — CULTURES POTAGÈRES ET MARAÎCHÈRES.

Ces cultures comprennent les légumes frais de toutes sortes : haricots verts pois, choux, carottes, navets, citrouilles, asperges, artichauts, salades, etc. Bien que l'on se soit borné, pour éviter les complications résultant de cette variété infinie de produits, à ne demander que la valeur en francs du rendement par hectare, il y a lieu de croire que, même sur ce point, il ne nous a été fourni que des notions incomplètes.

Il suffira de dire qu'en 1873, 474,061 hectares consacrés à cette culture ont produit une valeur de 461 millions de francs ; l'année moyenne est de 495 millions. D'après l'enquête de 1862, la superficie cultivée n'aurait été, à cette époque, que de 443,000 hectares et la valeur de la production de 444 millions de francs. La valeur à l'hectare varierait donc de 975 à 1,200 francs environ.

III. — CULTURES INDUSTRIELLES.

1° France.

Les cultures dites industrielles occupaient, en 1873, 872,678 hectares, soit 1 hectare 70 ares par kilomètre carré. Nous résumons en un seul tableau les renseignements principaux que nous ont fournis à cet égard les quatre dernières enquêtes agricoles :

CULTURES INDUSTRIELLES.

DÉSIGNATION DES CULTURES.	SUPERFICIE en milliers d'hectares.				PRODUCTION en milliers d'hectolitres ou de quintaux.			
	1840.	1852.	1862.	1873.	1840.	1852.	1862.	1873.
A. CULTURES OLÉAGINEUSES.					hectol.	hectol.	hectol.	hectol.
Colza	173	—	201	168	2,279	—	3,205	2,379
Œillette, navette, cameline.	—	—	—	47	—	—	—	585
Chénevis	176	125	100	95	1,671	931	922	779
Graine de lin	98	80	105	83	737	543	851	706
Oliviers	—	—	—	148	—	—	—	4,549
Cultures arborescentes	—	—	—	43	—	—	—	—
B. PLANTES TEXTILES.					quintaux.	quintaux.	quintaux.	quintaux.
Chanvre	176	125	100	95	675	642	574	502
Lin	98	80	105	48	859	336	523	504
C. CULTURES DIVERSES.								
Betteraves à sucre	58	111	136	253	15,740	32,249	44,267	77,434
Houblon	0,8	9	5	3,5	—	—	66	50
Tabac	8	—	18	15	88	—	252	173
Autres	—	—	—	—	—	—	—	—

La plupart de ces cultures n'ont éprouvé, dans toute cette période, que des modifications peu importantes, dont la cause générale a déjà été expliquée : le seul point intéressant à noter est la progression considérable de la culture des betteraves à sucre ; d'après les chiffres qui précèdent, leur production aurait, en effet, quintuplé depuis 1840, et presque doublé depuis 1862.

2° Comparaisons internationales.

Dix-huit États, parmi lesquels cinq de l'Allemagne, nous ont fourni des renseignements sur leurs cultures industrielles.

Le tableau suivant permet d'apprécier leur production relative :

CULTURES INDUSTRIELLES. — PRODUCTION POUR 100 HABITANTS.

DÉSIGNATION DES ÉTATS.	COLZA.	CHANVRE (filasse).	LIN (filasse).	BET-TERAVES.	HOUBLON.	TABAC.
	hectol.	quint. mét.	quint. mét.	quint. mét.	quint. mét.	quint. mét.
Grande-Bretagne	—	—	0,2	0,2	1,9	—
Irlande	—	—	6,3	—	—	—
Danemark	1,6	0,2	1,3	—	0,3	0,1
Norvége	—	—	—	—	—	—
Suède	—	9,9	—	—	0,5	0,5
Finlande	—	18,8	0,9	—	—	0,1
Hongrie	7,3	27,8	0,2	40,2	0,1	2,3
Allemagne. Bavière	—	—	—	—	—	—
Saxe-Royale	—	—	—	—	—	—
Wurtemberg	—	—	—	—	—	—
Bade	5,1	22,7	0,7	33,7	1,9	2,0
Hesse-Darmstadt	—	—	—	—	—	—
Saxe-Weimar	—	—	—	—	—	—
Saxe-Altenbourg	—	—	—	—	—	—
Hollande	9,6	2,6	3,3	116,1	0,1	0,9
Belgique	12,2	4,0	4,6	106,0	0,9	0,1
France	7,9	14,3	1,4	241,2	0,1	0,5
Roumanie	31,3	5,8	0,2	—	—	0,7

Il résulte de ce tableau qu'après la Roumanie, c'est la Belgique qui produit relativement le plus de colza. Pour le chanvre, c'est la Hongrie qui vient en première ligne ; elle est suivie de près par l'Allemagne, après laquelle viennent la Finlande et la France. La culture du lin n'a réellement d'importance qu'en Irlande, en Belgique et en Hollande. La Grande-Bretagne et l'Allemagne sont, par excellence, des pays producteurs de houblon. C'est en Hongrie et en Allemagne qu'on cultive relativement le plus de tabac.

IV. — PRAIRIES.

Par suite de la confusion qui a été faite, lors des enquêtes de 1840, 1852 et 1862, entre les pacages naturels et les terres absolument incultes, confusion que l'on a eu soin d'éviter en 1873, il nous est impossible de les comprendre dans nos tableaux comparatifs. Nous ne parlerons donc ici que des prairies artificielles, des fourrages annuels consommés en vert et des prés naturels.

Les documents recueillis, à cet égard, dans les quatre enquêtes peuvent se résumer ainsi qu'il suit :

SUPERFICIE EN MILLIERS D'HECTARES.

ANNÉES.	PRAIRIES artificielles [1].	FOURRAGES annuels [2].	PRÉS naturels y compris les vergers.	RAPPORT au territoire de la France.		
				Prairies artificielles.	Fourrages verts.	Prés naturels.
1840	1,576	—	4,198	3,0	—	8,0
1852	2,563	—	5,057	4,9	—	9,6
1862	2,773	386	4,198	5,1	0,7	7,7
1873	2,586	508	4,224	4,9	1,0	8,0

1. Trèfles de toute nature, sainfoin, luzerne et mélanges.
2. Féveroles, hivernache, autres légumineux, fourrages-racines, navets, betteraves à vache, etc.

PRODUIT MOYEN PAR HECTARE EN QUINTAUX MÉTRIQUES.

ANNÉES.	PRAIRIES artificielles.	FOURRAGES annuels.	PRÉS NATURELS y compris les vergers.
1840	29,97	—	25,06
1852	33,00	—	25,56
1862	37,46	80,00	31,88
1873	36,93	69,42	31,65

Le premier de ces deux tableaux permet de conclure que, relativement à la surface du pays, la superficie affectée aux prairies artificielles et aux fourrages annuels a augmenté dans le laps de temps qui sépare les deux dates extrêmes, tandis que celle des prairies naturelles est restée stationnaire. Quant à la production, elle a augmenté dans son ensemble.

Faute de renseignements sur le rendement des prairies à l'étranger, nous ne pouvons comparer que les superficies ; c'est ce que nous avons déjà fait dans le chapitre réservé au territoire [1], et nous engageons le lecteur à s'y reporter.

---

1. Voir page XXIII.

CHAPITRE III

ANIMAUX DOMESTIQUES

§ 1er. — EXISTENCES.

I. — *France.*

D'après les évaluations officielles, le nombre total des animaux domestiques existant en France au 31 décembre 1873 serait de 48,663,817.

En voici la répartition complète :

NOMBRE ET RÉPARTITION DES ANIMAUX DOMESTIQUES.

ESPÈCES.	ANIMAUX.	NOMBRES ABSOLUS.		RAPPORTS POUR 1,000		
				par espèce.		au total.
Chevaline.	Poulains et pouliches	432,123		157		
	Étalons reproducteurs	11,853		4		
	Chevaux entiers	343,673	2,742,738	127	1,000	57
	— hongres	761,641		278		
	Juments	1,188,448		434		
Asine			410,268		1,000	8
Mulassière.			303,775		1,000	7
Bovine.	Veaux	1,252,477		107		
	Bouvillons, taurillons	947,824		81		
	Génisses	1,476,689		126		
	Taureaux	313,081	11,721,459	26	1,000	216
	Bœufs	1,792,570		153		
	Vaches laitières	4,888,961		417		
	Autres vaches	1,049,857		90		
Ovine.	Agneaux	6,233,796		240		
	Béliers	516,749		20		
	Moutons	7,147,314	25,935,114	276	1,000	525
	Brebis	12,037,255		464		
Porcine.	Cochons de lait	1,681,539		292		
	Verrats	54,551		9		
	Cochons	3,097,588	5,755,656	539	1,000	120
	Truies	921,978		160		
Caprine.	Chevreaux	435,897		243		
	Boucs	50,611	1,794,837	28	1,000	37
	Chèvres	1,308,299		729		
Total		48,663,817				1,000

Les rapports qui précèdent, en même temps qu'ils permettent de se rendre compte de l'importance relative des diverses sortes d'animaux, fournissent un certain nombre d'autres indications utiles ; c'est ainsi qu'on peut voir que la proportion des jeunes est de 16 p. 100 dans l'espèce chevaline, de 31 p. 100 dans l'espèce bovine, et, respectivement, de 24, de 29 et de 24 p. 100 dans les espèces ovine, porcine et caprine. La moyenne générale est de 26 à 27 p. 100, chiffre analogue au rapport que présente l'espèce humaine, en ce ce qui concerne les enfants de moins de 15 ans. On peut également, à l'aide de ces données, comparer les animaux reproducteurs aux femelles adultes, connaître la proportion des vaches laitières, etc., etc. ; mais nous n'insistons pas sur ces points [1].

Après avoir indiqué, en détail, la distribution actuelle des espèces domestiques, il importe de rechercher dans quelle mesure chaque espèce s'est accrue ou a diminué.

Voici, à cet égard, le résultat des quatre enquêtes successives :

NOMBRE DES ANIMAUX DOMESTIQUES PAR ESPÈCE.

ESPÈCES.	1810.	1852.	1862.	1873.	MOUVEMENT DE 1810 A 1873.	
					Augmentation pour 100.	Diminution pour 100.
Chevaline.	2,818,496	2,866,054	2,914,412	2,742,738	—	2,66
Asine.	413,510	380,180	396,237	410,268	—	0,70
Mulassière.	373,841	315,831	330,987	303,775	—	18,74
Bovine [1].	9,936,588	10,003,737	10,955,273	10,468,982	5,36	—
Ovine [2].	24,842,841	24,562,036	24,458,550	19,701,318	—	20,70
Porcine.	4,910,721	5,246,403	6,037,543	5,755,656	17,20	—
Caprine.	964,300	1,337,940	1,726,398	1,794,837	86,13	—

Mais comme, dans l'intervalle, il y a eu, en France, quelques changements territoriaux, on aura une idée plus précise des changements survenus dans l'effectif des diverses espèces, en en rapportant le nombre à la superficie totale du pays.

1. En ne s'attachant qu'aux rapports de la dernière colonne, on constate, pour ce qui concerne le nombre de têtes, que l'espèce ovine fournit plus de la moitié de l'effectif total; l'espèce bovine en forme à peu près le quart; l'autre quart se répartit, par ordre décroissant, entre les espèces porcine chevaline, caprine, asine et mulassière.

On obtiendrait un tout autre classement si l'on tenait compte de l'importance réelle de ces sortes d'animaux : or, cette importance peut facilement se mesurer par leur poids respectif. C'est ce qui nous a porté à établir le tableau suivant :

RÉPARTITION DES ESPÈCES D'APRÈS LE POIDS DE L'ANIMAL VIVANT.

ESPÈCES.	NOMBRE DE TÊTES en milliers.	POIDS MOYEN approximatif de l'animal vivant.	POIDS TOTAL en tonnes de 1,000 kilogrammes.	RÉPARTITION pour 1,000.
Chevaline.	2,748	450	1,234,350	204
Asine.	410	150	61,500	10
Mulassière	304	400	121,600	20
Bovine.	11,721	300	3,516,300	582
Ovine	25,935	25	648,375	107
Porcine.	5,756	70	402,920	67
Caprine	1,795	35	62,825	10
	48,664	124	6,047,870	1,000

A ce point de vue, ce n'est plus l'espèce ovine, mais l'espèce bovine qui prédomine; l'espèce chevaline la suit, mais à une grande distance ; puis viennent, par ordre décroissant, les espèces ovine, porcine, mulassière, asine et caprine.

2. Non compris les veaux.

3. Non compris les agneaux.

NOMBRE DES ANIMAUX DOMESTIQUES PAR KILOMÈTRE CARRÉ.

ESPÈCES.	1840.	1852.	1862.	1873.
Chevaline.	5,3	5,4	5,4	5,2
Asine.	0,8	0,7	0,7	0,8
Mulassière.	0,7	0,5	0,6	0,6
Bovine	18,8	19,1	20,1	19,8
Ovine.	47,1	46,5	45,0	37,2
Porcine.	9,3	0,9	11,1	10,9
Caprine.	1,8	2,5	3,2	3,4

Ces rapports indiquent que les espèces chevaline, ovine et mulassière sont restées à peu près stationnaires. Les espèces bovine, porcine et caprine se sont accrues dans une certaine proportion; mais il y a eu, surtout à partir de 1862, une diminution considérable dans l'effectif de l'espèce ovine.

Dans les tableaux qui précèdent, on n'a pas tenu compte des veaux et des agneaux, dont les chiffres ne sont pas comparables, par suite de certaines diversités dans l'interprétation de leur nombre. Mais il est possible de comparer, sans défalcation des jeunes, les résultats des années 1862, 1866, 1872 et 1873.

ESPÈCE BOVINE ET OVINE (VEAUX ET AGNEAUX COMPRIS).

(Chiffres absolus.)

		1862.	1866 [1].	1872 [1].	1873.
Espèce bovine.	Veaux	1,856,316	1,410,310	1,260,688	1,222,477
	Adultes.	10,955,273	11,322,878	10,023,776	10,468,932
		12,811,589	12,733,188	11,284,414	11,721,459
Espèce ovine.	Agneaux.	5,076,128	7,607,880	6,969,680	6,233,796
	Adultes.	24,453,550	22,778,353	17,619,967	19,701,318
		29,529,678	30,386,233	24,589,647	25,935,114

Nous nous contenterons de faire observer, à cet égard, que le déficit amené par les événements de 1870 et 1871 s'est atténué en 1873; cela résulte d'ailleurs des rapports ci-après :

NOMBRE DE TÊTES PAR KILOMÈTRE CARRÉ.

ANNÉES.	ESPÈCE bovine.	ESPÈCE ovine.
1862	23,5	54,3
1866	23,4	55,9
1872	21,3	46,4
1873	22,2	49,0

1. Les chiffres de ces deux années sont les résultats de dénombrements officiels.

En résumé, notre espèce bovine paraît devoir atteindre bientôt son ancien effectif. Il y a, dans l'espèce ovine, une décroissance évidente qui date de loin et s'explique surtout par la diminution des vaines pâtures et la suppression graduelle des jachères.

II. — *Comparaisons internationales.*

Le tableau n° 3, page 110, contient tous les résultats que nous avons pu recueillir, à des dates récentes, sur le dénombrement des animaux domestiques des États de l'Europe.

Nous en donnons le résumé par espèces :

EFFECTIF GÉNÉRAL DES ANIMAUX DOMESTIQUES.

	ESPÈCE chevaline.	ESPÈCES asine et mulassière [1].	ESPÈCE bovine.	ESPÈCE ovine.	ESPÈCE porcine.	ESPÈCE caprine.
Grande-Bretagne	2,101,100	—	6,002,100	29,495,000	2,519,300	—
Irlande	532,100	—	4,142,400	4,482,000	1,042,244	—
Danemark	316,570	—	1,238,898	1,812,481	412,421	—
Norvége	149,167	—	953,036	1,705,894	96,166	290,985
Suède	438,090	—	2,026,330	1,636,201	382,811	124,673
Russie	16,160,000	—	22,770,000	46,432,000	9,800,000	1,700,000
Finlande	254,820	—	997,960	921,745	190,326	30,639
Autriche	1,367,023	42,976	7,425,212	5,026,898	2,551,473	979,104
Hongrie	2,158,819	33,746	5,279,193	15,076,997	4,448,279	572,951
Suisse	105,792	—	992,895	445,400	304,191	374,481
Allemagne. Prusse	2,278,724	9,708	8,612,150	19,624,758	4,278,531	1,477,885
Allemagne. Bavière	351,669	228	3,066,263	1,342,190	872,098	193,881
Allemagne. Saxe-Royale	115,792	112	617,972	206,833	301,369	105,847
Allemagne. Wurtemberg	96,970	199	946,228	577,290	267,350	38,305
Allemagne. Duchés allemands	183,122	674	1,114,178	544,611	621,067	212,338
Hollande	253,393	3,466	1,469,937	898,715	611,004	146,169
Belgique	283,163	11,849	1,242,445	536,097	632,301	197,138
France	2,742,708	705,943	11,721,459	25,095,114	5,755,656	1,794,837
Portugal	79,716	188,040	520,474	2,706,777	776,868	936,869
Espagne	630,373	2,319,816	2,967,303	22,468,969	4,351,736	4,531,228
Italie	477,906	718,222	3,489,125	6,981,049	1,553,582	1,690,478
Grèce et îles Ioniennes	69,787	93,688	109,904	1,200,000	55,776	1,339,538
Roumanie	426,859	6,731	1,812,786	4,786,317	836,944	194,188
EUROPE	31,573,668	4,136,031	89,678,248	194,026,236	42,686,493	16,931,034
			379,081,705			

Ainsi, le nombre des bêtes domestiques s'élèverait, pour l'Europe entière, à 379 millions, nombre supérieur d'un peu moins d'un tiers à celui de la population de ce continent (302 millions).

Le tableau proportionnel ci-dessous indique, par État, la répartition des espèces.

---

1. Plusieurs États ayant réuni ces deux espèces, nous avons dû les comprendre dans la même colonne.

RÉPARTITION POUR 1,000 DES DIVERSES ESPÈCES.

	ESPÈCE chevaline.	ESPÈCES asine et mulassière.	ESPÈCE bovine.	ESPÈCE ovine.	ESPÈCE porcine.	ESPÈCE caprine.
Grande-Bretagne........	52	—	150	735	63	—
Irlande	52	—	406	440	102	—
Danemark..........	82	—	323	480	115	—
Norvége...........	47	—	209	533	31	90
Suède...........	95	—	410	355	83	27
Russie...........	167	—	235	479	101	18
Finlande..........	106	—	417	385	79	13
Autriche.........	79	2	427	289	147	56
Hongrie..........	78	2	192	546	161	21
Suisse...........	47	—	447	200	137	169
Allemagne. { Prusse..........	63	»	238	540	118	41
Bavière	60	»	527	230	150	33
Saxe-Royale	82	»	469	149	[224	76
Wurtemberg	50	»	491	300	139	20
Duchés allemands.....	51	»	424	203	[237	80
Hollande	75	»	434	266	181	44
Belgique	96	5	420	199	214	66
France	57	15	246	525	120	37
Portugal..........	15	36	100	520	149	180
Espagne..........	18	61	89	602	117	122
Italie	32	49	234	468	104	113
Grèce et îles Ioniennes	24	33	38	418	20	467
Roumanie..........	51	»	227	591	104	21
	83	11	237	511	113	45
			1,000			

On voit par ce tableau que le nombre de têtes de l'espèce ovine l'emporte sur celui de toutes les autres espèces réunies ; par ordre d'importance viennent ensuite l'espèce bovine, les porcs, les chevaux, les chèvres, et tout à fait au dernier rang les espèces asine et mulassière.

Les États qui dépassent la moyenne sont, pour l'espèce chevaline : la Russie, la Finlande, la Belgique et la Suède ; pour les espèces asine et mulassière réunies, l'Espagne, l'Italie, le Portugal, la Grèce et la France.

Pour l'espèce bovine, les divers États se classent comme il suit :

Bavière	527	Belgique.	420	Russie.	235
Wurtemberg	494	Finlande.	417	Italie.	234
Saxe.	469	Irlande.	406	Roumanie.	227
Suisse.	447	Turquie et Serbie	340	Hongrie	192
Suède.	440	Danemark.	323	Grande-Bretagne.	150
Hollande.	434	Norvége.	299	Portugal.	100
Autriche.	427	France.	246	Espagne	80
Duchés allemands.	424	Prusse.	238	Grèce.	38

On est surpris de voir la Grande-Bretagne figurer au nombre des États qui comptent relativement le moins d'animaux de l'espèce bovine, mais ces animaux y rachètent la faiblesse du nombre par le poids et la qualité.

Si nous passons à l'espèce ovine, les États où leur proportion dépasse la moyenne sont : la Grande-Bretagne, l'Espagne, la Roumanie, la Norvége, la France et le Portugal ; parmi les États qui comptent proportionnellement le moins d'animaux de cette espèce, il faut citer la Saxe-Royale, la Belgique et la Suisse.

Les États où domine l'espèce porcine sont les duchés allemands, la Saxe-Royale et la Belgique.

Quant aux chèvres, on les rencontre surtout en Grèce, en Espagne, en Portugal et en Suisse.

Nous venons d'examiner quelles sont, en nombres absolus, les ressources en bétail des divers États, mais pour se rendre compte de leur importance relative, nous croyons utile de rapporter les effectifs des diverses espèces à la population et au territoire de chacun d'eux :

NOMBRE DE TÊTES POUR 100 HABITANTS.

	ESPÈCE chevaline.	ESPÈCES asine et mulassière.	ESPÈCE bovine.	ESPÈCE ovine.	ESPÈCE porcine.	ESPÈCE caprine.
Grande-Bretagne	7,8	—	22,4	111,8	9,4	—
Irlande	10,0	—	77,6	84,0	19,5	—
Danemark	17,8	—	69,4	103,2	24,8	—
Norvége	8,5	—	54,1	96,7	5,4	16,5
Suède	10,2	—	47,1	88,1	8,9	2,9
Russie	22,5	—	31,7	64,7	13,7	2,4
Finlande	13,9	—	54,5	50,3	0,4	1,7
Autriche	6,7	0,2	36,4	24,6	12,5	4,8
Hongrie	13,9	0,2	34,0	97,2	28,6	3,7
Suisse	4,0	—	87,2	16,7	11,4	14,0
Allemagne. Prusse	9,2	—	33,1	79,6	17,8	6,0
Allemagne. Bavière	7,2	—	63,2	27,7	18,0	4,0
Allemagne. Saxe-Royale	4,5	—	25,3	8,1	11,8	4,0
Allemagne. Wurtemberg	5,3	—	52,0	31,7	14,7	2,1
Allemagne. Duchés allemands	4,9	,	40,6	19,9	22,7	7,7
Hollande	6,8	0,1	39,5	24,2	16,4	3,9
Belgique	5,4	0,2	23,6	11,2	12,0	3,8
France	7,6	1,9	32,5	69,4	15,9	5,0
Portugal	2,0	4,7	13,0	67,6	19,4	23,3
Espagne	4,2	14,8	18,2	138,4	26,3	27,9
Italie	1,8	2,7	13,0	26,1	5,8	6,3
Grèce et îles Ioniennes	4,8	0,4	7,5	81,8	3,8	91,3
Roumanie	9,5	0,2	40,9	106,4	18,6	4,3
Europe	11,2	1,5	31,8	68,7	15,1	6,0

On voit que, relativement à la population, c'est la Russie qui compte le plus de chevaux, l'Espagne le plus d'ânes et de mulets, l'Irlande le plus d'animaux de l'espèce bovine, l'Espagne le plus de moutons, la Hongrie le plus de porcs et la Grèce le plus de chèvres.

Quant à la France, elle dépasse la moyenne pour les espèces asine et mulassière, ovine et porcine ; elle est au contraire au-dessous de la moyenne en ce qui concerne les chevaux et les chèvres.

NOMBRE DE TÊTES PAR KILOMÈTRE CARRÉ.

	ESPÈCE chevaline.	ESPÈCES asine et mulassière.	ESPÈCE bovine.	ESPÈCE ovine.	ESPÈCE porcine.	ESPÈCE caprine.
Grande-Bretagne	9,1	—	25,7	125,5	10,8	—
Irlande	6,3	—	49,2	53,2	12,4	—
Danemark	8,3	—	32,4	47,1	11,7	—
Norvége	0,5	—	3,0	5,3	0,3	0,9
Suède	1,0	—	4,5	3,5	0,8	0,2
Russie	3,1	—	4,4	9,0	1,9	0,3
Finlande	0,7	—	2,6	2,4	0,5	0,1
Autriche	4,5	0,1	24,7	16,7	8,4	3,2
Hongrie	6,6	0,1	16,3	46,5	13,7	1,7
Suisse	2,5	—	24,0	10,7	7,3	9,0
Allemagne { Prusse	6,5	»	24,5	56,5	12,3	4,2
Bavière	3,4	»	39,1	17,1	11,1	2,5
Saxe-Royale	7,7	»	43,1	13,8	20,1	7,0
Wurtemberg	4,9	»	48,7	29,7	18,7	2,0
Duchés allemands	4,6	»	38,9	19,0	21,7	7,4
Hollande	7,7	0,1	41,7	27,3	18,6	4,4
Belgique	9,6	0,4	42,2	19,9	21,4	6,7
France	5,1	1,3	22,1	47,3	10.9	3,4
Portugal	0,9	2,0	5,7	29,7	8,4	10,3
Espagne	1,1	4,5	5,8	44,3	8,6	8,9
Italie	1,3	2,4	11,8	22,6	5,2	5,7
Grèce et îles Ioniennes	1,4	2,0	2,3	25,2	1,2	28,1
Roumanie	3,5	0,2	15,2	39,5	7,0	1,6
Europe	0,4	0,4	9,5	20,5	4,5	1,8

Un certain nombre d'États disposant d'un territoire très-étendu pour une population relativement peu nombreuse, on comprend que les rapports qui précèdent doivent donner lieu à un classement différent de celui qu'a fourni le premier tableau.

C'est ce qui arrive en effet : ici c'est la Grande-Bretagne et non plus la Russie qui produit le plus de chevaux; l'Espagne reste le producteur des espèces asine et mulassière; pour l'espèce bovine, la supériorité appartient encore à l'Irlande; la Grande-Bretagne arrive au premier rang pour l'espèce ovine, et les États allemands suivis de la Belgique, pour l'espèce porcine. Enfin, la Grèce conserve son rang pour les chèvres.

Nous allons rechercher le rapport des animaux de ferme au *territoire arable,* qui se compose des terres labourables et des prairies naturelles (pacages compris). Ce rapprochement est d'une grande utilité, car il fait connaître les ressources herbagères dont chaque pays dispose, et le nombre de têtes qu'il peut nourrir sur une surface donnée. On s'explique ainsi les différences signalées plus haut dans l'effectif des bestiaux. Dix-sept États seulement nous ont fourni les chiffres nécessaires pour établir ces rapports. Ce sont ceux qui figurent dans le tableau suivant :

TABLEAU.

NOMBRE DE TÊTES PAR KILOMÈTRE CARRÉ DE TERRITOIRE ARABLE.

	TERRES ARABLES par kilomètre carré.	ESPÈCE chevaline.	ESPÈCES asine et mulassière.	ESPÈCE bovine.	ESPÈCE ovine.	ESPÈCE porcine.	ESPÈCE caprine.	GROS bétail.	PETIT bétail.
Grande-Bretagne . .	12,711	173	—	472	2,320	198	—	645	2,518
Irlande.	6,355	84	—	652	705	164	—	736	869
Danemark	2,433	130	—	509	757	182	—	639	939
Norvége	1,230	121	—	771	1,380	78	235	892	1,693
Suède.	4,518	93	—	448	362	85	28	545	475
Finlande	2,062	97	—	375	346	71	11	471	428
Autriche	17,157	80	2	433	293	149	57	515	497
Hongrie.	19,322	112	2	273	780	230	30	387	1,040
Bavière.	4,556								
Saxe	966	88	.	683	316	244	65	766	625
Wurtemberg	1,228								
Duchés allemands. .	1,704								
Hollande	2,092	121	2	703	430	292	70	826	792
Belgique.	1,955	145	6	635	300	323	101	786	724
France.	33,653	74	21	348	744	171	53	443	968
Portugal	3,618	22	52	144	748	215	259	218	1,222
Roumanie	6,047	71	1	305	791	138	82	377	961
Totaux et moyennes.	122,213	97	8	414	798	183	47	519	1,028

En considérant les trois premières espèces comme formant le *gros bétail,* et les trois dernières comme formant le *petit bétail,* on conclut des rapports qui précèdent qu'après la Norvége, c'est la Hollande qui entretient le plus de gros bétail sur le terrain propre à le nourrir ; quant au petit bétail, le Portugal et la Hongrie, après la Grande-Bretagne et la Norvége, occupent le premier rang ; ces deux premiers pays sont au contraire au bas de l'échelle pour l'entretien du gros bétail [1].

§ 2. — RENDEMENT EN VIANDE DES ANIMAUX DE BOUCHERIE ET AUTRES PRODUITS ANIMAUX.

Nous venons de voir quelle est la richesse de chaque pays en bétail vivant. Il nous reste à faire connaître les ressources alimentaires et autres que les animaux domestiques fournissent aux populations lorsqu'ils ont été livrés à la boucherie.

En 1873, il a été abattu en France, pour les besoins de la consommation, d'après la déclaration des bouchers consultés par les commissions de statistique, 14,506,969 têtes de bétail de toute espèce. Si l'on se reporte au chiffre des existences, la proportion des animaux abattus serait d'environ le tiers de leur nombre. Mais cette proportion est très-variable suivant les espèces, et même dans certains cas, elle ne peut être évaluée. Ainsi, on ne possède aucune indication sur les animaux d'espèce chevaline abattus pour la boucherie, dont la consommation, il est vrai, quoique croissante, est encore insignifiante. Pour les bœufs et taureaux et pour les vaches, le rapport de l'abatage aux existences est d'environ 17 p. 100. Pour les veaux, le rapprochement n'est pas possible, ces animaux, livrés à la bou-

---

1. Les rapports élevés que présente la Norvége s'expliquent en partie par les ressources qu'elle trouve pour le pâturage dans ses nombreuses forêts.

cherie dès l'âge de 3 à 12 semaines et rarement au-dessus, se renouvelant plusieurs fois dans le courant d'une année. Pour les moutons et les brebis, la proportion des animaux abattus est de 22 ; pour les agneaux, de 24 p. 100 environ. Elle est beaucoup plus considérable pour les porcs, puisque, sans tenir compte des cochons de lait, elle dépasse 71 p. 100. Comme pour les veaux, on ne peut rapporter les chevreaux abattus aux existences, mais pour les chèvres et boucs, le rapport de l'abatage n'est que de 8 p. 100.

En ce qui regarde la consommation de la viande, ce qu'il importe surtout de connaître, c'est le poids net de chaque animal, c'est-à-dire celui de ses quatre quartiers et le rapport de ce poids à celui de l'animal en vie.

RAPPORT DU POIDS NET AU POIDS BRUT.

	POIDS BRUT de l'animal en vie.	POIDS NET des quatre quartiers.	RAPPORT P. 100 du poids net au poids brut.
	kilogr.	kilogr.	
Bœufs et taureaux	500	300	60
Vaches.	372	213	57
Veaux	68	44	65
Moutons et brebis.	36	20	55
Agneaux.	12	8	67
Porcs.	116	88	76
Boucs et chèvres	20	17	57
Chevreaux	7	4	57

Il résulte de ce rapport que le poids net varie, suivant les espèces, entre 55 et 75 p. 100 de celui de l'animal vivant. Le porc donne en viande les trois quarts de son poids. On constate que, dans toutes les espèces, les jeunes fournissent relativement plus de viande que les adultes.

Les progrès de l'élève du bétail paraissent avoir amené, dans le poids de 'animal en vie comme dans le poids net, une augmentation très-sensible.

Voici, en effet, les chiffres que les quatre dernières enquêtes ont fournis à cet égard :

VARIATIONS DE POIDS DES ANIMAUX LIVRÉS A LA BOUCHERIE.

	POIDS BRUT EN KILOGRAMMES.				POIDS NET EN KILOGRAMMES.			
	1840.	1852.	1862.	1873.	1840.	1852.	1862.	1873.
Taureau ou bœuf	413	437	456	500	243	253	267	300
Vache.	240	275	324	372	144	156	183	213
Veau	48	55	65	68	29	33	39	44
Mouton ou brebis	24	27	32	36	14	15	18	20
Agneau	10	12	14	12	6	7	8	8
Porc	91	103	118	116	73	80	83	88
Bouc et chèvre.	22	29	32	30	12	15	18	17
Chevreau	—	7	8	7	—	4	4,8	4

Il nous reste à indiquer quelles ont été, pour l'année 1873, les quantités de viande livrées à la consommation. Ces quantités s'obtiennent en multipliant le nombre des têtes abattues par le poids net moyen de l'animal.

ÉVALUATION DE POIDS EN VIANDE RÉSULTANT DES ANIMAUX ABATTUS EN 1873.

	NOMBRE des animaux abattus.	POIDS NET moyen.	QUANTITÉ de viande produite.	RAPPORTS proportionnels.
Taureaux ou bœufs	551,134	300	165,540,460	
Vaches	841,198	213	179,230,999	55,8
Veaux.	2,734,539	44	119,541,113	
Moutons et brebis	5,115,184	20	101,402,093	
Agneaux	1,492,735	8	11,470,723	13,5
Porcs	2,925,054	88	257,483,231	30,6
Chèvres et chevreaux	847,725	6,7	4,993,236	0,6
	14,507,689		839,661,855	100,0

Ainsi, il avait été consommé, en 1873, 840 millions environ de kilogrammes de viande, savoir : 55 p. 100 de l'espèce bovine, 31 p. 100 de l'espèce porcine, 13 p. 100 de l'espèce ovine, et un peu moins de 1 p. 100 de l'espèce caprine.

Nous rapprochons, dans le tableau suivant, les résultats de 1873 de ceux qui ont été fournis par les trois enquêtes antérieures :

PRODUCTION DE LA VIANDE. — COMPARAISON DES 4 ENQUÊTES.

	NOMBRE DE KILOGRAMMES DE VIANDE PRODUITE.			
	1840.	1852.	1862.	1873.
Espèce bovine.	298,888,995	429,733,362	450,093,264	464,282,572
— ovine	79,673,321	103,481,577	112,041,135	112,872,816
— porcine.	290,446,475	298,382,056	377,703,832	257,473,231
— caprine	1,906,385	2,000,000	1,766,678	4,993,236
Totaux.	670,915,176	833,596,995	942,605,009	839,661,855

On voit qu'à l'exception des porcs, dont la production en viande a très-sensiblement décru, la production de toutes les autres espèces a augmenté.

Mais on se rendra mieux compte de ces mouvements en rapportant les quantités consommées à la population correspondante :

QUANTITÉ MOYENNE PAR HABITANT (en kilogrammes).

	1840.	1852.	1862.	1873.
Espèce bovine.	8,76	11,76	11,99	12,85
— ovine.	2,31		2,98	3,13
— caprine.	0,05	2,93	0,07	0,14
— porcine.	8,53	8,30	10,06	7,13
Totaux.	19,68	23,19	25,08	23,25

Ainsi, abstraction faite de l'excédant des importations sur les exportations, excédant difficile à déterminer en l'absence de données précises sur le poids des animaux introduits, on consommerait actuellement, en France, 23 kilogr. par habitant.

Il n'est pas inutile de rappeler, à cet égard, que, dans l'ensemble des villes chefs-lieux d'arrondissement et autres villes de plus de 10,000 âmes, la consommation moyenne est de 50 kilogr.; elle dépasse, à Paris, 75 kilogr.

Quant aux produits des animaux autres que la viande, on trouvera à la page 11 pour la France entière, et à la page 75 pour chaque département, les renseignements que nous avons pu recueillir : ils se rapportent à la laine, au suit, au miel et à la cire, et enfin à la production du lait et des œufs.

En ce qui concerne le lait, la production se serait élevée, en 1873, à environ 80 millions et demi d'hectolitres. Si on la compare au nombre des vaches laitières qui, d'après nos tableaux, est de 4,888,961, on trouve que la production annuelle d'une vache laitière serait, en moyenne, de 16 hectolitres et demi, ce qui correspond à 4 litres et demi par jour. Mais il y a, à cet égard, des différences très-marquées entre les diverses régions de notre pays.

Les quelques documents que nous avons reçus de l'étranger, sur la production de la viande et des autres articles de consommation que nous venons d'énumérer, sont tout à fait incomplets. Quelques États, en effet, et en très-petit nombre, fournissent le nombre des animaux livrés à la boucherie, sans indiquer leur poids moyen; d'autres, au contraire, indiquent ce poids sans compter les animaux : ajoutons qu'il n'existe aucun document officiel permettant de combler ces lacunes.

Nous sommes donc obligés, à notre grand regret, de renoncer, sur ce point, à tout travail de comparaison avec notre pays.

CHAPITRE IV

ÉCONOMIE RURALE

Sous ce titre, nous avons compris les données qu'on a pu recueillir sur les divers modes d'exploitation du sol, sur l'outillage agricole, les engrais et amendements et les assolements les plus répandus.

Aucun État étranger n'a répondu à cette partie du programme international de manière du moins à fournir des résultats comparables; nous devons même ajouter, en ce qui concerne la France, que la plupart des renseignements dont on vient de donner l'énumération étaient demandés pour la première fois, en sorte qu'on ne peut, faute de moyens de contrôle suffisants, les accepter sans réserve. De nouvelles enquêtes, établies dans le même sens, pourront seules indiquer dans quelle mesure les chiffres établis par les commissions de statistique, sur des faits si diffi ciles à constater, se rapprochent de la vérité.

C'est sous le bénéfice de ces observations que nous allons résumer ici les principaux résultats de cette enquête spéciale.

§ 1ᵉʳ. — PROPRIÉTÉS RURALES D'APRÈS LE MODE DE EXPLOITATION.

On sait qu'en France le mode d'exploitation d'une propriété rurale peut être ramené à trois types principaux :

1° Le *faire-valoir direct ;* définition par laquelle on désigne la culture du sol par le propriétaire lui-même, employant des ouvriers, soit à l'année, soit à la journée, et se réservant le produit des récoltes, ou agissant, comme on le fait dans certaines régions du Sud-Ouest, par l'intermédiaire d'un régisseur ou maître-valet.

2° Le *métayage* ou *colonat partiaire,* dans lequel le métayer donne généralement son travail, et le propriétaire le bâtiment, le bétail en partie et les instruments d'exploitation, à la condition de partager avec le métayer les fruits ou la récolte, dans certaines proportions.

3° Le *fermage,* mode par lequel le propriétaire aliène sa terre pendant un temps plus ou moins long, moyennant une redevance fixe, ordinairement sans rapport avec les variations annuelles de la récolte.

Ces divers modes d'exploitation se rencontrent dans tous les départements; toutefois l'exploitation directe par le propriétaire domine principalement dans l'Est de la France, le fermage dans le Nord-Ouest, le métayage dans les contrées du Centre et du Sud-Ouest.

En considérant le pays tout entier, la statistique de 1873 fournit les résultats ci-après :

NOMBRE DES PROPRIÉTÉS RURALES.

MODE D'EXPLOITATION.	NOMBRE des exploitations.	RAPPORTS proportionnels p. 1,000.	NOMBRE DES PROPRIÉTÉS	
			par kilomètre carré de territoire.	par kilomètre carré de territoire exploité.
Faire-valoir direct.	2,826,388	710	5,34	8,48
Fermage	831,943	210	1,57	2,49
Métayage	819,450	80	0,60	0,96
	3,977,781	1,000	7,51	11,93

Ainsi sur 3,977,781 propriétés rurales, la part de l'exploitation directe serait de 71 p. 100, celle du fermage de 21 ou d'un cinquième, et celle du métayage de moins d'un dixième.

Par kilomètre carré de territoire, il y aurait environ de 7 à 8 propriétés ; il y en aurait 12 sur le sol réellement exploité, c'est-à-dire abstraction faite, dans le territoire agricole, des terrains communaux, des forêts de l'État et des terres tout à fait incultes.

Les rapports diffèrent quand, au lieu d'examiner le nombre des propriétés agricoles, on considère leur étendue.

ÉTENDUE DES PROPRIÉTÉS RURALES.

MODE D'EXPLOITATION.	ÉTENDUE des exploitations en hectares.	NOMBRE D'HECTARES	
		par kilomètre carré de territoire.	par kilomètre carré de territoire exploité.
Faire-valoir direct	17,011,847	32	50,9
Fermage.	11,959,354	23	35,9
Métayage.	4,366,253	8	13,2
	33,337,454	63	100,0

Il résulte de ces rapports que, sur un kilomètre carré de territoire, les exploitations agricoles occuperaient 63 hectares, dont un peu plus de la moitié appartiendrait aux exploitations directes par le propriétaire, et le reste se partagerait entre le fermage et le métayage, dans le rapport approché de 3 à 1.

Au point de vue des terres réellement exploitées, la part du faire-valoir direct serait d'un peu plus de la moitié, celle du fermage de 36 et celle du métayage de 13 p. 100.

Les différences, comme on le voit, sont bien moins marquées, en ce qui regarde l'étendue, qu'elles ne le sont lorsqu'on ne tient compte que du nombre relatif des propriétés; c'est qu'en effet l'étendue moyenne des propriétés est loin d'être la même suivant les divers modes d'exploitation du sol.

Voici, à cet égard, les rapports généraux applicables à l'ensemble du pays:

ÉTENDUE MOYENNE DES PROPRIÉTÉS.

Faire-valoir direct....... 6$^{hect.}$,0 ⎫

Fermage .... 14 ,4 ⎬ Moyenne générale..... 8$^{hect.}$,4.

Métayage.......... 13 ,7 ⎭

Mais il n'est pas besoin de dire que l'étendue moyenne des propriétés varie considérablement suivant les régions, et, dans celles-ci, suivant la nature des cultures. On peut remarquer, par exemple, que la propriété est relativement plus morcelée dans les pays vinicoles et dans ceux qui se livrent à la culture des plantes maraîchères et des plantes industrielles.

§ 2. — OUTILLAGE AGRICOLE.

Parmi les nombreux engins employés en agriculture, l'on n'a relevé que les charrues, les machines à battre, et quelques machines perfectionnées, comme les faucheuses et les moissonneuses.

D'après l'enquête faite sur ce point, le nombre des charrues serait de 3,195,500; sur ce nombre 860,572 ont été signalées comme perfectionnées; il y aurait 134,116 machines à battre, dont 6,793 à vapeur[1] et 127,323 mues par des manéges.

Enfin, on n'a recensé que 3,161 faucheuses et 2,833 moissonneuses.

En admettant ces nombres comme exacts, on compterait 12 charrues par kilomètre carré de terres labourables, 20 charrues par kilomètre de terres cultivées en céréales, et 8 charrues par 10 exploitations; on compterait un peu plus de 3 machines à battre par 100 exploitations (3,4). Il est vrai de dire que cette sorte de machine n'est généralement employée que dans les grandes exploitations, bien que, dans un certain nombre de départements, des propriétaires aisés ou des associations agricoles achètent ces engins et les mettent à la disposition des cultivateurs, à certaines conditions.

Si cette combinaison s'étendait successivement à d'autres machines, comme les moissonneuses, les faucheuses, les faneuses, etc., elle aurait pour effet d'atténuer un des principaux désavantages de la petite culture, l'impossibilité de se procurer un outillage perfectionné.

En comparant les chiffres qui précèdent à ceux qu'a fournis l'enquête de 1862, on obtient les résultats ci-après, lesquels prouveraient que notre outillage agricole tend à s'accroître en même temps qu'à se perfectionner.

---

1. On n'a pu obtenir exactement le chiffre des machines à battre mues par des forces hydrauliques, par suite de l'application de ces forces à des usages multiples.

OUTILLAGE AGRICOLE.

		1862.	1873.
Charrues	du pays	2,411,735	2,334,028
	perfectionnées	794,736	860,572
Machines à battre	à vapeur	2,849	6,793
	à manége	97,884	127,323
Faucheuses		—	3,161
Moissonneuses		—	2,888

§ 3. — ENGRAIS ET AMENDEMENTS.

Engrais. — Ce n'est que sous les réserves les plus expresses que nous donnons ici les chiffres relevés sur cette partie si importante de l'économie rurale, car nous n'avons aucun moyen de savoir si réellement, en dehors du milliard de quintaux métriques d'engrais d'étable, qu'on nous déclare avoir été employé dans l'année, on n'aurait utilisé les autres engrais, récoltes et fourrages enfouis, guano, autres engrais industriels, que jusqu'à la concurrence de 54 millions de quintaux; mais nous pouvons vérifier au moins approximativement la quantité de fumier d'étable, en attribuant au bétail existant la quantité moyenne de fumier que chaque animal pourrait produire (quantité qu'on a cherché à évaluer lors de l'enquête de 1862).

ÉVALUATION APPROXIMATIVE DE LA QUANTITÉ DE FUMIER PRODUITE EN 1873.

DÉSIGNATION DES ANIMAUX.	NOMBRE des animaux.	QUANTITÉ moyenne de fumier produit.	PRODUCTION annuelle du fumier.	PAR ESPÈCES.
		quintaux.	quintaux.	
Poulains et pouliches	432,123	37	15,984,000	
Chevaux et juments	2,310,585	51	124,740,000	
Anes	410,268	23	9,430,000	162,314,000
Mulets	303,775	40	12,160,000	
Taureaux et bœufs	2,105,651	60	126,360,000	
Vaches	5,938,818	59	350,401,000	
Élèves	2,424,513	29	70,825,000	565,866,000
Veaux	1,252,477	15	18,780,000	
Béliers, moutons, brebis	19,701,818	7	137,907,000	156,609,000
Agneaux	6,233,790	3	18,702,000	
Porcs	4,074,117	17	69,258,000	82,714,000
Cochons de lait	1,681,539	8	13,456,000	
Chèvres et boucs	1,858,940	6	8,154,000	9,402,000
Chevreaux	485,897	8	1,308,000	
	48,668,817		976,905,000	

On voit, par ce tableau, dans quelle proportion les diverses espèces de bétail contribuent à la formation du fumier. Ajoutons que le chiffre total se rapproche de celui qui nous a été donné directement, et qu'on peut par conséquent considérer comme à peu près exact.

Amendements. — Si les engrais sont d'un usage à peu près général, on n'en peut dire autant des amendements, qui ne sont employés que dans des cas spéciaux où il s'agit de modifier la nature des terres à exploiter, en leur fournissant les éléments qui leur manquent. C'est ainsi, par exemple, que la chaux et la marne s'appliquent aux terrains siliceux et argileux, aux sols de landes dont la matière organique à l'état acide doit être neutralisée; le plâtre aux prairies artificielles; les cendres en général aux terrains de grès, comme dans les Vosges; les warechs aux terrains du littoral de la mer.

La quantité totale des amendements de toutes sortes n'atteindrait pas 100 millions de quintaux, tandis qu'on a vu le chiffre des engrais dépasser 1 milliard.

§ 4. — ASSOLEMENTS.

On comprend qu'un cadre statistique ne peut se prêter à une étude aussi compliquée que celle des assolements : il eût été presque impossible, en effet, d'exprimer en chiffres toutes les combinaisons que les assolements présentent; aussi nous sommes-nous bornés à demander à chaque Commission l'énumération des assolements les plus répandus. Pour la France entière les renseignements fournis se résument en quelques mots :

L'assolement le plus répandu est, dans 46 départements, l'assolement triennal; dans 36 l'assolement biennal, dans 5 seulement l'assolement quadriennal, etc., ce qui ne veut pas dire que ces départements n'emploient pas concurremment d'autres assolements : toutefois, en général, la préférence paraît être accordée à l'assolement triennal.

I

STATISTIQUE AGRICOLE

DE

LA FRANCE

RÉSUMÉS GÉNÉRAUX

RÉSUMÉS GÉNÉRAUX

TABLEAU N° 1.

I. ÉTENDUE DU TERRITOIRE AGRICOLE.

DÉSIGNATION DES SUPERFICIES.	ÉVALUATION APPROXIMATIVE en hectares.	
Terres labourables. { Céréales	15,015,328	
Farineux.	1,981,424	
Cultures potagères et maraîchères.	47,4061	
Cultures industrielles	871,678	
Prairies artificielles	2,586,429	26,300,777
Fourrages annuels.	508,572	
Jachères mortes et cultures non dénommées	4,863,222	
Autres superficies productives. { Vignes	2,582,716	
Bois et forêts	8,357,066	
Prairies naturelles et vergers	4,224,103	18,295,128
Pâturages et pacages	3,131,243	
Terres incultes (montagnes, etc.).		4,425,703
Territoire agricole.		49,021,608
Territoire général de la France.		52,904,974

II. SUPERFICIE EN HECTARES DES PRINCIPALES CULTURES.

Céréales. { Froment et épeautre.	6,966,419	
Méteil.	503,178	
Seigle	1,912,601	
Orge.	1,117,071	
Avoine.	3,182,456	15,015,328
Sarrasin	677,626	
Maïs.	605,993	
Millet	49,984	

SUPERFICIE EN HECTARES DES PRINCIPALES CULTURES. (Suite.)

DÉSIGNATION DES SUPERFICIES.	ÉVALUATION APPROXIMATIVE en hectares.	
Farineux. { Légumes secs	322,681	
Pommes de terre	1,176,496	1,981,424
Châtaignes	482,247	
Cultures industrielles. { Chanvre	95,521	
Lin	87,671	
Colza	168,215	
Autres graines oléagineuses	46,593	
Oliviers	147,626	
Oléagineux arborescents	43,381	871,678
Betteraves à sucre	253,385	
Houblon	3,528	
Tabac	14,858	
Cultures diverses (garance, gaude, chicorée, etc.)	10,900	

III. RÉPARTITION PROPORTIONNELLE DU TERRITOIRE PRODUCTIF.

Céréales et farineux	16,996,752	38.2
Cultures potagères et maraîchères	474,061	1.1
Cultures industrielles	871,678	1.9
Prairies artificielles et fourrages annuels	3,095,064	6.9
Jachères, etc.	4,863,222	10.9
Terres labourables	26,300,777	59.0
Prairies naturelles, jardins, vergers	7,355,346	16.5
Vignes	2,582,716	5.8
Bois et forêts	8,357,066	18.7
Autres terrains productifs	18,295,128	41.0
Total du territoire productif	44,595,905	100.0

Tableau N° 2. — PRODUIT DES CULTURES.

I. — CÉRÉALES ET AUTRES FARINEUX ALIMENTAIRES,

	NOMBRE D'HECTARES cultivés.	QUANTITÉ de SEMENCE par hectare.	RENDEMENT BRUT moyen PAR HECTARE. En 1873.	Année moyenne.	PRODUCTION TOTALE EN GRAINS. En 1873.	Année moyenne.
A. CÉRÉALES.		hectolitres	hectolitres	hectolitres	hectolitres	hectolitres
Froment et épeautre	6,966,419	2,17	12,04	14,95	83,861,193	104,177,048
Méteil	503,178	2,13	12,50	15,40	6,287,301	7,751,469
Seigle.	1,912,601	2,09	10,86	13,76	20,779,367	26,310,016
Orge	1,117,071	2,10	16,75	18,11	18,732,757	20,254,524
Avoine	3,182,456	2,36	22,15	22,09	70,492,743	70,328,495
Sarrasin.	677,626	0,86	14,35	16,89	9,712,257	11,448,280
Maïs.	605,993	0,68	14,72	15,96	8,918,352	9,676,825
Millet.	49,984	0,36	12,24	13,75	612,031	687,217
	15,015,328	»	»	»	219,396,001	250,633,874
B. FARINEUX.						
Légumes secs	322,681	1,83	13,77	15,03	4,444,107	4,850,316
Pommes de terre.	1,176,496	12,32	102,35	110,91	120,410,929	180,589,139
Châtaignes.	482,247	»	13,62	16,57	6,567,881	7,908,726
	1,981,424	»	»	»	131,422,417	143,438,181

II. — CULTURES POTAGÈRES ET MARAICHÈRES.

	NOMBRE D'HECTARES cultivés.	VALEUR EN FRANCS de la RÉCOLTE PAR HECTARE. En 1873.	Année moyenne.	VALEUR TOTALE de la PRODUCTION. En 1873.	Année moyenne.
		francs	francs	francs	francs
Légumes frais de toutes sortes (haricots verts, pois, choux, carottes, navets, citrouilles, melons, asperges, artichauts, salades).	474,061	972	1,045	461,058,203	495,307,288

III. — CULTURES INDUSTRIELLES.

	NOMBRE D'HECTARES cultivés.	QUANTITÉ de SEMENCE par hectare.	RENDEMENT BRUT moyen PAR HECTARE. En 1873.	Année moyenne.	PRODUCTION TOTALE EN GRAINES OU FRUITS. En 1873.	Année moyenne.
A. CULTURES OLÉAGINEUSES.		hectolitres	hectolitres	hectolitres	hectolitres	hectolitres
Colza	163,215	0,07	14,14	16,88	2,378,807	2,840,208
Œillette, navette, cameline, etc.	46,593	0,06	12,55	14,02	584,634	653,589
Chanvre (graines de).	95,521	2,74	8,15	9,22	778,890	880,549
Lin (graines de)	87,671	2,27	8,74	9,56	766,138	838,432
Oliviers	147,626	»	30,81	36,60	4,549,010	5,408,106
Autres cultures oléagineuses arborescentes (amandiers, hêtres, etc.).	43,981	»	»	»	»	»

Tableau N° 2. — **PRODUITS DES CULTURES.** (Suite.)

B. Plantes textiles.

	NOMBRE D'HECTARES cultivés.	PRODUIT MOYEN par HECTARE. 1873.	PRODUIT MOYEN par HECTARE. Année moyenne.	PRODUCTION TOTALE. 1873.	PRODUCTION TOTALE. Année moyenne.
		quint. mét.	quint. mét.	quint. mét.	quint. mét.
Chanvre...............	95,521	5,25	5,59	501,941	534,386
Lin.................	87,671	5,75	5,93	508,917	519,976
	183,192	»	»	1,005,858	1,054,362

C. Autres cultures industrielles.

	NOMBRE D'HECTARES cultivés.	SEMENCE par hectare.	PRODUIT MOYEN par HECTARE. 1873.	PRODUIT MOYEN par HECTARE. Année moyenne.	PRODUCTION TOTALE. 1873.	PRODUCTION TOTALE. Année moyenne.
		quint. m.	quint. m.	quint. m.	quint. mét.	quint. mét.
Betteraves à sucre........	253,385	9,16	306,00	344,00	77,434.300	87,075,152
Houblon.............	3,528	»	14,17	13,11	50,224	46,202
Tabac..............	14,858	»	11,61	10,86	172,522	191,175
Autres (garance, chicorée, gau-de, safran, etc.)........	10,900	»	»	»	301,477	313,082

IV. — PRAIRIES.

	NOMBRE D'HECTARES.	PRODUIT MOYEN BRUT par HECTARE. 1873.	PRODUIT MOYEN BRUT par HECTARE. Année moyenne.	PRODUCTION TOTALE. 1873.	PRODUCTION TOTALE. Année moyenne.
		quint. mét.	quint. mét.	quint. mét.	quint. mét.
Prairies artificielles (trèfle, sain-foin, luzerne, mélanges, ray-grass, etc.)............	2,586,492	36,93	37,25	95,536,866	96,256,090
Fourrages annuels (herbacés, légumineux, racines).....	508,572	69,42	70,95	35,307,739	36,084,408
Prés naturels et prés-vergers..	4,224,103	31,65	30,39	133,573,140	128,054,911
Pâturages et pacages......	3,131,243	»	»	»	»

V. — ARBRES A FRUITS [1].

	VALEUR EN FRANCS DE LA RÉCOLTE ANNUELLE DES FRUITS. 1873.	VALEUR EN FRANCS DE LA RÉCOLTE ANNUELLE DES FRUITS. Année moyenne.
	francs.	francs.
Arbres à noyaux et à amandes (pruniers, abricotiers, pêchers, cerisiers, pis-tachiers, etc.)........................	10,551,708	21,829,427
Arbres à pépins (pommiers, poiriers, cognassiers, orangers, citronniers, figuiers, jujubiers)......................	62,658,784	75,805,072
Arbustes divers (câpriers, etc.).....................	2,176,094	7,241,298

[1] Évaluation avec nombreuses lacunes.

Tableau N° 3. — ANIMAUX DOMESTIQUES.

I. — EFFECTIF DES ANIMAUX DOMESTIQUES, AU 31 DÉCEMBRE 1873.

	NOMBRE de TÊTES.			NOMBRE de TÊTES.	
Espèce chevaline. Poulains et pouliches de moins de 3 ans	482,123		**Espèce ovine.** Agneaux	6,233,796	
Étalons pour la reproduction	11,853		Béliers	516,749	
Chevaux entiers	348,073	2,742,708	Moutons	7,147,314	25,935,114 [1]
— hongres	761,611		Brebis	12,037,255	
Juments	1,188,448				
Espèce asine	»	410,268	**Espèce porcine.** Cochons de lait	1,681,539	
Espèce mulassière	»	303,775	Verrats	54,551	5,755,656
Espèce bovine. Veaux (de 3 mois)	1,252,477		Cochons	3,097,588	
Bouvillons, taurillons	947,824		Truies	921,978	
Génisses	1,476,688		**Espèce caprine.** Chevreaux	485,897	
Taureaux	313,081	11,721,459	Boucs	50,641	1,794,837
Bœufs	1,792,570		Chèvres	1,308,299	
Vaches laitières	4,888,961		Nombre total des têtes au 31 décembre 1873	48,663,817	
Autres vaches	1,049,857				

II. — RENDEMENT EN VIANDE DES ANIMAUX LIVRÉS A LA BOUCHERIE.

	BŒUFS et TAUREAUX.	VACHES.	VEAUX.	MOUTONS et BREBIS.	AGNEAUX.	PORCS.	BOUCS et CHÈVRES.	CHE-VREAUX.
Nombre des animaux livrés annuellement à la boucherie	550,524	841,198	2,784,580	5,115,184	1,492,785	2,025,061	118,997	733,728
Poids en kilogr. de l'animal en vie (poids brut)	500	372	68	36	12	116	80	7
Poids en kilogr. de l'animal abattu (poids net)	300	213	44	20	8	88	17	4
Poids total des animaux vivants	275,608,980	312,650,658	186,676,658	183,945,826	18,033,185	888,278,592	3,425,968	4,804,975
Poids total des animaux abattus. — VIANDE	165,540,460	179,230,999	119,541,113	101,402,093	11,470,728	257,483,231	1,058,012	3,035,144

839,661,855 kilogr.

III. — AUTRES PRODUITS DES ANIMAUX.

Production annuelle approximative			
de la laine	(Quintaux métriques.)	500,787
du suif	—	300,257
du miel	—	93,112 [2]
de la cire	—	27,038 [2]
du lait	(Hectolitres.)	50,499,500
des œufs	(Milliers.)	1,796,738

[1] Dont 4,827,862 de races perfectionnées.
[2] Le nombre des ruches d'abeilles en activité, en 1873, a été de 2,073,708.

Tableau N° 4. — ÉCONOMIE RURALE.

I. NOMBRE ET ÉTENDUE DES PROPRIÉTÉS AGRICOLES, D'APRÈS LE MODE D'EXPLOITATION.

MODES D'EXPLOITATION.	NOMBRE des EXPLOITATIONS.	ÉTENDUE moyenne.	ÉTENDUE TOTALE.
		hectares	hectares
Directe par le propriétaire faisant valoir ou cultivant lui-même (faire-valoir direct).	2,826,383	6,0	17,011,847
Par le fermier (fermage)	831,943	14,4	11,959,354
Par le colon ou métayer (métayage).	319,450	13,7	4,866,253
	3,977,781	8,4	33,837,454

II. OUTILLAGE AGRICOLE.

		NOMBRE	
		par catégorie.	par espèce.
Charrues.	du pays.	2,334,928	3,195,500
	perfectionnées	860,572	
Machines à battre.	à vapeur	6,793	134,116
	mues par des chevaux.	127,323	
Machines perfectionnées	faucheuses	3,161	6,044
	moissonneuses	2,883	
Dans combien de cas les labours ont-ils lieu avec.	des chevaux ?	55	100
	des bœufs ?	45	

III. ENGRAIS ET AMENDEMENTS.

ENGRAIS.		AMENDEMENTS.	
	quint. mét.		quint. mét.
Engrais d'étable	1,069,598,800	Chaux.	17,262,204
Récoltes et fourrages enfouis, pour servir d'engrais.	23,450,906	Plâtre.	3,713,219
		Marne.	48,146,750
Guano.	3,778,266	Cendres.	3,766,019
Autres engrais industriels, vidanges, boues, etc.	27,116,997	Autres (warechs, sables, calcaires, etc.)	24,259,070
	1,123,944,969		97,150,262

IV. ASSOLEMENTS.

ASSOLEMENTS LES PLUS RÉPANDUS.		ASSOLEMENTS DONT L'USAGE VIENT EN SECONDE LIGNE.	
L'assolement triennal.	dans 46 départements.	L'assolement triennal.	dans 39 départements.
— biennal	dans 36 —	— biennal	dans 27 —
— quadriennal, etc.	dans 5 —	— quadriennal.	dans 21 —

TABLEAUX RÉCAPITULATIFS

PAR

DÉPARTEMENT

PREMIÈRE SECTION

TERRITOIRE

TABLEAU N° 1. — ÉTENDUE APPROXIMATIVE DU TERRITOIRE AGRICOLE.

EN HECTARES.

DÉPARTEMENTS.	TERRES LABOURABLES.								AUTRES SUPERFICIES PRODUCTIVES.					TOTAL des TERRES labourables et autres superficies productives.	TERRES INCULTES.	TERRITOIRE AGRICOLE.	SUPERFICIES bâties, voies de transport, etc.	TOTAL GÉNÉRAL du territoire.
	CÉRÉALES.	FARINEUX.	CULTURES potagères et maraîchères.	CULTURES industrielles.	PRAIRIES artificielles.	FOURRAGES annuels.	CULTURES non dénommées (Jachères mortes, etc., etc.).	TOTAL.	VIGNES.	BOIS et forêts (y compris les forêts de l'État).	PRAIRIES naturelles et vergers.	PATURAGES et parcours.	TOTAL.					
Ain	174,414	29,000	2,518	10,767	32,044	9,410	32,541	260,689	13,520	130,428	66,402	30,000	242,530	500,919	9,417	519,186	61,461	570,807
Aisne	286,841	19,822	38,050	69,006	67,138	15,551	60,068	546,481	4,400	90,907	44,751	6,471	146,322	602,753	794	683,547	41,653	735,200
Allier	192,780	93,055	4,397	9,005	47,107	8,158	163,051	483,318	15,342	79,103	65,574	11,464	160,073	601,966	80,481	601,470	59,907	731,837
Alpes (Basses-)	77,224	13,127	1,880	5,185	10,466	1,755	44,800	152,377	16,300	111,903	15,247	54,194	197,071	319,448	291,710	611,158	54,261	665,419
Alpes (Hautes-)	82,375	8,825	770	247	10,652	.	40,496	128,376	5,520	98,374	27,300	120,522	251,716	580,893	110,416	590,403	58,583	665,161
Alpes-Maritimes	30,106	4,034	1,000	15,449	1,845	1,827	10,000	73,701	9,002	90,418	19,813	90,000	209,583	283,857	103,701	357,058	55,042	413,033
Ardèche	83,755	76,045	4,220	1,810	10,013	1,558	27,121	207,422	33,068	89,647	60,350	70,353	243,417	450,340	53,903	504,748	47,017	552,065
Ardennes	174,812	14,118	2,212	1,520	42,019	9,533	64,008	314,291	1,108	130,174	57,078	5,373	186,033	600,914	2,069	502,983	70,306	628,290
Ariège	90,570	26,106	2,567	1,656	15,480	1,961	98,252	100,037	14,703	157,640	21,834	79,368	274,037	484,644	42,368	476,012	12,475	490,357
Aube	227,574	8,265	2,788	6,054	41,515	8,697	74,120	304,096	21,216	104,861	34,038	4,670	106,891	520,427	12,762	542,189	57,990	600,181
Aude	131,520	7,817	750	851	27,245	4,120	56,179	227,801	142,903	63,417	7,080	26,034	295,783	458,281	129,680	576,904	54,350	631,294
Aveyron	168,207	75,687	2,883	8,414	51,610	9,021	114,042	397,793	93,310	77,714	74,470	115,151	290,635	648,825	150,044	530,264	35,965	571,331
Bouches-du-Rhône	77,365	8,005	5,070	34,039	18,052	1,425	20,398	165,033	29,026	68,720	4,148	51,751	164,847	339,270	123,091	452,369	54,118	610,437
Calvados	189,401	9,087	4,000	24,850	61,000	4,500	28,000	307,723	.	36,151	97,000	5,000	139,151	446,970	31,819	478,104	78,874	562,072
Cantal	69,391	19,036	1,949	1,429	9,389	888	55,000	180,684	400	61,369	37,802	140,056	252,657	472,513	50,000	523,813	50,534	571,147
Charente	176,588	37,805	6,706	2,387	89,016	.	18,771	373,170	12,673	89,031	64,593	20,063	289,030	502,250	5,000	507,250	26,988	504,238
Charente-Inférieure	182,440	10,178	4,018	1,820	93,358	9,581	44,018	379,720	164,051	65,871	72,780	11,778	308,080	587,800	6,051	594,451	88,118	682,300
Cher	190,007	9,547	2,481	3,305	40,160	8,377	103,205	385,210	14,810	122,016	57,372	17,492	211,723	506,036	50,520	656,456	53,478	710,931
Corrèze	106,808	65,285	1,787	2,734	2,740	1,120	35,703	218,187	22,300	50,143	79,305	71,473	229,931	441,103	120,300	561,403	25,291	5.6,000
Corse	78,710	32,556	6,088	16,001	1,800	1,905	1,806	185,451	23,664	103,588	10,531	143,450	280,102	477,643	348,340	825,843	48,758	871,741
Côte-d'Or	274,881	20,045	1,080	6,872	38,009	7,811	68,740	412,308	39,262	240,019	48,120	15,000	332,291	744,850	08,084	942,938	33,103	870,116
Côtes-du-Nord	287,000	32,170	4,003	10,909	10,003	5,030	109,000	457,170	.	35,483	52,000	73,500	161,988	648,153	28,150	612,812	46,240	688,369
Creuse	131,136	18,575	1,582	3,190	9,073	6,705	93,302	263,820	5	34,800	76,414	61,496	194,715	453,254	52,843	511,007	65,733	565,830
Dordogne	240,491	56,085	4,700	8,108	25,512	10,413	36,175	433,131	124,107	105,907	110,436	5,029	484,778	872,900	83,570	906,470	11,777	918,250
Doubs	100,100	15,000	1,050	9,070	21,830	5,094	57,721	239,113	7,528	107,892	95,126	63,157	273,208	475,403	9,517	468,030	08,836	522,756
Drôme	155,940	23,003	14,153	84,763	38,945	1,562	40,139	325,180	20,720	181,230	20,976	118,298	319,234	614,704	3,501	618,205	32,963	652,155
Eure	325,007	15,007	6,138	12,413	58,850	19,243	49,827	379,051	546	109,588	33,210	11,176	154,944	532,385	1,497	533,482	60,278	505,705
Eure-et-Loir	386,700	4,248	7,287	1,688	28,000	11,442	89,153	171,458	1,823	55,301	10,507	2,125	73,870	547,334	3,184	560,518	90,912	587,430
Finistère	207,311	17,110	16,778	9,759	18,000	3,500	42,003	319,443	.	36,548	35,120	109,600	185,968	490,811	140,400	636,511	39,960	672,171
Gard	61,076	51,014	9,045	11,419	13,148	2,961	46,129	168,827	87,779	97,897	14,850	27,815	227,871	406,298	122,940	529,317	54,290	583,536
Garonne (Haute-)	206,600	37,000	3,000	7,500	35,000	10,000	71,000	373,000	55,000	100,252	40,000	20,000	215,252	588,252	20,000	608,252	20,735	628,900
Gers	188,335	19,300	5,522	3,000	14,358	4,719	76,163	365,500	115,751	44,554	56,879	3,967	217,051	529,517	22,870	647,387	80,614	628,001
Gironde	153,191	28,354	6,160	2,878	11,708	4,867	59,112	214,917	226,000	77,018	9,490	186,090	408,445	671,983	20,000	691,983	88,517	919,900
Hérault	49,108	10,380	2,003	2,500	5,000	9,303	30,031	102,835	105	44,703	63,681	36,734	141,800	806,336	31,101	613,820	55,757	972,583
Ille-et-Vilaine	391,140	16,250	8,043	7,001	88,340	12,764	40,128	445,509	21,001	51,148	50,255	92,765	195,280	541,342	38,723	579,065	58,905	670,590
Indre	189,003	13,312	9,566	2,372	32,588	6,290	110,182	135,089	44,173	85,942	35,560	4,690	153,640	589,178	60,340	879,672	31,258	621,376
Indre-et-Loire	206,001	16,850	5,831	9,748	20,640	3,802	81,651	345,532	80,345	103,274	57,892	35,672	287,185	842,355	111,645	793,003	64,281	825,694
Isère	380,867	94,380	8,480	10,718	50,174	6,140	87,576	302,285	20,890	146,722	49,004	48,092	965,241	440,700	28,597	413,296	34,106	499,401
Jura	102,425	15,164	114	5,021	31,801	3,700	22,646	181,465	20,384	495,705	23,757	36,803	564,816	793,154	191,090	295,144	8,967	3.2,131
Landes	147,480	27,080	5,841	3,887	14,000	5,380	21,701	228,276	19,370	89,540	18,825	11,268	130,041	478,248	91,060	580,408	35,289	635,004
Loir-et-Cher	196,377	10,158	19,012	706	37,705	3,611	80,805	338,822	15,143	63,832	77,045	12,355	173,538	430,980	18,542	413,065	27,300	419,704
Loire	190,731	28,330	5,519	2,685	18,065	16,041	66,050	956,674	7,809	70,605	29,930	52,262	220,410	430,914	5,160	435,074	61,151	410,225
Loire (Haute-)	118,062	10,903	2,724	615	7,248	4,867	56,903	969,501	34,300	47,000	136,000	49,000	220,300	651,190	23,000	676,190	11,297	687,450
Loire Inférieure	198,530	21,000	62,302	5,600	40,000	30,000	87,300	414,800										

TABLEAU N° 1. (*Suite.*) — ÉTENDUE APPROXIMATIVE DU TERRITOIRE AGRICOLE.
EN HECTARES.

DÉPARTEMENTS.	TERRES LABOURABLES.								AUTRES SUPERFICIES PRODUCTIVES.					TOTAL des terres labourables et autres superficies productives.	TERRES INCULTES.	TERRITOIRE AGRICOLE.	SUPERFICIES bâties, voies de transport, etc.	TOTAL GÉNÉRAL du territoire.
	Céréales.	Farineux.	Cultures potagères et maraîchères.	Cultures industrielles.	Prairies artificielles.	Fourrages annuels.	Cultures non dénommées — Jachères mortes, etc., etc.	TOTAL.	Vignes.	Bois et forêts (y compris les forêts de l'État).	Prairies naturelles et vergers.	Pâturages et pacages.	TOTAL.					
Loiret	259,751	12,829	3,000	3,480	45,410	9,700	101,520	417,480	29,067	116,785	10,806	5,125	171,450	548,880	16,175	605,055	72,055	677,110
Lot	169,000	64,000	3,000	8,975	7,500	500	27,000	270,975	69,000	90,002	25,000	16,000	196,000	418,575	25,530	504,155	17,019	521,174
Lot-et-Garonne	168,201	33,900	10,000	8,827	27,800	6,000	27,133	301,871	85,091	70,035	24,500	9,500	189,120	404,407	93,298	517,725	17,671	535,396
Lozère	90,480	59,584	1,050	·	7,010	982	50,400	108,515	1,200	50,205	16,155	12,704	89,924	280,919	185,054	465,893	51,030	516,973
Maine-et-Loire	249,031	29,104	7,541	15,035	40,143	19,823	86,300	456,059	30,030	54,407	80,403	6,105	170,848	626,906	16,409	642,345	69,758	712,093
Manche	250,830	8,805	6,490	6,177	51,192	9,214	22,819	358,021	·	19,273	90,118	29,183	128,478	481,604	38,030	514,941	77,894	592,838
Marne	380,101	12,018	3,272	7,474	64,091	6,087	102,701	635,841	11,181	114,903	38,892	1,720	164,509	750,153	17,431	767,584	50,460	819,044
Marne (Haute-)	237,318	11,006	1,956	4,490	26,830	9,036	75,305	350,862	18,859	179,201	26,037	4,801	240,098	590,000	8,494	608,394	18,574	621,968
Mayenne	212,460	6,207	3,311	5,850	45,200	4,120	70,227	343,308	400	18,504	70,360	850	90,131	433,489	18,131	451,673	52,400	517,037
Meurthe-et-Moselle	169,423	20,188	2,476	5,720	21,193	1,875	38,108	204,927	17,508	97,261	43,001	8,198	161,917	426,837	5,108	432,005	51,219	523,284
Meuse	224,460	27,717	8,071	5,718	30,980	4,040	60,884	362,518	18,455	159,771	62,683	1,080	228,580	589,084	8,654	597,739	25,049	622,787
Morbihan	222,855	14,368	9,968	4,470	7,528	2,450	21,630	288,279	400	87,480	71,086	116,512	286,048	609,917	140,835	649,552	30,229	679,781
Nièvre	188,914	18,116	3,879	3,867	44,100	6,420	90,000	318,038	10,815	214,000	74,758	11,407	311,081	650,100	4,491	683,578	18,080	681,046
Nord	212,585	94,775	16,434	69,091	50,847	5,710	9,764	378,000	·	41,180	55,319	4,464	100,966	670,821	1,787	481,988	86,799	568,087
Oise	246,290	15,000	6,569	30,406	63,013	11,035	47,365	420,632	402	95,194	98,795	4,314	198,035	540,487	6,255	565,742	99,764	585,506
Orne	203,561	4,260	4,028	7,343	50,290	4,985	75,830	361,101	·	77,776	77,361	5,770	160,907	512,008	24,295	536,303	73,425	609,729
Pas-de-Calais	278,888	27,645	10,000	68,457	45,150	16,517	48,024	491,945	·	81,633	24,946	11,362	71,041	562,809	13,530	576,222	85,841	600,503
Puy-de-Dôme	207,701	38,800	7,400	4,940	23,500	8,200	193,440	414,890	27,896	40,003	89,700	90,738	301,121	716,411	87,835	751,216	40,833	795,061
Pyrénées (Basses-)	115,401	20,000	2,705	2,472	11,672	9,765	6,008	194,060	14,786	130,131	63,535	66,217	270,134	465,094	248,023	713,107	49,159	762,283
Pyrénées (Hautes-)	75,505	16,285	645	1,361	2,013	·	9,256	101,005	15,637	74,014	80,744	65,009	185,613	200,547	148,888	439,855	13,490	464,945
Pyrénées-Orientales	35,044	9,490	3,400	180	10,000	1,700	26,000	85,774	70,000	67,880	11,050	78,200	227,180	312,054	60,000	572,954	39,287	412,911
Rhin (Haut-) [Belfort]	12,119	3,386	412	145	2,804	176	600	19,122	·	30,033	11,808	987	52,404	51,917	471	52,055	8,956	61,013
Rhône	83,490	18,181	2,034	2,435	10,221	4,242	24,811	149,310	27,025	29,628	36,157	12,470	117,831	256,824	1,805	269,623	12,416	279,039
Saône (Haute-)	180,004	17,800	1,214	5,176	18,389	7,270	59,014	289,041	12,840	182,154	67,047	9,600	230,622	505,070	19,878	518,654	15,838	533,992
Saône-et-Loire	241,672	37,832	1,500	20,094	21,285	8,230	111,108	436,804	48,000	150,184	118,261	15,580	332,648	769,454	23,715	793,170	62,004	853,174
Sarthe	221,279	32,741	7,087	11,395	58,772	5,089	86,270	422,523	9,311	70,470	55,401	12,202	150,417	581,942	10,363	592,265	78,403	620,668
Savoie	61,780	11,400	1,385	1,410	16,804	1,249	3,450	97,865	11,200	88,200	66,043	74,080	239,603	385,038	176,102	513,000	88,860	575,950
Savoie (Haute-)	65,832	14,178	3,690	1,610	34,716	4,465	12,726	140,722	8,625	87,200	87,031	58,650	171,715	311,016	63,635	365,481	65,991	431,472
Seine	9,854	5,959	4,194	120	2,084	280	13	21,856	2,371	1,909	402	15	4,188	26,044	418	26,402	21,058	47,580
Seine-Inférieure	229,926	11,010	8,680	15,260	51,890	20,337	40,358	361,637	·	74,252	77,270	11,580	163,058	524,805	9,018	592,013	69,637	605,550
Seine-et-Marne	235,098	11,371	4,945	16,082	72,884	14,156	43,000	305,534	15,570	103,625	27,327	001	150,426	540,000	6,068	563,928	10,707	575,636
Seine-et-Oise	210,290	20,900	11,680	11,002	60,088	7,270	34,062	355,864	7,171	91,707	14,155	1,591	114,612	470,476	9,027	490,103	80,262	500,363
Sèvres (Deux-)	223,550	15,010	15,900	9,982	31,200	2,000	124,500	422,377	20,942	80,485	50,907	1,200	108,727	531,104	8,267	539,871	60,617	590,066
Somme	315,500	21,000	4,000	47,230	51,890	21,200	64,116	527,506	·	40,000	23,490	8,030	78,520	600,926	5,074	606,800	9,920	616,120
Tarn	200,853	36,620	3,050	5,195	24,548	1,895	87,900	359,200	43,841	75,508	47,780	17,845	185,076	544,803	21,905	565,614	8,702	574,316
Tarn-et-Garonne	152,148	14,683	4,310	3,911	28,000	2,845	36,550	241,752	46,835	38,070	20,022	2,684	107,401	349,164	7,630	356,781	15,232	372,016
Var	58,190	13,531	2,362	37,301	6,371	1,950	34,338	153,370	74,889	214,339	5,012	20,074	315,423	438,802	54,376	523,178	76,290	699,477
Vaucluse	83,969	11,510	2,940	42,930	29,194	2,512	37,090	206,459	14,453	49,013	10,508	7,580	82,546	288,005	23,104	312,100	42,671	354,771
Vendée	210,785	16,210	15,972	11,701	51,075	13,527	137,965	457,708	16,390	81,210	88,946	34,007	187,400	624,677	8,591	623,208	37,142	670,350
Vienne	231,139	16,981	525	800	51,310	1,813	110,090	411,090	32,164	86,655	21,831	10,090	153,290	670,073	79,768	650,411	46,596	697,037
Vienne (Haute-)	144,298	59,980	2,475	5,026	7,472	3,772	73,013	394,281	2,678	41,768	84,920	33,470	162,015	437,299	9,256	467,251	84,104	551,624
Vosges	141,598	44,799	3,137	1,419	34,491	2,577	37,837	245,778	5,170	208,386	82,979	12,151	359,478	313,695	12,770	572,248	13,023	585,261
Yonne	241,483	14,016	6,400	2,488	85,007	11,276	116,863	477,015	36,805	166,512	29,292	6,624	239,127	719,143	6,175	725,017	17,187	743,804
TOTAUX	15,019,328	1,981,434	474,061	871,076	2,569,422	503,572	4,865,322	26,300,771	4,582,716	8,257,005	4,224,193	3,131,218	18,295,123	41,985,825	4,415,793	49,021,295	3,823,364	54,804,874

TABLEAU N° 2. — SUPERFICIE DES PRINCIPALES CULTURES.
EN HECTARES.

(Tableau très dégradé ; nombreux chiffres de lecture incertaine.)

Céréales et farineux

DÉPARTEMENTS.	FROMENT.	MÉTEIL.	SEIGLE.	ORGE.	AVOINE.	SARRASIN.	MAÏS.	MILLET.	TOTAL.	LÉGUMES secs.	POMMES de terre.
Ain	90,000	7,500	11,500	18,500	20,914	15,000	15,500	500	174,414	4,500	17,318
Aisne	128,323	28,000	28,917	10,224	90,672	2,000	5	·	286,341	3,889	16,464
Allier	77,425	110	50,987	11,535	47,244	2,052	130	·	193,780	2,725	20,433
Alpes (Basses-)	60,580	1,500	2,031	720	12,120	·	·	·	77,224	1,354	11,207
Alpes (Hautes-)	49,363	15,271	13,017	1,306	6,109	·	·	·	89,376	378	3,147
Alpes-Maritimes	25,571	2,575	8,060	733	832	95	310	·	39,106	1,036	3,694
Ardèche	90,612	582	48,445	2,128	5,173	479	566	100	83,755	847	25,008
Ardennes	70,601	1,677	10,325	17,749	64,436	331	·	·	176,812	2,354	11,830
Ariège	36,833	5,804	12,927	382	6,880	6,586	13,790	235	90,676	3,632	21,985
Aube	78,250	993	88,436	28,077	70,348	1,039	2	·	227,674	1,675	6,500
Aude	65,090	453	10,806	8,737	17,340	500	27,006	1,565	131,686	866	6,110
Aveyron	65,059	1,601	46,181	5,930	39,600	2,162	6,404	·	168,297	3,196	28,292
Bouches-du-Rhône	66,803	40	309	2,968	7,183	·	12	·	77,355	2,832	5,201
Calvados	104,416	1,643	5,215	18,874	25,319	17,094	·	·	182,491	387	2,000
Cantal	7,185	986	61,016	2,796	5,177	19,140	145	·	99,304	798	5,707
Charente	97,941	11,017	15,316	6,487	23,476	2,213	21,153	·	176,588	7,806	21,853
Charente-Inférieure	141,168	3,006	8,080	11,195	13,192	·	11,189	·	189,840	4,077	14,501
Cher	90,887	2,900	18,272	21,383	70,714	5,612	30	·	209,097	1,731	7,026
Corrèze	17,603	2,409	50,610	1,618	10,866	13,850	4,990	·	108,806	735	13,603
Corse	54,816	229	2,416	10,125	·	·	8,320	·	78,710	3,299	2,492
Côte-d'Or	195,421	6,500	18,460	33,060	87,033	2,430	5,681	786	274,261	7,320	10,325
Côtes-du-Nord	88,000	9,000	60,000	16,000	70,000	74,000	·	·	287,000	2,170	30,000
Creuse	6,676	579	97,960	2,864	12,212	12,028	17	·	131,196	1,078	11,566
Dordogne	141,167	14,277	45,791	7,055	3,909	2,241	48,795	255	283,491	9,150	30,676
Doubs	45,000	7,000	9,500	5,400	37,200	·	2,000	1,000	106,100	3,070	12,000
Drôme	103,728	4,387	10,880	3,501	15,822	5,002	1,275	·	158,048	1,935	20,713
Eure	118,950	10,880	12,570	11,640	70,727	340	7	·	225,007	9,343	5,724
Eure-et-Loir	113,740	12,020	10,630	28,879	123,435	99	1	·	288,790	683	8,559
Finistère	48,960	7,800	34,711	26,515	45,921	45,214	·	·	207,811	2,230	14,800
Gard	39,988	59	3,894	2,005	10,386	646	2,961	230	61,078	1,055	5,798
Garonne (Haute-)	120,000	4,000	6,000	3,000	20,000	3,000	50,000	500	206,500	20,000	15,000
Gers	130,154	61	1,200	650	24,450	110	32,400	100	188,255	9,500	3,070
Gironde	86,000	·	34,310	6	8,000	·	17,152	7,717	153,154	6,066	20,176
Hérault	39,280	100	5,923	690	9,280	6	560	·	40,106	430	4,500
Ille-et-Vilaine	124,404	2,726	11,492	30,248	51,800	116,661	10	·	331,140	1,000	11,850
Indre	76,844	4,000	15,025	24,915	54,147	2,367	72	·	180,963	1,307	9,845
Indre-et-Loire	108,150	8,350	10,090	18,976	60,500	500	206	203	206,901	4,800	11,850
Isère	119,247	7,758	26,086	11,374	28,229	19,318	5,857	415	230,867	1,775	19,679
Jura	55,036	568	2,392	13,373	14,923	910	13,101	984	105,425	2,480	12,602
Landes	51,221	650	44,856	30	1,280	·	49,015	17,480	117,489	21,984	5,486
Loir-et-Cher	69,271	12,478	27,976	10,605	61,886	10,375	133	·	186,377	1,297	8,919
Loire	28,895	966	58,600	3,210	19,900	·	·	·	120,781	1,599	36,960
Loire (Haute-)	10,982	7,553	32,492	7,600	8,550	85	600	·	118,082	2,300	14,600
Loire-Inférieure	120,350	2,500	15,000	3,000	24,500	32,000	·	1,900	198,590	3,500	17,808

Farineux (suite), cultures potagères et cultures industrielles

DÉPARTEMENTS.	CHATAIGNES.	TOTAL.	Légumes frais de toute nature.	CHANVRE.	LIN.	COLZA.	OLÉAGINEUX divers en graines.	OLIVIERS.	OLÉAGINEUX arborescents.	BETTERAVES à sucre.	HOUBLON.	TABAC.	AUTRES cultures industrielles.	TOTAL.
Ain	151	22,005	7,512	2,823	100	7,562	100	·	198	165	·	·	·	10,167
Aisne	·	15,842	37,050	1,350	1,095	3,716	1,532	·	·	35,807	253	·	12	63,568
Allier	503	23,658	4,397	1,100	·	1,170	·	·	·	186	·	·	·	3,665
Alpes (Basses-)	476	13,127	1,850	300	·	·	·	7,623	·	30	·	·	24	3,183
Alpes (Hautes-)	·	[illegible]	[illegible]	[illegible]	·	·	·	·	·	·	·	·	·	[illegible]
Alpes-Maritimes	·	3,825	770	947	·	·	·	·	·	·	·	·	·	247
Ardèche	·	4,651	1,000	93	·	·	·	15,815	511	·	·	30	·	16,500
Ardennes	53,023	78,013	4,250	15	·	732	·	270	687	·	·	·	·	1,800
Ariège	·	14,113	2,212	313	141	330	150	·	24	6,606	5	·	110	7,500
Aube	169	25,106	2,687	100	1,517	11	·	·	·	·	·	·	·	1,600
Aude	·	8,265	2,732	1,329	·	1,895	1,712	·	·	309	·	·	·	6,000
Aveyron	362	7,317	150	27	74	·	·	151	50	10	·	·	5	551
Bouches-du-Rhône	42,770	78,507	2,833	1,490	102	205	·	·	554	·	·	·	·	2,414
Calvados	·	8,000	6,079	·	·	·	·	24,251	8,821	10	·	104	1,158	34,620
Cantal	·	2,387	4,007	400	300	34,000	150	·	·	·	·	·	·	34,850
Charente	13,103	19,535	1,940	1,100	180	82	7	·	64	·	·	·	·	1,433
Charente-Inférieure	8,310	37,822	6,705	600	191	853	·	·	450	200	·	·	·	2,337
Cher	·	12,175	4,015	234	787	460	·	·	46	303	·	·	·	1,622
Corrèze	800	9,557	2,654	1,667	·	692	6	·	·	1,140	·	·	·	3,600
Corse	51,517	63,285	1,727	1,786	751	·	·	·	182	15	·	·	·	2,700
Côte-d'Or	26,644	83,556	6,933	186	406	·	·	12,960	1,183	·	·	308	·	15,000
Côtes-du-Nord	·	26,645	1,080	670	·	2,812	2,543	·	·	1,028	920	·	·	8,500
Creuse	·	32,170	4,000	3,500	6,500	·	·	·	·	·	·	·	·	10,000
Dordogne	5,052	15,575	1,029	2,428	·	380	406	·	·	12	·	·	·	3,100
Doubs	57,400	65,635	6,706	1,519	79	117	2	·	·	·	·	1,059	·	3,100
Drôme	·	15,000	1,030	980	300	540	·	·	·	·	·	·	·	2,070
Eure	355	93,003	14,150	196	·	2,180	800	2,016	16,300	980	·	·	1,325	24,700
Eure-et-Loir	·	15,067	5,135	48	1,000	10,800	40	·	·	601	·	·	384	13,410
Finistère	·	4,242	7,287	122	18	102	·	·	·	1,501	·	·	·	1,600
Gard	·	17,140	10,772	1,300	3,500	60	·	·	·	·	·	·	·	9,720
Garonne (Haute-)	43,095	51,944	2,542	·	·	60	·	9,705	979	18	·	·	1,260	11,410
Gers	2,039	37,000	3,000	600	4,000	3,000	·	·	·	·	·	·	·	7,500
Gironde	·	12,530	5,622	28	2,634	209	·	·	·	·	·	·	·	3,010
Hérault	61	28,304	5,109	1,672	45	97	·	·	·	12	·	747	·	2,570
Ille-et-Vilaine	6,009	10,230	2,039	·	·	·	·	2,500	·	·	·	·	·	2,500
Indre	1,940	13,259	3,040	1,535	1,480	3,880	·	·	·	·	·	763	·	7,060
Indre-et-Loire	2,637	13,312	2,366	801	·	1,111	·	·	217	240	·	·	·	2,870
Isère	134	16,858	8,531	2,008	·	·	·	·	50	·	·	·	·	2,740
Jura	2,876	24,330	8,420	1,797	·	4,441	12	·	4,306	40	·	12	·	10,710
Landes	22	15,161	118	602	22	2,729	2,410	·	9	339	·	·	·	5,020
Loir-et-Cher	165	27,510	5,611	766	2,422	·	·	·	·	·	·	79	·	3,300
Loire	·	10,186	12,812	311	·	184	·	·	·	181	·	·	·	700
Loire (Haute-)	430	28,303	6,510	430	·	2,225	·	·	·	·	·	·	·	2,050
Loire-Inférieure	·	10,900	2,792	229	·	674	2	·	·	·	·	·	·	515

TABLEAU Nº 2. (Suite.) — SUPERFICIE EN HEC-
TARES DES PRINCIPALES CULTURES.

RÉCAPITULATION GÉNÉRALE par département.

DÉPARTEMENTS.	CÉRÉALES.									LÉGUMES secs.	POMMES de terre.
	FROMENT.	MÉTEIL.	SEIGLE.	ORGE.	AVOINE.	SARRASIN.	MAÏS.	MILLET.	TOTAL.		
Loiret	70,317	15,744	27,032	76,884	90,641	2,768	»	485	255,751	1,542	10,755
Lot	88,000	4,000	22,000	7,000	10,000	3,000	35,000	»	163,900	7,000	13,000
Lot-et-Garonne	110,873	400	11,100	»	4,800	»	30,035	1,051	188,261	18,000	15,800
Lozère	20,765	6,976	50,514	7,143	13,475	540	»	35	99,489	302	5,374
Maine-et-Loire	180,980	5,143	10,100	20,002	30,678	1,046	1,386	377	249,021	2,301	26,723
Manche	101,619	5,235	6,307	52,615	21,380	61,370	»	»	259,830	1,027	6,936
Marne	93,237	4,630	70,067	33,684	120,915	7,031	»	25	330,101	1,008	10,690
Marne (Haute-)	27,952	2,701	4,525	20,430	99,075	2,113	518	88	257,318	1,051	10,285
Mayenne	103,603	18,848	4,022	40,050	30,772	20,707	282	»	212,369	273	5,034
Meurthe-et-Moselle	89,615	630	5,521	30,658	22,776	150	164	9	168,428	2,800	20,334
Meuse	96,105	»	4,507	27,844	36,122	»	»	»	224,489	2,306	25,411
Morbihan	38,112	1,418	80,630	802	32,142	63,074	»	6,507	222,955	528	11,035
Nièvre	82,167	1,215	21,530	24,781	48,084	5,319	107	2	183,244	2,045	16,471
Nord	140,100	2,033	10,414	11,180	49,054	57	43	»	217,936	10,542	24,233
Oise	103,729	22,099	18,676	10,060	93,504	198	4	»	246,280	2,613	12,763
Orne	74,870	16,817	8,838	31,496	58,476	11,819	115	»	202,861	1,107	3,088
Pas-de-Calais	143,884	15,975	15,523	23,041	80,033	22	10	»	278,388	11,839	16,807
Puy-de-Dôme	68,000	1,500	88,000	15,000	32,000	3,800	4	»	207,704	10,000	26,000
Pyrénées (Basses-)	53,020	1,043	805	1,510	4,520	350	35,005	101	116,481	10,500	2,800
Pyrénées (Hautes-)	35,346	7,250	3,425	4,158	6,891	763	17,067	620	76,503	3,897	4,727
Pyrénées-Orientales	10,745	3,074	15,200	865	1,580	450	8,500	580	35,941	2,600	6,500
Rhin (Haut-) [Belfort]	5,039	982	2,983	601	2,514	»	»	»	12,119	»	3,306
Rhône	48,632	1,158	20,060	411	9,598	3,028	»	»	83,436	424	12,027
Saône (Haute-)	60,600	9,173	13,080	11,794	52,711	2,470	2,811	220	168,084	1,334	16,562
Saône-et-Loire	138,752	870	38,460	5,161	25,443	16,458	20,000	2,303	241,672	3,840	33,954
Sarthe	74,437	29,886	24,367	56,046	33,724	1,315	1,044	»	221,274	1,612	30,829
Savoie	90,100	4,500	15,000	5,230	6,500	3,100	4,830	»	61,720	1,503	7,700
Savoie (Haute-)	39,705	4,783	5,014	4,152	11,138	2,578	615	»	68,883	805	12,050
Seine	5,275	6	1,700	118	2,745	»	2	»	9,854	158	6,900
Seine-Inférieure	121,524	2,002	11,930	6,656	83,726	188	»	»	226,926	1,297	9,713
Seine-et-Marne	106,590	5,489	13,293	11,926	98,438	51	»	»	233,690	1,628	9,743
Seine-et-Oise	83,175	7,808	17,911	10,959	88,196	247	210	»	210,236	2,043	18,462
Sèvres (Deux-)	115,000	13,000	21,000	82,000	35,550	1,000	6,030	»	228,550	8,300	12,000
Somme	160,000	36,000	18,000	20,000	90,000	500	»	»	318,500	9,000	15,000
Tarn	105,381	1,460	43,075	974	14,138	987	33,090	504	200,358	6,968	20,773
Tarn-et-Garonne	110,815	2,582	8,380	442	10,325	»	23,767	480	151,148	6,806	7,277
Var	50,558	1,005	600	765	6,080	9	61	»	56,123	4,091	6,408
Vaucluse	73,474	829	1,956	568	6,374	194	106	530	83,068	2,238	9,213
Vendée	190,600	3,990	6,021	13,920	12,385	19,250	»	2,834	249,184	7,762	8,461
Vienne	114,191	13,317	3,963	58,362	52,351	1,410	1,455	»	231,149	2,806	13,720
Vienne (Haute-)	35,237	805	62,629	433	8,000	35,443	1,700	91	144,298	1,570	20,275
Vosges	64,720	10,493	18,788	5,001	59,437	2,948	1	20	141,388	1,571	43,298
Yonne	116,132	7,082	19,082	25,148	72,000	1,905	6	»	241,083	2,635	19,804
Totaux	5,966,410	503,178	1,917,031	1,117,074	3,182,456	677,645	605,008	49,084	15,015,328	372,641	1,176,126

DÉPARTEMENTS.	…NEUX.		CULTURES potagères et maraîchères. — Légumes frais de toute nature.	CULTURES INDUSTRIELLES.										
	CHÂTAIGNES.	TOTAL.		CHANVRE.	LIN.	COLZA.	OLÉAGINEUX divers en graines.	OLIVIERS.	OLÉAGINEUX arborescents.	BETTERAVES à sucre.	HOUBLON.	TABAC.	AUTRES cultures industrielles.	TOTAL.
Loiret	32	12,320	3,000	378	»	1,448	»	»	»	860	»	»	1,144	3,830
Lot	45,000	61,030	3,000	1,000	300	»	»	»	1,020	»	»	5,755	»	8,975
Lot-et-Garonne	»	33,300	10,000	3,300	800	1,350	»	»	»	»	»	3,877	»	8,827
Lozère	33,908	39,584	1,050	»	»	»	»	»	»	»	»	»	»	»
Maine-et-Loire	80	29,101	7,541	9,426	2,900	3,325	4	»	»	»	»	»	»	15,655
Manche	»	8,863	6,490	1,178	3,861	1,124	14	»	»	»	»	»	»	6,177
Marne	»	12,048	3,272	348	82	1,548	1,026	»	70	4,450	»	»	»	7,474
Marne (Haute-)	»	11,936	1,956	1,006	47	1,089	3,287	»	14	416	»	»	»	4,420
Mayenne	»	6,207	3,311	1,555	8,554	750	»	»	»	»	»	»	»	5,860
Meurthe-et-Moselle	»	20,133	2,476	762	228	2,162	97	»	213	1,285	719	273	»	5,740
Meuse	»	27,717	8,571	735	351	2,004	1,497	»	»	1,159	4	25	»	5,778
Morbihan	2,204	14,808	9,862	3,750	600	220	»	»	»	»	»	»	»	4,470
Nièvre	»	18,116	3,272	2,213	»	491	559	»	42	509	»	»	»	3,867
Nord	»	34,775	16,434	281	9,566	5,503	3,971	»	»	46,445	1,245	424	1,603	60,091
Oise	230	15,606	6,868	1,073	870	891	177	»	»	27,484	»	»	»	30,405
Orne	»	4,250	4,028	1,305	68	710	»	»	»	166	»	»	»	2,818
Pas-de-Calais	883	36,800	7,490	37	15	38	6	»	726	4,105	»	30	»	4,930
Puy-de-Dôme	7,030	20,590	2,798	»	2,472	»	»	»	»	»	»	»	»	2,472
Pyrénées (Basses-)	6,001	15,925	610	»	1,203	»	»	»	»	»	»	98	»	1,301
Pyrénées (Hautes-)	380	9,450	2,490	140	140	»	»	»	»	»	»	»	»	280
Pyrénées-Orientales	3,300	412	47	»	91	»	»	»	»	»	»	1	»	145
Rhin (Haut-) [Belfort]	730	13,131	2,634	275	»	2,150	»	»	»	»	»	»	»	2,425
Rhône	»	17,890	1,214	1,183	20	2,048	825	»	»	940	4	151	»	5,170
Saône (Haute-)	»	37,582	1,580	2,445	100	11,010	1,600	»	»	4,555	40	»	»	20,634
Saône-et-Loire	490	32,731	7,901	11,285	60	»	»	»	»	»	»	»	»	11,336
Sarthe	2,290	11,400	1,283	750	11	480	13	»	»	24	»	132	»	1,410
Savoie	1,810	14,178	3,626	826	70	261	18	»	228	12	»	138	»	1,610
Savoie (Haute-)	»	5,368	4,124	»	»	»	»	»	»	132	»	»	»	183
Seine	»	11,010	3,655	328	2,328	11,712	44	»	»	830	28	»	»	15,980
Seine-Inférieure	»	11,371	4,045	811	675	1,330	98	»	»	13,767	»	»	»	16,083
Seine-et-Marne	465	20,960	11,640	»	275	931	2	»	35	9,614	15	»	126	11,902
Seine-et-Oise	410	15,910	15,205	1,300	1,790	7,200	»	»	3,682	1,600	»	»	»	9,952
Sèvres (Deux-)	»	21,900	4,000	2,150	4,621	9,600	19,000	»	»	16,409	60	»	»	47,730
Somme	8,879	36,020	3,030	1,710	1,065	193	14	»	1,456	17	»	»	530	5,196
Tarn	690	14,632	4,310	1,101	1,414	568	»	»	»	108	25	»	»	8,211
Tarn-et-Garonne	2,752	13,631	2,802	»	»	»	»	39,738	186	»	»	55	412	37,301
Var	»	11,416	8,010	»	»	115	4	39,826	230	»	»	»	2,500	42,230
Vaucluse	256	16,916	15,572	851	3,350	7,544	»	»	»	»	»	»	»	11,701
Vendée	»	16,061	528	502	73	224	»	»	»	»	»	»	»	800
Vienne	33,085	39,280	7,478	2,296	344	2,102	100	»	161	»	»	»	»	5,020
Vienne (Haute-)	»	64,760	3,427	681	271	277	61	»	»	»	185	25	»	1,419
Vosges	129	14,016	6,400	714	»	1,068	285	»	66	300	2	»	»	2,152
Totaux	482,347	1,881,421	474,061	95,541	87,671	108,215	48,663	147,026	43,381	253,355	3,328	14,958	10,900	871,676

DEUXIÈME SECTION

—

PRODUIT DES CULTURES

TABLEAU N° 1. — CÉRÉALES ET AUTRES FARINEUX ALIMENTAIRES.

I. — FROMENT, MÉTEIL, SEIGLE.

FROMENT ET ÉPEAUTRE.

DÉPARTEMENTS.	Nombre d'hectares cultivés.	Quantité de semence par hectare.	Produit brut en grains par hectare. 1873.	Produit brut. Année moyenne.	Production totale en grains. 1873.	Production totale. Année moyenne.
		h. l.	h. l.	h. l.	hectol.	hectol.
Ain	90,000	9,80	11,96	12,50	1,019,500	1,125,000
Aisne	199,323	2,40	15,45	16,64	1,988,500	2,520,261
Allier	77,123	2,00	10,80	16,17	813,011	1,251,930
Alpes (Basses-)	60,860	1,90	9,00	10,00	547,990	606,800
Alpes (Hautes-)	40,583	3,00	11,00	15,00	512,413	698,745
Alpes-Maritimes	23,571	1,90	9,60	10,00	215,481	255,710
Ardèche	30,019	1,97	19,00	12,66	367,344	387,543
Ardennes	70,001	2,10	11,00	15,75	820,015	1,113,383
Ariège	30,880	2,93	10,06	13,06	393,102	514,873
Aube	78,780	2,50	10,00	12,60	821,625	978,125
Aude	54,099	2,59	10,50	13,00	900,889	856,387
Aveyron	63,060	2,16	8,75	11,00	809,905	754,681
Bouches-du-Rhône	66,809	1,89	12,00	14,00	802,716	986,502
Calvados	104,410	2,95	11,75	10,40	1,225,888	1,712,122
Cantal	7,195	2,90	9,00	12,00	57,080	85,620
Charente	97,041	1,34	9,18	9,59	900,078	939,254
Charente-Inférieure	141,108	1,56	11,50	15,50	1,025,489	2,258,084
Cher	90,387	1,97	10,81	14,77	929,851	1,335,010
Corrèze	17,509	1,60	8,40	11,08	147,096	193,933
Corse	54,616	2,00	5,93	7,58	286,734	434,107
Côte-d'Or	135,491	2,60	10,85	11,05	1,300,818	1,385,809
Côtes-du-Nord	88,000	2,41	14,00	12,15	1,232,000	1,060,200
Creuse	6,670	1,04	9,00	18,00	50,484	81,685
Dordogne	141,107	1,78	12,00	13,00	1,004,004	1,835,171
Doubs	45,000	3,12	18,00	17,00	685,000	766,000
Drôme	109,725	2,25	9,68	9,30	982,080	955,370
Eure	118,050	2,20	14,86	17,35	1,766,407	2,087,351
Eure-et-Loir	113,740	2,09	13,70	16,74	1,458,238	1,504,007
Finistère	45,250	2,25	14,00	16,00	675,600	771,800
Gard	59,950	2,10	10,88	15,80	674,508	631,359
Garonne (Haute-)	120,000	2,00	10,00	16,00	1,205,000	1,920,000
Gers	130,104	1,78	10,00	11,00	1,301,510	1,822,710
Gironde	90,000	1,47	12,40	15,47	1,074,140	1,141,220
Hérault	32,480	2,25	15,00	14,00	484,200	451,920
Ille-et-Vilaine	194,404	2,08	12,50	14,30	1,555,050	1,778,677
Indre	76,844	1,82	10,84	13,56	852,980	1,082,004
Indre-et-Loire	108,150	1,92	7,95	11,00	850,704	1,180,650
Isère	110,927	2,44	14,46	14,87	1,724,022	1,772,005
Jura	65,038	2,84	11,81	14,71	657,085	818,435
Landes	34,291	1,35	10,00	12,00	342,210	410,632
Loir-et-Cher	60,271	1,92	10,00	14,80	602,710	807,011
Loire	38,805	2,33	10,00	9,00	388,050	349,215
Loire (Haute-)	10,582	2,30	12,40	11,00	136,177	136,086
Loire-Inférieure	120,350	1,80	10,80	14,50	1,299,780	1,745,075

MÉTEIL.

DÉPARTEMENTS.	Nombre d'hectares cultivés.	Quantité de semence par hectare.	Produit brut en grains par hectare. 1873.	Produit brut. Année moyenne.	Production totale en grains. 1873.	Production totale. Année moyenne.
		h. l.	h. l.	h. l.	hectol.	hectol.
Ain	7,500	2,18	12,00	15,00	90,000	112,500
Aisne	95,000	2,87	16,00	19,64	510,000	610,610
Allier	110	2,00	12,00	15,00	1,320	1,650
Alpes (Basses-)	1,500	1,80	7,00	8,00	10,500	12,000
Alpes (Hautes-)	15,271	3,00	12,00	17,00	183,252	259,607
Alpes-Maritimes	2,575	1,87	10,00	10,00	25,700	25,750
Ardèche	992	1,06	15,00	15,00	14,850	14,880
Ardennes	4,677	2,10	13,00	15,00	60,801	70,155
Ariège	5,504	2,33	11,64	11,70	68,600	86,986
Aube	923	2,45	8,45	12,00	7,733	11,076
Aude	483	2,16	13,30	13,03	6,494	6,279
Aveyron	1,061	2,16	9,25	19,51	15,364	20,719
Bouches-du-Rhône	40	3,00	27,00	30,00	1,090	1,200
Calvados	1,643	2,50	13,00	17,50	20,537	28,782
Cantal	985	2,25	8,00	12,00	7,680	11,820
Charente	11,047	1,51	15,80	11,44	185,560	196,378
Charente-Inférieure	3,006	1,50	12,50	14,50	88,325	41,457
Cher	2,000	1,70	10,30	14,00	28,642	37,786
Corrèze	3,400	2,02	10,00	12,02	24,090	50,101
Corse	220	2,03	6,60	6,30	1,438	1,448
Côte-d'Or	6,500	2,80	9,19	11,05	61,158	75,723
Côtes-du-Nord	9,000	2,37	17,00	14,61	185,000	131,490
Creuse	570	2,45	11,00	13,00	6,309	7,527
Dordogne	14,277	1,75	11,00	15,00	157,047	155,801
Doubs	7,000	3,25	12,00	16,00	84,000	112,000
Drôme	4,337	2,20	9,79	9,60	42,436	41,201
Eure	10,880	2,15	15,85	17,55	172,448	190,911
Eure-et-Loir	17,020	2,41	12,07	14,00	152,208	164,280
Finistère	7,600	2,00	13,00	14,00	101,470	100,900
Gard	60	1,00	14,25	14,75	840	870
Garonne (Haute-)	4,000	2,00	12,00	16,00	48,000	61,000
Gers	41	1,78	10,60	14,00	585	714
Gironde	•	•	•	•	•	•
Hérault	168	1,50	10,00	9,00	1,080	1,494
Ille-et-Vilaine	2,720	2,09	12,00	14,50	34,713	59,527
Indre	6,029	1,71	9,95	12,44	85,880	50,039
Indre-et-Loire	8,560	1,80	8,00	10,00	66,800	83,500
Isère	7,768	2,40	11,85	13,00	91,088	100,851
Jura	956	2,40	9,00	11,82	8,029	11,523
Landes	650	2,00	6,00	8,00	3,900	5,850
Loir-et-Cher	13,478	3,00	10,00	13,75	131,780	171,672
Loire	990	2,18	10,00	10,00	9,600	9,600
Loire (Haute-)	7,553	2,20	13,42	10,34	101,341	78,008
Loire-Inférieure	2,000	2,00	14,00	18,00	55,000	45,000

SEIGLE.

DÉPARTEMENTS.	Nombre d'hectares cultivés.	Quantité de semence par hectare.	Produit brut en grains par hectare. 1873.	Produit brut. Année moyenne.	Production totale en grains. 1873.	Production totale. Année moyenne.
		h. l.	h. l.	h. l.	hectol.	hectol.
Ain	11,500	2,15	8,40	11,70	96,600	109,050
Aisne	28,017	2,95	15,00	19,84	488,785	573,434
Allier	50,957	1,80	10,66	16,50	513,391	805,120
Alpes (Basses-)	2,004	2,00	10,00	10,00	20,040	20,640
Alpes (Hautes-)	13,047	3,00	11,50	11,00	150,040	152,608
Alpes-Maritimes	8,900	2,72	10,00	12,00	89,000	107,520
Ardèche	43,445	2,30	11,51	12,20	501,855	550,029
Ardennes	16,525	2,70	11,45	16,00	186,031	261,300
Ariège	12,927	2,51	12,88	16,00	166,500	200,832
Aube	88,435	2,60	5,25	11,80	201,781	461,376
Aude	10,806	2,30	10,00	16,00	108,000	172,806
Aveyron	46,181	2,41	9,45	13,05	436,410	530,071
Bouches-du-Rhône	809	1,50	15,00	16,00	4,085	4,014
Calvados	5,415	2,50	15,00	16,25	78,225	81,014
Cantal	61,016	2,30	8,00	17,00	488,128	732,192
Charente	15,315	1,30	8,55	11,27	132,945	171,041
Charente-Inférieure	3,080	1,54	12,00	13,80	36,960	41,580
Cher	15,272	1,84	5,23	13,79	169,650	261,071
Corrèze	59,640	2,20	12,00	16,80	715,680	972,132
Corse	2,416	1,70	7,25	12,45	17,510	30,073
Côte-d'Or	13,400	1,91	9,32	11,46	124,858	153,564
Côtes-du-Nord	80,000	2,24	13,00	12,00	450,000	379,800
Creuse	87,200	2,05	5,00	12,00	778,080	1,167,120
Dordogne	45,791	1,64	10,00	14,00	467,010	641,074
Doubs	2,500	3,65	7,00	17,00	17,500	42,500
Drôme	20,785	2,15	9,35	9,00	195,228	187,920
Eure	12,570	3,10	21,00	16,00	905,670	901,120
Eure-et-Loir	10,686	2,11	11,20	14,88	119,063	153,605
Finistère	34,711	2,00	10,00	18,00	347,110	416,532
Gard	3,802	2,10	11,00	11,27	54,008	54,011
Garonne (Haute-)	6,000	2,00	11,00	13,00	84,000	84,000
Gers	1,200	1,80	12,00	13,00	14,400	18,000
Gironde	84,819	1,84	9,80	14,00	536,390	475,093
Hérault	6,925	1,75	13,00	11,00	76,000	82,922
Ille-et-Vilaine	11,492	2,10	13,00	14,00	149,206	195,888
Indre	15,085	1,76	11,26	12,48	169,226	187,504
Indre-et-Loire	10,000	1,67	14,67	9,00	148,700	90,000
Isère	38,080	2,86	12,00	15,00	457,082	571,200
Jura	2,592	3,16	8,00	12,03	23,106	30,536
Landes	44,833	3,00	7,00	9,00	313,344	403,486
Loir-et-Cher	27,075	1,55	9,75	13,00	278,756	363,675
Loire	56,600	2,08	8,00	9,00	468,800	627,100
Loire (Haute-)	82,492	2,20	13,00	10,00	1,072,806	824,080
Loire-Inférieure	15,000	2,10	10,00	22,00	385,000	330,000

TABLEAU N° 1. (Suite.) — CÉRÉALES ET AUTRES FARINEUX ALIMENTAIRES.

I. — FROMENT, MÉTEIL, SEIGLE.

DÉPARTEMENTS	FROMENT ET ÉPEAUTRE						MÉTEIL						SEIGLE					
	Nombre d'hectares cultivés	Quantité de semence par hectare	Produit brut en grains par hectare 1878	Produit brut en grains par hectare Année moyenne	Production totale en grains 1878	Production totale en grains Année moyenne	Nombre d'hectares cultivés	Quantité de semence par hectare	Produit brut en grains par hectare 1878	Produit brut en grains par hectare Année moyenne	Production totale en grains 1878	Production totale en grains Année moyenne	Nombre d'hectares cultivés	Quantité de semence par hectare	Produit brut en grains par hectare 1878	Produit brut en grains par hectare Année moyenne	Production totale en grains 1878	Production totale en grains Année moyenne
	h. l.	h. l.	h. l.	h. l.	hectol.	hectol.	h. l.	h. l.	h. l.	h. l.	hectol.	hectol.	h. l.	h. l.	h. l.	h. l.	hectol.	hectol.
Loiret	70,517	2,75	12,77	19,50	805,831	1,371,700	15,744	2,90	11,80	14,03	186,388	285,370	97,082	2,00	10,75	15,00	800,501	406,480
Lot	88,030	1,80	9,03	10,93	704,600	960,100	4,000	1,70	8,50	8,50	31,000	34,000	22,000	1,70	8,50	8,50	187,000	187,000
Lot-et-Garonne	140,875	1,82	12,90	10,00	1,718,075	1,408,750	400	1,50	12,00	10,00	4,800	6,000	11,100	1,50	11,25	10,00	124,875	111,000
Lozère	29,765	2,70	8,52	10,05	178,346	221,147	6,870	2,20	8,00	12,00	60,412	82,712	60,514	2,10	6,03	9,00	390,478	451,625
Maine-et-Loire	189,280	1,70	13,03	16,03	2,343,046	2,854,462	5,162	1,80	12,00	16,00	61,821	82,432	10,100	1,90	14,00	15,00	141,490	151,500
Manche	101,619	2,00	11,75	16,80	1,104,623	1,606,296	5,253	2,50	12,25	16,59	60,020	81,452	5,307	2,55	12,80	17,00	66,383	91,149
Marne	93,537	2,72	9,00	13,39	841,853	1,250,477	4,539	2,80	8,34	16,98	36,854	64,010	70,007	2,15	7,00	14,00	490,460	982,394
Marne (Haute-)	97,932	2,00	8,00	16,00	783,456	1,566,012	2,701	1,70	7	12,00	18,007	30,412	4,525	2,00	7,00	10,00	31,675	45,250
Mayenne	102,054	2,00	11,00	17,00	1,136,442	1,741,261	18,340	2,00	12,01	17,00	168,655	290,631	4,092	2,70	13,24	17,85	53,513	69,092
Meurthe-et-Moselle	89,615	2,50	11,00	16,03	985,705	1,432,610	030	2,00	11,00	17,00	6,930	10,710	5,521	2,25	10,00	18,00	56,710	139,318
Meuse	90,406	2,01	10,00	13,00	961,000	1,258,276	»	»	»	»	»	»	4,597	2,10	8,00	14,00	30,770	64,568
Morbihan	36,114	2,20	12,03	14,00	404,604	633,505	1,418	2,50	12,50	18,75	17,795	19,407	60,600	2,50	18,53	14,96	1,115,280	1,004,070
Nièvre	82,167	2,20	10,25	14,50	819,212	1,101,421	1,215	2,25	11,00	15,00	13,405	19,440	21,530	2,10	9,00	13,00	206,774	303,086
Nord	140,100	1,50	17,70	23,17	2,480,054	3,220,470	2,083	1,90	17,00	21,00	35,791	43,013	10,414	2,01	18,00	20,57	187,462	214,210
Oise	103,729	2,20	16,50	21,00	1,711,528	2,178,960	24,092	2,60	17,95	20,87	386,511	461,000	14,074	2,80	16,00	20,82	265,846	317,920
Orne	71,570	2,80	13,00	15,50	975,510	1,146,511	13,817	2,96	11,90	14,50	182,272	210,035	8,855	2,05	12,70	15,00	112,242	132,570
Pas-de-Calais	142,281	1,74	17,00	19,00	2,429,088	2,744,796	15,076	1,90	16,00	13,00	256,000	303,325	15,385	1,00	18,00	19,00	270,414	304,097
Puy-de-Dôme	68,000	2,10	15,00	18,10	1,020,000	1,224,000	1,500	2,12	9,00	14,00	12,600	21,000	88,000	2,46	13,00	14,00	1,141,000	1,232,000
Pyrénées (Basses-)	63,0,5	1,85	13,03	14,00	626,348	742,406	1,045	2,07	15,00	14,30	15,790	15,108	805	2,00	14,00	15,00	11,270	12,075
Pyrénées (Hautes-)	36,316	3,00	12,03	13,00	424,152	450,406	7,250	3,00	11,00	12,00	76,750	87,000	3,425	2,30	9,75	12,50	33,534	42,812
Pyrénées-Orientales	10,745	2,10	11,03	16,40	150,439	171,020	3,071	2,05	14,00	18,00	43,036	55,332	15,200	1,00	16,03	16,00	243,230	258,800
Rhin (Haut-) (Belfort)	5,020	2,85	10,82	17,40	54,421	87,072	032	2,40	9,00	17,00	6,782	18,604	2,983	3,00	8,00	17,00	23,801	50,711
Rhône	48,032	2,40	16,80	17,40	817,017	846,107	1,168	2,45	14,70	18,00	17,022	20,844	20,060	2,50	12,50	18,75	269,302	387,544
Saône (Haute-)	60,630	2,12	9,43	13,70	650,700	953,520	9,178	2,10	8,28	13,65	75,077	116,038	11,090	2,00	7,48	13,50	96,610	161,730
Saône-et-Loire	134,182	1,80	10,00	13,00	1,827,889	1,991,730	970	1,60	8,30	16,00	8,051	15,820	39,460	1,80	8,50	13,00	336,010	450,980
Sarthe	74,437	1,95	10,57	14,55	794,943	1,061,054	29,636	1,89	10,00	14,00	298,860	417,704	21,367	1,70	8,42	12,60	205,170	307,024
Savoie	29,100	2,80	12,15	15,00	844,915	351,500	4,500	2,70	12,80	14,25	57,600	64,125	15,500	3,10	16,60	18,60	257,300	288,800
Savoie (Haute-)	39,705	2,10	11,00	11,87	558,570	590,413	4,785	2,00	14,80	15,23	67,847	72,875	5,514	2,75	13,38	14,56	70,129	80,108
Seine	5,275	2,20	26,00	26,00	137,120	137,150	5	3,00	30,00	25,00	150	125	1,709	3,00	25,00	26,00	43,725	44,434
Seine-Inférieure	121,524	2,20	15,17	18,13	1,768,452	2,230,057	2,802	2,50	12,70	16,81	30,855	45,732	11,940	2,75	17,00	19,34	202,810	230,886
Seine-et-Marne	106,550	2,37	16,20	20,50	1,737,417	2,195,754	5,483	2,30	13,69	17,72	75,062	97,188	15,203	2,12	14,71	18,49	104,916	214,183
Seine-et-Oise	83,176	2,72	16,72	22,30	1,424,126	1,869,402	7,508	2,53	15,48	20,03	115,848	104,890	17,911	2,90	16,90	20,78	274,698	372,100
Sèvres (Deux-)	115,000	1,55	11,00	10,00	1,205,000	1,150,000	13,000	1,50	12,00	11,00	156,000	143,000	21,000	1,57	13,00	13,00	273,000	273,000
Somme	100,000	2,90	12,00	20,00	1,020,000	2,200,000	36,000	2,05	13,00	21,00	468,000	756,000	12,000	9,00	14,00	21,00	165,000	252,000
Tarn	105,381	1,93	10,20	14,47	1,085,421	1,521,893	1,489	1,82	10,20	14,57	15,188	21,605	43,075	2,00	11,00	13,43	483,725	683,735
Tarn-et-Garonne	119,315	1,90	13,33	14,00	1,689,929	1,863,855	2,932	1,70	13,00	13,00	38,116	38,116	3,380	1,60	11,00	15,00	47,330	56,700
Var	50,502	1,96	12,00	12,00	606,026	606,026	1,065	1,40	7,00	7	7,456	7,455	600	1,24	8,00	8,00	4,800	4,800
Vaucluse	73,474	2,63	16,00	16,00	1,192,118	1,822,852	820	2,85	11,00	15,00	9,020	12,300	1,060	2,60	13,00	15,00	25,425	29,540
Vendée	190,000	1,60	11,00	12,00	2,090,000	2,280,000	3,000	1,40	12,40	12,50	49,470	49,875	5,001	1,40	14,38	15,00	80,850	86,405
Vienne	111,194	1,73	16,68	14,04	1,919,592	1,568,716	13,817	1,60	11,09	15,00	151,743	180,765	6,850	1,86	12,24	15,00	108,301	150,706
Vienne (Haute-)	35,287	1,55	9,90	13,83	848,846	488,700	805	1,50	12,76	12,91	11,020	11,202	62,529	1,00	9,20	13,40	581,590	637,688
Vosges	62,720	2,30	12,00	16,00	621,910	793,900	10,498	2,40	13,00	15,00	130,409	157,305	18,736	2,45	12,00	15,00	234,856	281,070
Yonne	116,122	2,25	11,00	15,00	1,277,408	1,741,030	7,922	1,00	9,00	13,00	71,308	109,980	19,088	1,00	8,00	13,00	182,704	246,144
TOTAUX	6,900,419	2,17	12,04	14,95	83,301,103	104,177,048	509,178	2,18	12,50	15,40	6,287,301	7,751,400	1,913,001	2,00	10,86	13,76	20,770,307	26,310,610

TABLEAU N° 1. (Suite.) — CÉRÉALES ET AUTRES FARINEUX ALIMENTAIRES.
II. — ORGE, AVOINE, SARRASIN.

ORGE.

DÉPARTEMENTS.	Nombre d'hectares cultivés.	Quantité de semence par hectare.	Produit brut en grains par hectare. 1873.	Produit brut en grains par hectare. Année moyenne.	Production totale en grains. 1873.	Production totale en grains. Année moyenne.
		h. l.	h. l.	h. l.	hectol.	hectol.
Ain	13,500	1,80	13,00	15,50	175,500	249,750
Aisne	10,231	2,05	21,00	23,67	214,704	231,778
Allier	14,695	2,00	11,50	16,00	170,002	237,300
Alpes (Basses-)	720	2,00	10,00	10,00	7,200	7,300
Alpes (Hautes-)	1,366	2,50	13,00	18,00	17,158	21,588
Alpes-Maritimes	733	1,00	10,00	12,00	7,330	8,796
Ardèche	2,426	2,20	13,86	14,00	33,652	33,902
Ardennes	17,742	2,05	18,00	18,80	319,356	385,116
Ariège	382	2,07	11,27	12,67	4,305	4,802
Aube	28,077	2,43	13,00	20,00	870,701	670,510
Aude	5,737	2,00	16,00	18,00	130,702	150,266
Aveyron	8,730	2,35	13,42	16,56	110,446	136,280
Bouches-du-Rhône	2,968	1,52	20,00	24,00	59,360	71,242
Calvados	18,871	2,50	13,25	17,50	250,080	330,395
Cantal	2,796	2,30	10,00	13,00	27,500	36,318
Charente	5,437	1,47	11,00	12,00	59,807	65,211
Charente-Inférieure	11,135	1,50	14,00	17,00	155,890	180,365
Cher	21,383	1,63	12,00	14,00	256,590	290,362
Corrèze	1,018	1,85	13,00	17,00	13,234	17,300
Corse	19,129	1,00	10,40	15,40	198,941	224,536
Côte-d'Or	33,080	2,05	14,74	17,36	487,599	496,984
Côtes-du-Nord	16,000	3,85	23,00	21,30	368,000	340,800
Creuse	2,804	1,85	10,00	13,00	23,010	30,732
Dordogne	7,055	1,63	12,00	15,00	84,600	105,825
Doubs	5,400	3,70	20,00	27,00	108,000	145,800
Drôme	3,501	1,90	9,50	10,26	33,350	35,885
Eure	11,540	1,70	20,00	17,00	230,800	196,180
Eure-et-Loir	28,879	2,26	20,78	23,00	600,394	664,217
Finistère	26,516	2,40	21,00	26,00	556,815	669,875
Gard	7,093	2,13	17,36	16,85	54,558	50,463
Garonne (Haute-)	3,000	2,50	20,00	20,00	60,000	60,000
Gers	650	1,00	12,00	15,00	7,800	9,750
Gironde	6	1,50	11,00	13,75	66	82
Hérault	890	2,00	20,00	18,00	17,800	16,020
Ille-et-Vilaine	30,918	1,90	16,30	16,43	493,042	505,110
Indre	24,015	1,90	10,83	11,39	269,829	272,033
Indre-et-Loire	18,976	1,98	11,00	11,00	206,725	208,735
Isère	11,374	2,26	14,43	17,81	101,127	202,571
Jura	13,373	3,05	16,00	18,00	213,968	240,714
Landes	30	1,40	5,00	11,00	150	330
Loir-et-Cher	10,609	1,60	12,00	14,00	127,308	143,526
Loire	3,210	1,03	16,00	15,00	51,369	48,150
Loire (Haute-)	7,300	2,50	16,00	17,00	124,800	137,600
Loire-Inférieure	3,000	2,00	16,00	18,00	48,000	54,000

AVOINE.

DÉPARTEMENTS.	Nombre d'hectares cultivés.	Quantité de semence par hectare.	Produit brut en grains par hectare. 1873.	Produit brut en grains par hectare. Année moyenne.	Production totale en grains. 1873.	Production totale en grains. Année moyenne.
		h. l.	h. l.	h. l.	hectol.	hectol.
Ain	20,214	2,20	23,03	26,40	480,128	426,645
Aisne	90,872	2,11	32,00	30,33	2,907,904	2,774,322
Allier	47,344	2,53	16,00	16,03	755,304	853,304
Alpes (Basses-)	12,120	1,70	12,00	12,03	145,440	115,410
Alpes (Hautes-)	6,109	3,50	16,00	19,75	97,744	120,033
Alpes-Maritimes	832	2,75	15,00	16,03	12,480	13,312
Ardèche	5,178	2,20	14,00	14,23	74,423	73,612
Ardennes	61,106	2,70	23,03	23,55	1,521,013	1,513,851
Ariège	8,980	2,50	15,00	17,23	133,900	153,002
Aube	79,648	2,45	10,50	16,00	533,154	1,020,854
Aude	17,840	2,70	20,00	20,00	346,800	318,800
Aveyron	39,000	2,51	13,00	16,00	611,800	633,000
Bouches-du-Rhône	7,133	1,98	22,00	21,00	196,926	171,192
Calvados	35,819	2,70	19,00	20,25	671,064	715,210
Cantal	8,177	3,09	11,00	13,03	114,478	136,832
Charente	23,476	1,55	15,50	15,61	363,875	367,155
Charente-Inférieure	13,182	1,40	10,00	17,00	211,072	224,264
Cher	70,711	2,13	15,00	18,00	1,080,710	1,272,852
Corrèze	10,866	2,00	12,00	15,00	180,392	162,900
Corse	»	»	»	»	»	»
Côte-d'Or	87,033	2,30	15,59	16,00	1,517,013	1,302,528
Côtes-du-Nord	70,000	3,16	22,00	21,00	1,510,000	1,470,000
Creuse	12,212	2,15	13,00	14,00	116,544	170,968
Dordogne	5,900	1,50	10,00	20,00	74,271	78,180
Doubs	37,900	2,56	29,00	25,00	1,078,900	900,000
Drôme	15,923	1,75	12,25	13,60	195,057	206,809
Eure	70,720	2,20	29,70	21,78	2,100,381	1,854,425
Eure-et-Loir	123,436	2,40	28,60	33,51	3,834,028	4,136,322
Finistère	45,821	2,50	21,00	21,00	962,941	1,000,701
Gard	10,386	2,20	21,51	23,61	257,088	245,825
Garonne (Haute-)	20,000	3,00	15,00	18,00	300,000	360,000
Gers	21,150	1,00	10,00	25,00	461,500	562,350
Gironde	8,000	1,55	18,00	15,00	128,000	114,000
Hérault	9,280	2,00	23,03	21,00	213,140	194,880
Ille-et-Vilaine	51,580	2,00	17,40	15,00	895,824	773,985
Indre	86,727	1,03	16,00	15,00	1,067,632	1,201,086
Indre-et-Loire	60,500	1,05	15,00	13,00	907,600	786,500
Isère	28,299	3,11	19,00	20,00	836,981	561,580
Jura	14,029	3,81	21,00	22,00	313,500	325,438
Landes	1,350	1,60	8,00	10,00	10,640	13,300
Loir-et-Cher	61,586	2,00	15,00	17,00	969,790	1,097,062
Loire	10,900	2,14	18,00	17,00	345,600	396,100
Loire (Haute-)	8,550	3,00	10,00	19,21	171,000	184,215
Loire-Inférieure	24,500	2,20	26,00	28,00	490,000	663,503

SARRASIN.

DÉPARTEMENTS.	Nombre d'hectares cultivés.	Quantité de semence par hectare.	Produit brut en grains par hectare. 1873.	Produit brut en grains par hectare. Année moyenne.	Production totale en grains. 1873.	Production totale en grains. Année moyenne.
		h. l.	h. l.	h. l.	hectol.	hectol.
Ain	15,000	0,74	10,00	17,50	150,000	262,500
Aisne	2,000	0,75	18,00	20,75	36,000	41,500
Allier	2,052	0,50	15,00	18,00	20,676	36,585
Alpes (Basses-)	»	»	»	»	»	»
Alpes (Hautes-)	»	»	»	»	»	»
Alpes-Maritimes	95	0,90	10,00	10,00	950	950
Ardèche	430	0,86	11,00	12,00	4,829	5,263
Ardennes	381	0,80	8,00	10,00	3,018	3,810
Ariège	6,586	0,55	8,10	13,55	57,329	89,340
Aube	1,030	0,75	7,74	5,25	12,636	8,605
Aude	500	0,85	12,00	21,00	6,000	11,000
Aveyron	2,162	0,61	11,39	11,51	29,489	35,340
Bouches-du-Rhône	»	»	»	»	»	»
Calvados	17,021	1,00	15,00	20,00	255,360	340,480
Cantal	19,110	1,00	12,00	15,00	229,980	287,100
Charente	2,213	0,60	13,00	13,00	28,834	28,834
Charente-Inférieure	»	»	»	»	»	»
Cher	6,612	0,85	17,00	13,00	67,314	81,180
Corrèze	12,350	0,85	16,35	16,08	185,166	206,480
Corse	»	»	»	»	»	»
Côte-d'Or	2,430	0,84	9,00	14,16	21,870	35,138
Côtes-du-Nord	74,000	0,63	16,03	18,01	1,184,000	1,370,360
Creuse	12,028	0,78	12,03	16,00	144,306	109,445
Dordogne	2,241	0,93	14,00	16,03	31,374	35,856
Doubs	»	»	»	»	»	»
Drôme	5,002	0,25	7,00	9,03	35,014	45,018
Eure	340	1,25	19,00	16,50	6,460	5,610
Eure-et-Loir	29	1,70	19,00	13,00	348	377
Finistère	44,211	0,80	13,00	15,00	574,782	563,210
Gard	656	0,75	9,00	10,00	6,232	6,560
Garonne (Haute-)	3,000	1,00	12,00	15,00	36,000	45,000
Gers	210	1,00	10,00	15,00	2,100	2,150
Gironde	»	»	»	»	»	»
Hérault	6	1,00	12,00	10,00	72	80
Ille-et-Vilaine	110,661	0,87	15,00	17,13	1,659,015	1,098,821
Indre	2,367	0,60	13,00	13,00	30,771	30,771
Indre-et-Loire	600	0,55	8,00	11,00	4,800	6,000
Isère	19,918	0,63	15,00	15,00	298,770	299,770
Jura	810	0,60	16,00	15,00	13,650	13,650
Landes	»	»	»	»	»	»
Loir-et-Cher	10,225	0,90	6,00	5,65	61,050	58,430
Loire	»	»	»	»	»	»
Loire (Haute-)	85	1,00	8,00	12,00	680	1,020
Loire-Inférieure	32,000	0,80	12,00	15,00	384,000	480,000

TABLEAU N° 1. (Suite.) — CÉRÉALES ET AUTRES FARINEUX ALIMENTAIRES.

II. — ORGE, AVOINE, SARRASIN.

DÉPARTEMENTS	ORGE — Nombre d'hectares cultivés	ORGE — Quantité de semence par hectare	ORGE — Produit brut en grains par hectare 1873	ORGE — Produit brut Année moyenne	ORGE — Production totale en grains 1873	ORGE — Production totale Année moyenne	AVOINE — Nombre d'hectares cultivés	AVOINE — Quantité de semence par hectare	AVOINE — Produit brut 1873	AVOINE — Produit brut Année moyenne	AVOINE — Production totale 1873	AVOINE — Production totale Année moyenne	SARRASIN — Nombre d'hectares cultivés	SARRASIN — Quantité de semence par hectare	SARRASIN — Produit brut 1873	SARRASIN — Produit brut Année moyenne	SARRASIN — Production totale 1873	SARRASIN — Production totale Année moyenne
	h. l.	h. l.	h. l.	hectol.	hectol.	hectol.	h. l.	h. l.	h. l.	hectol.	hectol.	hectol.	h. l.	h. l.	h. l.	hectol.	hectol.	
Loiret	26,884	2,00	22,00	15,40	581,418	405,200	85,541	3,00	24,00	20,00	2,202,981	1,910,820	2,708	0,60	15,00	18,00	41,520	35,084
Lot	7,000	1,40	10,40	10,40	72,800	72,800	19,000	1,60	12,00	9,60	120,000	96,000	5,000	0,60	9,50	9,50	28,500	28,500
Lot-et-Garonne	»	»	»	»	»	»	4,800	1,75	17,50	15,00	85,000	72,000	»	»	»	»	»	»
Lozère	7,113	2,31	10,30	12,00	73,673	88,050	13,176	2,35	19,30	11,65	138,823	157,010	620	0,67	11,00	12,00	6,720	6,210
Maine-et-Loire	20,002	1,70	16,00	18,00	320,032	360,036	36,678	1,50	18,00	20,00	552,204	613,560	1,016	0,75	14,00	18,00	14,611	18,898
Manche	52,815	3,40	18,32	19,13	967,571	1,010,351	21,580	3,00	20,00	21,00	487,630	511,980	61,370	1,20	16,50	16,50	1,012,606	1,030,016
Marne	33,681	2,98	17,00	20,38	572,628	686,480	120,815	2,98	16,00	19,28	1,314,340	2,331,211	7,031	1,06	9,00	9,00	63,306	63,305
Marne (Haute-)	29,436	2,00	16,00	16,00	470,976	470,976	99,976	2,30	19,00	18,00	1,890,535	1,729,850	2,113	1,26	9,00	11,00	19,027	23,218
Mayenne	40,050	2,15	18,22	20,55	781,203	885,557	30,772	2,30	22,82	21,25	702,217	653,985	20,797	0,75	12,00	21,00	249,561	436,737
Meurthe-et-Moselle	36,558	2,50	20,00	19,50	731,100	751,002	32,776	3,00	23,00	23,00	759,345	721,072	150	1,25	13,00	14,00	1,950	2,100
Meuse	27,844	2,25	18,00	16,00	474,132	437,564	96,192	2,45	21,00	17,00	2,015,562	1,944,074	»	»	»	»	»	»
Morbihan	502	2,00	16,00	17,00	8,072	8,835	38,142	3,16	24,47	21,05	792,516	771,498	63,674	0,80	17,00	19,00	1,079,458	1,209,506
Nièvre	24,781	2,15	13,50	16,00	334,512	380,496	46,044	2,50	17,00	20,00	817,448	961,680	5,319	1,00	20,00	21,00	106,380	127,656
Nord	11,130	2,00	32,38	35,63	360,389	396,603	49,604	2,78	46,66	45,01	2,283,954	2,351,562	57	1,80	22,00	23,00	1,251	1,311
Oise	10,080	1,80	23,31	21,48	231,480	215,888	82,504	2,50	37,00	30,00	3,482,978	2,897,820	103	1,50	14,40	15,38	1,483	1,581
Orne	31,406	2,05	19,00	17,40	592,406	546,461	58,475	2,50	17,00	17,70	991,075	1,635,907	11,810	0,80	17,00	18,00	251,770	266,580
Pas-de-Calais	33,941	1,81	22,25	30,00	769,467	728,250	80,033	2,47	31,00	32,00	2,481,023	2,561,086	23	1,50	15,00	20,00	350	410
Puy-de-Dôme	16,000	2,50	18,00	20,00	270,000	300,000	32,000	3,00	20,00	20,00	640,000	619,000	3,200	0,80	15,00	18,00	48,000	57,000
Pyrénées (Basses-)	1,510	2,00	14,00	15,00	21,140	22,650	4,620	2,75	16,00	19,00	72,320	85,830	350	0,65	12,00	13,00	4,200	4,550
Pyrénées (Hautes-)	4,156	3,00	9,45	14,00	39,274	55,184	6,491	2,30	30,00	32,00	206,720	220,512	763	0,42	18,00	24,00	12,208	18,312
Pyrénées-Orientales	865	1,00	17,00	17,00	14,705	14,705	1,596	2,15	24,00	34,00	36,720	36,720	450	0,65	16,00	18,00	7,200	8,100
Rhin (Haut-) [Belfort]	601	3,15	11,00	20,00	8,411	12,020	2,514	2,20	21,00	23,00	62,701	57,822	»	»	»	»	»	»
Rhône	411	2,00	18,00	20,00	7,335	8,830	9,526	2,20	30,80	24,80	293,462	136,201	3,028	0,65	12,00	16,00	33,361	43,418
Saône (Haute-)	11,784	2,15	16,00	15,50	176,763	182,452	52,711	2,70	21,30	20,00	1,132,744	1,051,820	2,276	0,80	10,35	13,80	23,101	30,981
Saône-et-Loire	5,161	1,85	18,00	17,00	93,929	87,737	25,413	2,05	26,00	20,00	660,738	608,260	16,495	0,70	15,00	17,00	247,305	206,571
Sarthe	56,546	1,79	15,00	16,30	848,190	921,700	33,731	1,75	15,52	16,74	523,300	501,540	1,819	0,63	10,00	12,00	13,180	16,816
Savoie	5,220	3,40	18,40	18,80	96,048	98,196	8,500	2,90	18,80	18,50	160,810	157,250	3,100	1,30	11,70	11,30	45,570	44,020
Savoie (Haute-)	4,152	3,06	16,11	17,68	68,154	73,407	11,138	3,30	20,75	22,00	231,448	215,030	2,673	1,45	14,13	17,70	36,356	38,505
Seine	118	2,75	27,40	27,00	3,186	3,186	2,745	3,44	41,00	41,00	120,780	120,780	»	»	»	»	»	»
Seine-Inférieure	6,060	2,70	19,00	20,21	126,461	134,717	83,776	3,50	28,35	27,03	2,373,632	2,208,340	188	1,25	11,00	11,00	2,063	2,063
Seine-et-Marne	11,028	2,00	19,00	21,35	226,632	255,130	96,438	2,45	27,00	30,61	2,057,636	3,012,857	51	0,85	11,42	10,00	581	510
Seine-et-Oise	10,932	2,30	21,00	26,00	263,736	285,711	85,426	2,77	35,00	34,50	3,086,800	3,013,762	247	0,61	15,00	18,00	3,705	4,416
Sèvres (Deux-)	32,000	1,47	14,00	14,00	448,000	448,000	33,550	1,60	15,00	14,00	533,250	497,700	1,000	0,84	16,00	20,00	16,000	20,000
Somme	20,030	2,30	22,00	21,00	440,000	430,000	90,000	2,60	39,00	36,00	2,700,000	2,700,000	500	1,50	11,00	11,00	7,000	7,000
Tarn	974	1,85	15,35	19,75	14,951	18,535	14,150	1,97	15,00	19,00	212,386	260,021	657	0,91	10,00	16,00	6,570	10,002
Tarn-et-Garonne	442	1,50	13,50	15,00	6,851	6,630	10,823	1,62	22,00	23,00	227,200	237,420	»	»	»	»	»	»
Var	763	2,00	15,00	16,00	11,445	12,308	5,089	2,00	15,00	16,00	76,200	81,280	9	0,60	6,00	7,00	54	63
Vaucluse	568	2,30	20,00	20,36	11,360	11,501	6,374	2,48	18,50	19,00	117,010	121,106	134	0,61	10,00	11,00	1,340	1,474
Vendée	15,629	2,00	16,00	17,00	260,091	265,093	12,385	1,50	16,00	18,00	198,100	222,030	10,250	0,50	14,03	18,00	143,520	181,662
Vienne	38,503	1,35	15,00	20,00	578,505	771,380	53,351	1,85	21,00	22,00	1,120,371	1,173,729	1,410	0,50	11,00	24,00	15,510	33,840
Vienne (Haute-)	433	1,37	13,00	16,00	5,620	6,928	8,000	1,58	16,00	18,00	128,000	111,000	35,449	0,15	15,00	18,00	531,615	637,874
Vosges	5,001	1,00	15,00	20,00	76,355	131,520	52,487	3,50	20,00	19,00	1,018,549	913,656	2,019	1,00	15,00	17,00	30,285	34,328
Yonne	26,148	1,75	18,00	17,00	452,561	437,516	72,000	1,80	18,00	18,00	1,297,630	1,207,630	1,095	0,60	10,00	11,00	10,950	15,330
TOTAUX	1,117,071	2,10	18,75	18,11	18,739,767	20,231,521	3,152,426	2,36	22,15	22,09	70,492,745	70,328,495	677,026	0,86	14,35	16,89	9,712,257	11,449,280

TABLEAU N° 1. (Suite.) — CÉRÉALES ET AUTRES FARINEUX ALIMENTAIRES.
III. — MAÏS. MILLET.

DÉPARTEMENTS.	MAÏS — NOMBRE d'hectares cultivés.	QUANTITÉ de semence par hectare.	PRODUIT BRUT en grains par hectare. 1873.	PRODUIT BRUT — Année moyenne.	PRODUCTION TOTALE en grains. 1873.	PRODUCTION TOTALE — Année moyenne.	MILLET — NOMBRE d'hectares cultivés.	QUANTITÉ de semence par hectare.	PRODUIT BRUT en grains par hectare. 1873.	PRODUIT BRUT — Année moyenne.	PRODUCTION TOTALE en grains. 1873.	PRODUCTION TOTALE — Année moyenne.
		h. l.	h. l.	h. l.	hectol.	hectol.		h. l.	h. l.	h. l.	hectol.	hectol.
AIN	15,500	0,60	11,30	18,00	221,500	299,800	500	0,40	14,30	19,00	7,150	9,500
AISNE	5	1,25	23,00	28,00	130	140						
ALLIER	110	0,68	9,00	19,00	1,251	1,806						
ALPES (BASSES-)												
ALPES (HAUTES-)												
ALPES-MARITIMES	340	0,80	13,00	11,00	4,480	4,760						
ARDÈCHE	500	0,25	12,00	12,00	6,792	6,798	100	0,30	13,48	14,98	1,345	1,125
ARDENNES												
ARIÈGE	18,700	0,18	12,00	7,00	226,400	131,600	235	0,36	7,00	8,00	1,615	1,840
AUBE	8	1,00	10,00	10,00	86	84						
AUDE	27,000	0,45	15,00	16,00	432,000	454,000	1,565	0,35	24,00	21,00	87,000	82,000
AVEYRON	5,401	0,05	12,00	12,75	61,464	68,001						
BOUCHES-DU-RHÔNE	12	0,00	8,00	9,00	90	108						
CALVADOS												
CANTAL	146	1,00	10,00	12,00	1,460	1,740						
CHARENTE	21,100	0,90	9,11	9,80	190,050	207,200						
CHARENTE-INFÉRIEURE	11,100	0,50	11,00	11,00	122,100	162,385						
CHER	30	1,01	14,00	19,85	540	620						
CORRÈZE	4,000	0,20	9,00	14,00	41,010	60,080						
CORSE	2,540	0,50	14,00	17,00	85,170	89,100						
CÔTE-D'OR	5,001	0,47	12,00	21,00	70,581	112,920	786	0,25	15,00	18,00	11,790	11,148
CÔTES-DU-NORD												
CREUSE	17	1,25	15,00	15,00	255	279						
DORDOGNE	38,700	0,52	19,00	13,00	676,826	678,926	455	0,60	16,00	18,01	4,090	4,900
DOUBS	2,001	0,30	15,00	21,00	30,003	28,700	1,000	0,08	15,00	15,00	15,000	13,000
DRÔME	1,275	0,15	6,00	6,00	7,800	7,800						
EURE	7	0,00	30,00	30,00	210	210						
EURE-ET-LOIR	1	0,00	15,00	17,00	15	17						
FINISTÈRE												
GARD	2,061	0,04	28,00	20,00	63,112	80,820	200	0,15	13,00	11,00	2,600	2,800
GARONNE (HAUTE-)	50,000	0,50	16,00	17,00	700,000	860,000	500	0,55	8,00	10,00	4,000	5,000
GERS	32,400	0,25	12,00	15,00	388,800	480,000	100	0,80	12,00	10,01	1,200	1,000
GIRONDE	17,152	0,65	12,80	15,00	220,515	257,080	7,717	0,15	10,00	12,00	77,170	92,601
HÉRAULT	500	0,70	14,00	8,00	7,810	4,480						
ILLE-ET-VILAINE	10	0,00	20,00	21,00	200	210						
INDRE	74	0,27	13,00	20,75	996	1,400						
INDRE-ET-LOIRE	208	0,15	11,00	12,75	2,288	2,618	208	0,25	12,00	12,00	2,400	2,400
ISÈRE	5,807	0,67	17,00	10,00	80,500	111,283	413	0,22	10,00	10,10	4,150	4,385
JURA	13,101	0,90	20,27	20,00	265,507	262,080	821	0,10	15,37	11,03	8,215	8,730
LANDES	49,010	0,40	12,00	15,00	588,102	735,210	17,420	0,80	10,00	12,00	174,200	299,010
LOIR-ET-CHER	185	0,77	7,50	9,00	997	1,197						
LOIRE												
LOIRE (HAUTE-)	800	1,00	11,70	14,00	8,880	11,400						
LOIRE-INFÉRIEURE							1,200	0,18	6,00	7,00	7,800	8,100

DÉPARTEMENTS.	MAÏS — NOMBRE d'hectares cultivés.	QUANTITÉ de semence par hectare.	PRODUIT BRUT en grains par hectare. 1873.	PRODUIT BRUT — Année moyenne.	PRODUCTION TOTALE en grains. 1873.	PRODUCTION TOTALE — Année moyenne.	MILLET — NOMBRE d'hectares cultivés.	QUANTITÉ de semence par hectare.	PRODUIT BRUT en grains par hectare. 1873.	PRODUIT BRUT — Année moyenne.	PRODUCTION TOTALE en grains. 1873.	PRODUCTION TOTALE — Année moyenne.
		h. l.	h. l.	h. l.	hectol.	hectol.		h. l.	h. l.	h. l.	hectol.	hectol.
LOIRET							335	0,25	10,00	18,75	6,055	8,150
LOT	38,000	0,40	8,00	8,00	280,000	280,000						
LOT-ET-GARONNE	30,035	0,40	15,00	15,00	480,462	450,525	1,031	0,29	10,00	12,00	10,510	12,612
LOZÈRE							93	0,15	10,00	11,50	930	1,070
MAINE-ET-LOIRE	1,386	0,50	15,00	18,00	20,790	24,916	377	0,25	10,00	15,00	3,770	5,655
MANCHE												
MARNE							25	0,30	10,60	10,50	262	262
MARNE (HAUTE-)	548	1,00	14,00	14,00	7,672	7,672	88	0,20	6,00	7,00	528	616
MAYENNE	282	1,50	15,00	17,00	4,230	4,794						
MEURTHE-ET-MOSELLE	164	0,30	21,00	24,00	1,936	1,936	0	0,25	3,00	3,00	27	27
MEUSE												
MORBIHAN							6,507	0,50	17,00	19,50	110,619	128,860
NIÈVRE	107	0,80	15,00	18,00	1,712	1,920	2	0,40	18,00	18,00	36	36
NORD	60	0,93	32,50	30,25	1,892	1,442						
OISE	4	1,50	25,00	25,00	100	102						
ORNE	145	0,00	18,00	23,00	2,010	3,385						
PAS-DE-CALAIS	10	1,50	15,00	20,00	150	200						
PUY-DE-DÔME	4	1,20	20,00	35,00	80	140						
PYRÉNÉES (BASSES-)	85,095	0,45	15,00	18,00	1,276,425	1,361,520	104	0,25	15,00	16,00	1,500	1,661
PYRÉNÉES (HAUTES-)	17,057	0,50	15,44	26,40	263,800	450,305	620	1,00	11,15	12,00	6,010	7,110
PYRÉNÉES-ORIENTALES	3,500	0,50	20,00	20,00	70,000	70,000	580	0,05	20,00	20,00	11,600	11,600
RHIN (HAUT-) [BELFORT]												
RHÔNE												
SAÔNE (HAUTE-)	2,341	0,40	14,90	15,70	34,881	36,751	220	0,80	15,00	15,40	3,435	3,527
SAÔNE-ET-LOIRE	20,000	0,55	22,00	17,00	440,000	310,000	2,300	0,30	12,00	10,00	28,710	23,030
SARTHE	1,011	0,02	9,18	10,51	9,581	10,072						
SAVOIE	4,800	0,05	21,00	21,80	100,800	104,640						
SAVOIE (HAUTE-)	615	0,77	20,30	22,10	12,481	13,501						
SEINE	2	0,50	30,00	30,00	60	60						
SEINE-INFÉRIEURE												
SEINE-ET-MARNE												
SEINE-ET-OISE	210	1,25	22,50	26,00	4,725	5,460						
SÈVRES (DEUX-)	6,000	0,80	20,00	19,00	120,000	114,000						
SOMME												
TARN	33,000	0,40	12,15	16,25	402,153	537,850	501	0,31	7,00	10,00	4,156	5,210
TARN-ET-GARONNE	23,767	0,40	25,00	21,00	501,175	570,405	480	0,40	25,00	25,00	12,225	12,225
VAR	61	0,21	13,00	13,00	793	793						
VAUCLUSE	103	0,74	13,83	18,32	1,942	1,942	536	0,40	23,50	29,50	12,831	16,107
VENDÉE							2,831	0,29	13,00	12,00	30,812	31,008
VIENNE	1,455	0,40	11,20	15,00	16,290	21,825						
VIENNE (HAUTE-)	1,700	0,25	11,00	11,00	18,700	23,800	61	0,15	10,45	12,00	954	1,092
VOSGES	1	1,50	34,00	34,00	34	34	30	0,45	5,00	5,00	495	495
YONNE	8	0,50	15,00	15,00	120	120						
TOTAUX	995,295	0,68	11,72	15,96	5,915,252	9,670,826	49,281	0,26	12,21	13,75	912,031	987,817

TABLEAU N° 1. (Suite.) — CÉRÉALES ET AUTRES FARINEUX ALIMENTAIRES.
IV. — LÉGUMES SECS, POMMES DE TERRE, CHATAIGNES.

DÉPARTEMENTS.	LÉGUMES SECS — Nombre d'hectares cultivés	LÉGUMES SECS — Quantité de semence par hectare	LÉGUMES SECS — Produit brut par hectare 1875	LÉGUMES SECS — Produit brut par hectare Année moyenne	LÉGUMES SECS — Production totale 1875	LÉGUMES SECS — Production totale Année moyenne	POMMES DE TERRE — Nombre d'hectares cultivés	POMMES DE TERRE — Quantité de semence par hectare	POMMES DE TERRE — Produit brut par hectare 1875	POMMES DE TERRE — Produit brut par hectare Année moyenne	POMMES DE TERRE — Production totale 1875	POMMES DE TERRE — Production totale Année moyenne	CHATAIGNES — Nombre d'hectares cultivés	CHATAIGNES — Produit brut par hectare 1875	CHATAIGNES — Produit brut par hectare Année moyenne	CHATAIGNES — Production totale 1875	CHATAIGNES — Production totale Année moyenne
	h. l.	h. l.	h. l.	h. l.	hectol.	hectol.		h. l.	h. l.	h. l.	hectol.	hectol.		h. l.	h. l.	hectol.	hectol.
Ain	4,500	2,80	26,40	35,50	118,800	161,250	17,548	10,00	90,05	95,00	1,661,390	1,605,408	152	12,00	11,00	1,624	2,128
Aisne	3,050	2,68	22,50	21,18	78,377	71,076	10,462	15,00	130,00	136,00	2,469,450	2,258,963	»	»	»	»	»
Allier	2,725	1,40	12,62	17,14	81,379	46,426	20,433	12,80	111,80	115,00	2,265,063	2,370,228	500	25,00	27,00	12,500	13,500
Alpes (Basses-)	1,354	1,80	10,00	10,00	13,540	13,510	11,297	8,00	104,00	155,00	1,174,888	1,837,820	476	20,00	25,00	9,520	11,900
Alpes (Hautes-)	578	3,00	20,00	26,00	7,800	9,528	3,417	15,00	119,00	175,00	373,170	593,325	»	»	»	»	»
Alpes-Maritimes	1,036	2,00	13,00	15,00	13,468	15,510	3,502	9,50	123,00	152,00	478,334	539,100	»	»	»	»	»
Ardèche	847	1,80	11,28	12,50	9,562	10,587	25,005	12,00	101,08	112,00	2,550,816	2,800,826	53,093	15,00	13,00	796,395	1,005,767
Ardennes	2,251	3,00	27,13	26,72	61,376	60,227	11,860	16,00	148,00	145,00	1,755,133	1,695,587	»	»	»	»	»
Ariège	3,058	0,96	9,47	13,96	34,584	47,330	21,235	10,00	105,00	102,00	2,234,925	2,171,970	169	41,00	43,00	6,299	7,267
Aube	1,075	2,00	9,30	15,60	15,416	27,865	6,350	15,00	85,00	100,00	686,050	650,000	»	»	»	»	»
Aude	855	1,60	10,00	15,00	8,550	12,925	6,150	7,50	63,00	85,00	384,950	397,350	352	25,00	30,00	8,800	10,600
Aveyron	3,496	1,90	9,48	13,05	33,242	45,525	23,252	10,27	77,03	87,00	1,791,174	2,023,794	48,779	13,00	17,00	634,127	820,243
Bouches-du-Rhône	2,822	1,25	13,00	16,00	36,816	45,312	5,551	7,10	73,03	74,00	378,752	410,358	»	»	»	»	»
Calvados	357	2,00	16,00	16,00	6,192	6,181	2,555	13,07	91,00	130,00	233,000	336,000	»	»	»	»	»
Cantal	788	2,50	8,00	10,00	5,821	7,210	6,700	8,03	100,00	120,00	570,000	684,000	13,303	7,00	9,00	92,456	116,872
Charente	7,806	1,83	6,21	8,74	48,631	62,612	21,868	10,55	59,00	64,003	1,193,840	1,388,082	8,359	21,00	22,00	175,110	183,458
Charente-Inférieure	4,677	2,90	12,00	13,00	56,134	60,901	11,501	10,00	47,00	47,00	896,557	1,261,587	»	»	»	»	»
Cher	1,731	1,25	9,16	13,22	15,836	23,884	7,026	15,15	75,00	95,00	570,950	667,470	800	31,00	33,00	21,600	26,400
Corrèze	735	0,21	9,90	11,03	7,275	10,190	12,023	10,00	122,00	115,00	1,586,366	1,495,345	51,547	16,00	20,00	824,753	1,030,940
Corse	3,232	1,60	11,00	16,00	35,552	51,712	2,482	7,00	48,03	62,00	110,136	158,861	26,844	8,00	12,00	214,752	321,128
Côte-d'Or	7,320	1,95	17,00	12,60	124,440	92,562	19,325	13,00	104,03	131,00	2,008,900	2,531,575	»	»	»	»	»
Côtes-du-Nord	2,170	1,96	20,00	18,37	43,400	39,414	30,000	10,00	80,00	100,00	2,400,000	3,000,000	»	»	»	»	»
Creuse	1,078	2,03	11,00	12,00	11,688	12,836	11,595	13,79	114,03	117,00	1,318,110	1,353,105	5,932	13,00	18,00	77,116	106,776
Dordogne	8,159	0,64	10,00	15,00	81,580	122,365	30,076	6,03	62,00	89,00	1,861,719	2,406,060	57,400	14,00	17,00	803,000	575,800
Doubs	3,000	1,73	9,00	14,00	27,000	42,000	12,000	12,00	156,00	208,00	1,872,000	2,496,000	»	»	»	»	»
Drôme	1,935	0,83	7,04	7,50	13,622	11,617	29,713	11,00	90,00	100,00	1,861,170	2,071,300	366	10,00	11,00	3,550	8,005
Eure	6,343	7,40	24,00	18,14	221,232	169,432	5,731	14,00	107,00	106,00	612,408	961,592	»	»	»	»	»
Eure-et-Loir	683	2,11	15,50	13,90	10,580	9,94	3,550	16,00	128,00	130,00	455,582	462,670	»	»	»	»	»
Finistère	2,350	2,50	28,00	33,00	63,000	74,250	14,860	16,00	102,03	120,00	1,515,720	1,783,200	»	»	»	»	»
Gard	1,055	1,05	9,62	13,87	10,010	14,083	5,792	13,00	85,00	97,00	492,405	561,821	45,096	17,00	16,00	766,432	721,530
Garonne (Haute-)	25,000	1,00	5,00	10,00	197,003	200,003	15,000	13,03	56,50	117,03	840,000	1,850,000	2,000	7,03	8,00	11,000	16,000
Gers	9,500	0,80	14,00	15,00	133,000	142,500	3,500	9,50	45,00	78,00	135,000	231,000	»	»	»	»	»
Gironde	8,086	1,97	13,22	14,44	106,832	116,473	10,175	6,85	48,00	46,00	817,350	824,050	63	25,00	25,00	1,576	1,575
Hérault	480	1,50	21,00	20,00	9,080	8,633	4,500	9,00	68,03	88,00	288,500	371,500	6,000	7,00	7,00	42,000	42,000
Ille-et-Vilaine	1,003	2,00	35,00	47,00	35,000	47,065	11,250	15,00	90,50	108,03	1,013,510	1,215,872	1,000	20,00	25,00	20,000	25,000
Indre	1,397	1,85	10,00	12,74	13,970	17,403	9,848	14,10	92,04	103,00	906,015	1,014,544	2,067	38,00	38,00	78,546	78,546
Indre-et-Loire	4,800	2,00	16,00	17,50	72,000	84,000	11,050	10,03	93,00	92,00	1,155,350	740,900	105	8,00	22,00	800	2,310
Isère	1,775	1,37	11,51	18,42	20,483	21,175	18,079	14,80	140,00	114,00	2,755,080	2,853,770	2,876	14,03	35,00	40,264	100,600
Jura	2,480	2,10	12,16	13,00	30,901	31,472	12,082	13,25	80,00	86,00	1,135,918	1,088,032	22	13,01	17,00	286	374
Landes	21,964	0,10	7,00	8,00	153,889	175,872	5,480	10,00	50,00	60,00	371,800	416,100	100	13,00	15,00	1,500	1,500
Loir-et-Cher	1,267	1,40	13,15	9,88	16,661	12,515	8,019	11,80	71,00	87,00	633,249	775,958	»	»	»	»	»
Loire	1,900	2,18	12,00	11,00	22,803	20,900	25,000	15,00	60,00	130,00	1,560,000	3,380,030	400	25,00	27,00	10,000	10,800
Loire (Haute-)	2,303	2,00	15,00	17,30	35,583	39,750	14,600	14,00	139,00	146,00	2,014,900	2,131,000	»	»	»	»	»
Loire-Inférieure	3,300	1,00	16,00	16,00	66,900	56,000	16,000	6,00	126,00	110,00	2,016,000	1,760,000	1,509	12,00	20,00	13,108	30,160

DÉPARTEMENTS.	LÉGUMES SECS. Nombre d'hectares cultivés.	Quantité de semence par hectare.	Produit brut par hectare. 1870.	Produit brut par hectare. Année moyenne.	Production totale. 1873.	Production totale. Année moyenne.	POMMES DE TERRE. Nombre d'hectares cultivés.	Quantité de semence par hectare.	Produit brut par hectare. 1873.	Produit brut par hectare. Année moyenne.	Production totale. 1873.	Production totale. Année moyenne.	CHATAIGNES. Nombre d'hectares cultivés.	Produit brut par hectare. 1873.	Produit brut par hectare. Année moyenne.	Production totale. 1873.	Production totale. Année moyenne.
Loiret	1,548	3,00	11,00	11,00	18,908	18,031	10,755	17,00	120,03	94,00	1,200,000	1,010,070	32	7,00	7,00	374	374
Lot	7,000	0,40	3,90	4,00	23,400	28,000	12,000	5,03	31,00	60,00	618,000	780,000	45,000	10,00	10,00	450,000	450,000
Lot-et-Garonne	18,000	1,75	12,00	10,00	210,000	180,000	15,300	10,00	90,00	70,00	1,384,000	1,071,000	»	»	»	»	»
Lozère	309	2,03	11,00	10,03	3,827	4,882	5,374	15,00	100,00	90,00	587,400	659,086	35,008	8,03	12,00	303,448	406,800
Maine-et-Loire	2,301	1,90	10,00	17,00	23,010	27,019	20,743	10,03	79,90	88,00	1,870,615	2,436,070	80	10,00	10,00	800	800
Manche	1,927	2,00	30,11	28,17	58,029	61,289	9,000	18,00	81,00	114,00	561,810	700,701	»	»	»	»	»
Marne	1,998	2,00	15,46	22,31	30,880	44,695	19,020	15,10	105,00	104,03	1,052,100	1,088,100	»	»	»	»	»
Marne (Haute-)	1,831	1,80	24,00	54,00	44,832	45,134	10,280	16,00	110,03	178,00	1,131,350	1,040,970	»	»	»	»	»
Mayenne	273	4,00	19,00	18,00	4,014	4,011	6,014	12,50	109,03	84,03	603,308	408,450	»	»	»	»	»
Meurthe-et-Moselle	2,500	2,40	11,00	14,00	30,800	39,800	23,585	19,00	118,00	187,00	3,100,237	3,433,834	»	»	»	»	»
Meuse	2,805	2,17	11,00	13,03	25,986	70,075	25,441	12,00	119,00	96,00	2,908,108	2,599,450	»	»	»	»	»
Morbihan	525	2,00	13,50	17,78	7,188	9,371	11,085	12,03	100,00	90,00	1,290,340	1,116,800	2,205	16,00	15,00	34,880	53,078
Nièvre	2,645	1,50	11,00	14,00	20,095	87,030	15,471	13,50	114,00	190,00	1,769,084	1,696,580	»	»	»	»	»
Nord	10,512	2,53	24,78	93,03	261,261	270,001	91,389	15,90	170,00	150,00	4,110,610	3,051,800	230	47,00	41,00	10,810	10,810
Oise	2,613	2,73	26,37	23,96	68,900	50,938	12,763	15,40	157,00	176,00	1,748,581	1,785,768	»	»	»	»	»
Orne	1,107	2,45	25,00	25,00	29,175	20,175	5,063	12,90	95,03	86,03	980,710	292,883	»	»	»	»	»
Pas-de-Calais	11,380	2,20	21,00	99,00	238,110	210,458	16,907	18,58	193,00	110,00	2,368,821	2,982,080	»	»	»	»	»
Puy-de-Dôme	10,000	1,90	17,00	17,80	170,000	178,000	90,000	11,00	100,03	115,00	2,000,000	2,000,003	803	7,00	8,00	5,690	5,403
Pyrénées (Basses-)	10,500	1,30	20,00	20,00	210,000	210,000	2,800	11,00	80,00	65,03	171,007	185,900	7,600	15,03	17,00	114,000	126,000
Pyrénées (Hautes-)	3,897	1,00	10,00	16,00	64,852	64,850	4,727	0,80	48,03	54,90	226,780	274,100	6,001	25,00	25,00	153,025	153,025
Pyrénées-Orientales	2,600	1,30	10,03	13,03	90,000	32,800	6,530	13,00	120,00	120,00	780,000	780,000	550	55,00	50,03	12,850	15,500
Rhin (Haut-) (Belfort)	»	»	»	»	»	»	8,800	22,00	172,00	161,00	678,030	508,800	»	»	»	»	»
Rhône	424	1,30	27,30	20,00	11,875	11,024	12,087	10,03	100,03	107,00	1,663,610	1,290,989	730	10,00	20,03	7,300	14,030
Saône (Haute-)	1,391	1,00	11,00	16,10	14,074	21,844	16,502	15,07	175,00	120,00	2,905,326	2,153,000	»	»	»	»	»
Saône-et-Loire	3,840	1,80	16,26	15,00	62,400	61,440	22,508	9,09	150,00	90,00	4,115,050	3,050,980	»	»	»	»	»
Sarthe	1,512	2,45	10,77	12,20	16,281	18,583	30,520	9,98	68,03	86,50	2,008,078	2,420,105	400	41,03	45,50	16,420	18,000
Savoie	1,500	1,00	11,75	15,00	22,145	22,600	7,700	20,08	138,03	116,00	985,000	1,116,800	2,200	18,03	18,00	80,000	39,000
Savoie (Haute-)	800	2,02	17,60	17,12	14,257	14,003	13,050	16,50	135,00	185,00	1,639,800	1,620,100	1,819	18,00	31,03	28,744	49,810
Seine	158	0,25	43,00	40,00	7,581	7,742	5,903	19,31	170,00	170,03	881,000	884,000	»	»	»	»	»
Seine-Inférieure	1,207	2,42	21,08	25,00	32,914	33,042	8,718	17,80	115,00	153,03	1,153,847	1,201,829	»	»	»	»	»
Seine-et-Marne	1,028	2,33	20,30	21,11	33,049	34,307	9,748	14,09	107,00	133,00	1,019,301	1,198,080	»	»	»	»	»
Seine-et-Oise	2,013	2,28	13,00	13,18	37,774	39,761	18,402	13,70	185,03	181,00	2,307,750	2,421,024	405	18,00	26,03	8,100	11,375
Sèvres (Deux-)	3,500	1,10	15,00	15,00	52,500	52,500	13,000	10,03	08,00	95,00	1,170,000	1,110,000	410	20,00	25,03	12,500	10,250
Somme	5,000	2,00	15,00	16,00	90,000	96,000	15,030	17,00	113,00	112,00	1,680,000	1,080,000	»	»	»	»	»
Tarn	6,905	0,01	7,87	11,44	54,836	70,714	23,773	7,08	60,00	43,00	1,810,880	931,786	8,670	11,00	11,00	97,600	124,800
Tarn-et-Garonne	6,806	1,15	13,00	12,58	58,478	85,075	7,977	4,53	60,00	55,00	363,500	400,235	500	7,00	8,00	4,700	4,700
Var	4,001	1,40	11,00	12,00	54,011	55,202	6,198	7,33	85,00	87,00	514,131	539,226	2,789	10,00	11,00	27,540	35,054
Vaucluse	2,238	2,25	11,50	11,08	25,737	26,811	6,276	9,00	72,00	91,00	608,010	801,804	»	»	»	»	»
Vendée	7,752	2,40	14,00	11,60	108,528	112,404	8,491	8,00	49,00	77,00	393,983	631,789	»	»	»	»	»
Vienne	2,005	0,06	5,28	12,00	13,700	51,278	13,230	9,00	90,00	150,03	1,190,830	1,065,000	253	10,00	70,00	2,550	8,100
Vienne (Haute-)	1,570	1,34	10,87	13,81	16,481	21,939	20,273	10,75	94,00	102,00	1,905,850	2,036,050	88,095	17,00	21,00	917,445	792,780
Vosges	1,571	2,95	13,00	13,00	20,423	20,423	45,296	15,15	175,00	215,00	7,661,000	9,394,090	»	»	»	»	»
Yonne	2,983	1,80	12,00	13,00	55,196	38,129	19,091	12,80	35,00	90,00	736,881	683,160	189	17,00	20,00	3,213	4,911
TOTAUX.	322,631	1,98	13,77	15,03	4,114,107	4,850,310	1,170,400	13,32	108,35	110,93	129,110,090	130,589,190	691,317	13,02	10,47	8,567,841	7,099,790

TABLEAU N° 2. — CULTURES POTAGÈRES ET MARAICHÈRES.

DÉPARTEMENTS.	LÉGUMES FRAIS DE TOUTES SORTES (HARICOTS, FÈVES, LENTILLES, POIS, OIGNON, CAROTTES, NAVETS, CITROUILLES, MELONS, ASPERGES, ARTICHAUTS, SALADES, ETC.)				
	Nombre d'hectares cultivés.	Valeur de la récolte par hectare.		Valeur totale de la production.	
		1873.	Année moyenne.	1873.	Année moyenne.
		fr.	fr.	fr.	fr.
Ain	2,518	741	770	1,870,724	1,867,027
Aisne	37,040	750	742	24,712,500	24,445,040
Allier	4,397	421	489	1,851,157	2,160,103
Alpes (Basses-)	1,530	1,733	1,861	3,216,060	3,339,253
Alpes (Hautes-)	770	600	600	462,000	462,000
Alpes-Maritimes	1,000	1,000	1,036	1,000,000	1,036,000
Ardèche	4,220	571	642	2,459,000	2,024,840
Ardennes	2,312	740	705	1,030,132	1,008,740
Ariège	2,547	1,083	1,018	2,084,010	2,029,011
Aube	2,708	1,036	1,010	2,808,088	2,783,033
Aude	750	800	800	600,000	600,000
Aveyron	2,983	1,028	1,250	3,540,391	3,679,730
Bouches-du-Rhône	5,079	850	860	4,317,187	4,873,810
Calvados	4,000	600	800	2,100,000	2,800,000
Cantal	1,040	480	500	877,050	974,003
Charente	6,705	1,415	1,471	9,481,875	9,695,173
Charente-Inférieure	4,019	2,317	2,185	9,350,690	9,830,100
Cher	3,541	1,418	1,600	4,702,874	4,807,531
Corrèze	1,727	470	619	827,930	1,000,710
Corse	4,888	694	820	4,003,798	4,210,038
Côte-d'Or	1,080	1,695	1,747	1,831,090	1,884,440
Côtes-du-Nord	4,000	600	600	2,400,000	2,401,000
Creuse	1,032	480	817	785,420	843,804
Dordogne	4,700	1,061	1,250	4,646,000	5,031,854
Doubs	1,050	740	840	777,000	882,000
Drôme	14,150	1,120	1,196	15,818,000	15,818,780
Eure	5,138	805	814	4,100,600	4,189,838
Eure-et-Loir	7,487	602	627	4,390,774	4,465,948
Finistère	10,772	1,350	1,500	18,405,000	14,008,800
Gard	2,418	1,002	1,633	2,517,081	4,152,060
Garonne (Haute-)	3,000	1,300	1,250	3,000,000	3,750,000
Gers	5,582	640	1,077	3,580,610	5,017,104
Gironde	5,160	1,940	1,814	9,410,574	10,868,897
Hérault	2,000	1,605	1,600	3,200,000	3,820,000
Ille-et-Vilaine	3,040	810	780	2,794,640	2,815,040
Indre	2,350	1,074	1,400	2,550,444	3,281,008
Indre-et-Loire	3,831	1,018	800	3,899,058	3,801,148
Isère	3,495	1,020	1,340	4,700,800	4,609,720
Jura	118	1,030	1,700	101,700	203,003
Landes	8,011	480	600	3,591,400	3,884,000
Loir-et-Cher	12,012	1,094	1,125	13,991,888	14,000,170
Loire	5,010	1,300	1,380	7,958,900	7,009,800
Loire (Haute-)	7,728	1,000	1,103	3,969,100	5,339,193
Loire-Inférieure	52,030	1,050	1,233	51,145,330	54,697,533

DÉPARTEMENTS.	LÉGUMES FRAIS DE TOUTES SORTES (HARICOTS, FÈVES, LENTILLES, POIS, OIGNON, CAROTTES, NAVETS, CITROUILLES, MELONS, ASPERGES, ARTICHAUTS, SALADES, ETC.)				
	Nombre d'hectares cultivés.	Valeur de la récolte par hectare.		Valeur totale de la production.	
		1873.	Année moyenne.	1873.	Année moyenne.
		fr.	fr.	fr.	fr.
Loiret	3,000	503	633	1,505,000	1,900,000
Lot	3,000	480	600	1,440,000	1,900,000
Lot-et-Garonne	10,030	400	450	6,004,000	4,400,703
Lozère	1,065	554	700	585,700	711,800
Maine-et-Loire	7,511	1,460	1,480	17,084,480	11,107,630
Manche	6,400	1,013	1,040	6,574,870	4,068,700
Marne	5,272	1,509	1,797	4,997,418	5,225,894
Marne (Haute-)	1,561	1,048	1,213	2,129,126	2,078,540
Mayenne	3,511	1,020	1,052	3,476,562	6,180,450
Meurthe-et-Moselle	2,476	850	600	1,000,150	1,185,030
Meuse	8,071	800	850	7,011,959	7,870,850
Morbihan	9,802	650	600	6,003,000	4,041,000
Nièvre	3,272	431	490	1,410,232	1,003,480
Nord	16,474	1,442	1,500	23,507,878	25,020,000
Oise	6,568	803	851	6,481,790	5,177,719
Orne	4,648	575	611	2,718,903	2,705,102
Pas-de-Calais	10,639	661	676	7,092,821	7,210,216
Puy-de-Dôme	7,400	748	782	5,576,900	5,452,037
Pyrénées (Basses-)	2,708	1,174	1,897	3,178,102	3,781,070
Pyrénées (Hautes-)	910	610	650	483,703	418,000
Pyrénées-Orientales	2,100	1,000	1,000	2,103,000	2,490,030
Rhin (Haut-) [Belfort]	412	1,500	1,503	611,003	618,000
Rhône	2,734	1,750	1,750	5,560,601	5,565,500
Saône (Haute-)	1,314	1,281	1,355	1,194,076	1,044,070
Saône-et-Loire	1,590	784	863	1,230,140	1,326,000
Sarthe	7,007	670	810	4,918,403	5,731,102
Savoie	1,393	654	672	861,342	820,800
Savoie (Haute-)	3,086	651	674	2,910,570	2,420,072
Seine	4,104	1,400	1,801	5,971,690	7,510,000
Seine-Inférieure	3,030	882	808	2,851,062	3,250,740
Seine-et-Marne	4,043	1,711	1,785	8,100,805	8,320,705
Seine-et-Oise	11,080	1,503	1,503	17,105,000	18,014,000
Sèvres (Deux-)	15,906	1,203	1,009	19,946,693	18,905,000
Somme	4,000	1,000	1,030	4,000,000	4,000,030
Tarn	2,050	910	1,143	2,867,000	3,122,100
Tarn-et-Garonne	4,810	1,000	1,000	4,810,000	4,810,000
Var	2,802	1,003	1,117	2,579,804	2,700,414
Vaucluse	8,049	780	883	6,480,600	7,530,800
Vendée	16,372	583	514	8,707,000	9,645,196
Vienne	895	1,003	1,500	636,030	787,600
Vienne (Haute-)	3,479	660	732	1,601,497	1,785,800
Vosges	3,137	1,783	3,015	5,496,101	6,841,035
Yonne	6,100	1,800	1,600	11,580,000	13,100,030
TOTAUX	474,031	912	1,340	401,054,909	493,507,889

Tableau N° 3. — PRINCIPALES CULTURES INDUSTRIELLES.

I. — PLANTES OLÉAGINEUSES. (COLZA, ŒILLETTE, CHÉNEVIS, LIN, OLIVES)

COLZA.

DÉPARTEMENTS	Nombre d'hectares cultivés	Semence par hectare	Produit en graines par hectare — 1873	Produit en graines par hectare — Année moyenne	Produit total en graines — 1873	Produit total en graines — Année moyenne
		h. l.	h. l.	h. l.	hectol.	hectol.
Ain	7,962	0,18	19,00	21,00	120,009	254,482
Aisne	5,716	0,08	17,00	20,00	63,172	74,320
Allier	1,170	0,10	15,00	16,00	17,550	18,720
Alpes (Basses-)	»	»	»	»	»	»
Alpes (Hautes-)	»	»	»	»	»	»
Alpes-Maritimes	»	»	»	»	»	»
Ardèche	726	0,06	15,00	15,00	10,980	10,985
Ardennes	230	0,07	12,00	15,00	2,760	3,450
Ariège	11	0,06	8,00	10,00	88	110
Aube	1,985	0,07	8,00	9,00	15,880	17,865
Aude	4	0,07	8,00	10,00	32	40
Aveyron	204	0,10	6,00	8,00	1,224	1,631
Bouches-du-Rhône	»	»	»	»	»	»
Calvados	34,030	0,04	15,00	16,00	510,900	544,000
Cantal	52	0,06	7,00	10,00	374	520
Charente	853	0,08	8,00	12,00	6,821	10,236
Charente-Inférieure	460	0,05	13,00	15,00	5,980	6,000
Cher	692	0,07	14,00	16,00	9,688	11,072
Corrèze	»	»	»	»	»	»
Corse	»	»	»	»	»	»
Côte-d'Or	2,812	0,05	10,00	12,00	28,120	33,741
Côtes-du-Nord	»	»	»	»	»	»
Creuse	380	0,08	8,00	10,00	3,040	3,800
Dordogne	117	0,11	5,00	7,00	585	819
Doubs	810	0,06	6,00	6,00	5,040	5,040
Drôme	2,180	0,14	14,00	20,00	30,520	43,602
Eure	16,000	0,04	16,00	18,00	183,400	194,400
Eure-et-Loir	192	0,05	16,00	16,00	3,518	3,072
Finistère	53	0,04	11,00	13,00	550	650
Gard	58	0,05	7,00	7,00	412	413
Garonne (Haute-)	3,000	0,06	12,00	15,00	36,030	45,000
Gers	298	0,06	11,00	12,00	3,275	3,584
Gironde	97	0,05	12,00	17,00	1,164	1,649
Hérault	»	»	»	»	»	»
Ille-et-Vilaine	3,810	0,06	14,00	15,00	51,320	58,300
Indre	1,111	0,09	15,00	16,00	16,965	17,776
Indre-et-Loire	»	»	»	»	»	»
Isère	4,161	0,06	13,00	15,00	57,233	66,215
Jura	2,320	0,06	11,00	12,00	21,519	26,748
Landes	»	»	»	»	»	»
Loir-et-Cher	181	0,09	10,00	10,00	1,830	1,810
Loire	2,825	0,16	19,00	27,00	42,275	59,075
Loire (Haute-)	674	0,13	11,00	12,00	7,434	8,088
Loire-Inférieure	1,502	0,09	15,00	18,00	22,400	27,000

ŒILLETTE, NAVETTE, CAMELINE.

DÉPARTEMENTS	Nombre d'hectares cultivés	Semence par hectare	Produit en graines par hectare — 1873	Produit en graines par hectare — Année moyenne	Produit total en graines — 1873	Produit total en graines — Année moyenne
		h. l.	h. l.	h. l.	hectol.	hectol.
Ain	100	0,05	12,00	14,00	1,200	1,400
Aisne	1,582	0,06	13,00	14,00	20,566	22,148
Allier	»	»	»	»	»	»
Alpes (Basses-)	»	»	»	»	»	»
Alpes (Hautes-)	»	»	»	»	»	»
Alpes-Maritimes	»	»	»	»	»	»
Ardèche	»	»	»	»	»	»
Ardennes	159	0,05	16,05	13,06	2,470	1,966
Ariège	»	»	»	»	»	»
Aube	1,749	0,12	7,00	8,00	12,194	13,886
Aude	»	»	»	»	»	»
Aveyron	»	»	»	»	»	»
Bouches-du-Rhône	»	»	»	»	»	»
Calvados	150	0,02	2,00	14,00	1,800	2,100
Cantal	7	0,06	2,00	4,00	14	28
Charente	»	»	»	»	»	»
Charente-Inférieure	»	»	»	»	»	»
Cher	6	0,04	9,00	12,00	54	72
Corrèze	»	»	»	»	»	»
Corse	»	»	»	»	»	»
Côte-d'Or	2,512	0,05	9,00	11,00	22,887	27,978
Côtes-du-Nord	»	»	»	»	»	»
Creuse	406	0,04	5,00	7,00	2,848	2,842
Dordogne	2	0,03	10,00	10,00	20	20
Doubs	»	»	»	»	»	»
Drôme	800	0,06	12,00	14,03	9,600	11,200
Eure	40	0,07	4,00	4,00	160	160
Eure-et-Loir	»	»	»	»	»	»
Finistère	»	»	»	»	»	»
Gard	»	»	»	»	»	»
Garonne (Haute-)	»	»	»	»	»	»
Gers	»	»	»	»	»	»
Gironde	»	»	»	»	»	»
Hérault	»	»	»	»	»	»
Ille-et-Vilaine	»	»	»	»	»	»
Indre	»	»	»	»	»	»
Indre-et-Loire	»	»	»	»	»	»
Isère	12	0,03	5,00	3,00	63	36
Jura	2,410	0,06	11,00	13,00	26,610	28,920
Landes	»	»	»	»	»	»
Loir-et-Cher	»	»	»	»	»	»
Loire	»	»	»	»	»	»
Loire (Haute-)	2	0,05	8,00	10,00	18	20
Loire-Inférieure	»	»	»	»	»	»

CHÉNEVIS.

DÉPARTEMENTS	Nombre d'hectares cultivés	Semence par hectare	Produit en graines par hectare — 1873	Produit en graines par hectare — Année moyenne	Produit total en graines — 1873	Produit total en graines — Année moyenne
		h. l.	h. l.	h. l.	hectol.	hectol.
Ain	3,025	1,63	13,00	15,00	34,069	39,246
Aisne	1,330	2,40	10,00	10,00	13,600	13,500
Allier	1,109	1,80	7,00	8,00	7,763	8,872
Alpes (Basses-)	300	3,30	12,00	11,00	3,600	3,330
Alpes (Hautes-)	817	5,00	9,00	12,00	2,221	2,470
Alpes-Maritimes	93	2,60	5,00	6,00	465	558
Ardèche	15	1,50	2,00	3,00	30	45
Ardennes	318	5,30	10,00	11,00	3,180	3,443
Ariège	100	3,00	9,00	12,00	800	1,200
Aube	1,325	2,50	10,00	11,00	13,290	14,606
Aude	27	3,00	7,00	8,00	189	216
Aveyron	1,400	4,70	9,00	10,00	13,410	14,000
Bouches-du-Rhône	»	»	»	»	»	»
Calvados	400	2,70	9,00	9,00	3,600	3,930
Cantal	1,100	2,50	8,00	8,00	8,800	9,900
Charente	665	3,15	8,00	10,00	5,230	6,000
Charente-Inférieure	252	2,50	8,00	9,00	4,556	2,088
Cher	1,607	2,62	8,00	9,00	12,536	15,001
Corrèze	1,786	3,60	10,00	12,00	17,860	21,482
Corse	185	2,80	5,00	6,00	910	1,124
Côte-d'Or	670	2,58	10,00	13,00	6,703	8,710
Côtes-du-Nord	3,500	2,50	10,00	10,00	35,000	35,000
Creuse	2,823	3,42	8,00	8,00	13,634	16,624
Dordogne	1,312	3,03	9,00	10,00	11,800	13,123
Doubs	930	3,00	7,00	8,00	6,510	7,410
Drôme	116	1,00	14,00	15,00	2,744	2,010
Eure	40	2,00	7,00	7,00	280	280
Eure-et-Loir	122	3,35	19,00	18,00	1,059	2,196
Finistère	1,305	2,76	10,00	12,00	12,000	14,100
Gard	»	»	»	»	»	»
Garonne (Haute-)	500	3,00	6,00	10,00	4,000	5,000
Gers	96	2,50	14,00	14,00	464	365
Gironde	1,072	2,27	6,00	7,00	10,002	11,701
Hérault	»	»	»	»	»	»
Ille-et-Vilaine	1,638	3,58	8,00	9,00	14,704	16,512
Indre	504	3,77	7,00	8,00	5,028	6,488
Indre-et-Loire	2,088	2,50	5,00	7,00	15,490	18,880
Isère	1,797	1,10	12,00	12,00	21,561	21,561
Jura	602	1,83	12,00	12,00	7,224	7,221
Landes	760	2,20	4,00	6,00	3,001	4,596
Loir-et-Cher	341	2,40	6,00	10,00	2,046	3,410
Loire	433	2,50	8,00	7,00	3,419	3,010
Loire (Haute-)	282	2,35	7,00	8,00	1,975	1,912
Loire-Inférieure	1,060	2,53	9,00	10,00	9,001	10,606

GRAINE DE LIN.

DÉPARTEMENTS	Nombre d'hectares cultivés	Semence par hectare	Produit en graines par hectare — 1873	Produit en graines par hectare — Année moyenne	Produit total en graines — 1873	Produit total en graines — Année moyenne
		h. l.	h. l.	h. l.	hectol.	hectol.
Ain	100	2,00	12,00	15,00	2,287	2,950
Aisne	1,035	2,50	9,00	10,00	9,774	10,841
Allier	»	»	»	»	»	»
Alpes (Basses-)	»	»	»	»	»	»
Alpes (Hautes-)	»	»	»	»	»	»
Alpes-Maritimes	»	»	»	»	»	»
Ardèche	»	»	»	»	»	»
Ardennes	141	2,07	7,00	8,00	987	1,122
Ariège	1,547	2,20	8,00	8,00	12,378	12,376
Aube	»	»	»	»	»	»
Aude	74	2,95	9,00	9,00	666	666
Aveyron	102	1,83	12,00	18,00	1,344	2,106
Bouches-du-Rhône	»	»	»	»	»	»
Calvados	300	2,60	6,00	8,00	1,800	2,400
Cantal	180	2,55	8,00	8,00	1,440	1,448
Charente	184	1,63	6,00	9,00	1,161	1,746
Charente-Inférieure	737	2,62	7,00	8,00	5,530	6,226
Cher	»	»	»	»	»	»
Corrèze	751	2,33	9,00	10,00	6,739	7,510
Corse	400	2,20	8,00	9,00	3,243	3,661
Côte-d'Or	»	»	»	»	»	»
Côtes-du-Nord	5,500	2,10	6,00	5,00	29,000	29,000
Creuse	»	»	»	»	»	»
Dordogne	79	2,32	8,00	9,00	632	711
Doubs	300	2,71	7,00	8,00	2,100	2,400
Drôme	»	»	»	»	»	»
Eure	1,671	2,30	8,00	7,00	12,530	11,205
Eure-et-Loir	18	2,25	12,00	11,00	210	198
Finistère	8,511	1,80	9,00	10,00	76,501	85,010
Gard	»	»	»	»	»	»
Garonne (Haute-)	4,000	2,50	10,00	12,00	40,000	48,000
Gers	2,001	2,50	8,00	12,00	21,552	32,326
Gironde	46	2,20	5,00	7,00	225	315
Hérault	»	»	»	»	»	»
Ille-et-Vilaine	1,480	2,03	6,00	7,00	5,880	10,360
Indre	»	»	»	»	»	»
Indre-et-Loire	»	»	»	»	»	»
Isère	»	»	»	»	»	»
Jura	82	2,35	9,00	9,00	255	288
Landes	2,498	1,50	6,00	8,00	14,554	19,910
Loir-et-Cher	»	»	»	»	»	»
Loire	»	»	»	»	»	»
Loire (Haute-)	»	»	»	»	»	»
Loire-Inférieure	»	»	»	»	»	»

OLIVIERS / AUTRES cultures arborescentes.

DÉPARTEMENTS	Nombre d'hectares cultivés	Produit par hectare — 1873	Produit par hectare — Année moyenne	Production totale — 1873	Production totale — Année moyenne	Autres cultures arborescentes — Superficie
		h. l.	h. l.	hectol.	hectol.	hectares
Ain	»	»	»	»	»	126
Aisne	»	»	»	»	»	»
Allier	»	»	»	»	»	»
Alpes (Basses-)	2,826	25,00	25,00	70,626	70,625	»
Alpes (Hautes-)	»	»	»	»	»	»
Alpes-Maritimes	15,815	65,00	54,00	1,027,975	851,010	513
Ardèche	370	12,00	26,00	4,512	9,776	637
Ardennes	»	»	»	»	»	54
Ariège	Arbres disséminés et compris dans les autres cultures.					»
Aube	»	»	»	»	»	»
Aude	151	15,00	16,00	2,265	2,365	90
Aveyron	»	»	»	»	»	58
Bouches-du-Rhône	31,251	16,00	19,00	583,015	490,769	8,621
Calvados	»	»	»	»	»	»
Cantal	»	»	»	»	»	64
Charente	»	»	»	»	»	450
Charente-Inférieure	»	»	»	»	»	40
Cher	»	»	»	»	»	»
Corrèze	»	»	»	»	»	189
Corse	12,900	24,00	65,00	311,376	648,480	1,135
Côte-d'Or	»	»	»	»	»	»
Côtes-du-Nord	»	»	»	»	»	»
Creuse	»	»	»	»	»	»
Dordogne	»	»	»	»	»	»
Doubs	»	»	»	»	»	»
Drôme	2,916	20,00	33,00	53,321	87,400	10,560
Eure	»	»	»	»	»	»
Eure-et-Loir	»	»	»	»	»	»
Finistère	»	»	»	»	»	»
Gard	9,736	19,00	21,00	184,885	291,505	375
Garonne (Haute-)	»	»	»	»	»	»
Gers	»	»	»	»	»	»
Gironde	»	»	»	»	»	»
Hérault	2,500	42,00	42,00	105,000	105,630	»
Ille-et-Vilaine	»	»	»	»	»	»
Indre	»	»	»	»	»	217
Indre-et-Loire	»	»	»	»	»	57
Isère	»	»	»	»	»	4,300
Jura	»	»	»	»	»	»
Landes	»	»	»	»	»	»
Loir-et-Cher	»	»	»	»	»	»
Loire	»	»	»	»	»	»
Loire (Haute-)	»	»	»	»	»	»
Loire-Inférieure	»	»	»	»	»	»

TABLEAU N° 3. (Suite.) — PRINCIPALES CULTURES INDUSTRIELLES.

I. — PLANTES OLÉAGINEUSES. (COLZA, ŒILLETTE, CHÉNEVIS, LIN, OLIVES.)

COLZA

DÉPARTEMENTS	Nombre d'hectares cultivés	Semence par hectare	Produit en graines par hectare — 1873	Produit en graines par hectare — Année moyenne	Produit total en graines — 1873	Produit total en graines — Année moyenne
		h. l.	h. l.	h. l.	hectol.	hectol.
Loiret	1,115	0,06	18,00	11,00	18,824	20,272
Lot	.	.	.	.	.	.
Lot-et-Garonne	1,350	0,07	12,00	16,00	16,200	21,600
Lozère	.	.	.	.	.	.
Maine-et-Loire	3,325	0,08	12,00	15,00	39,900	49,875
Manche	1,194	0,09	15,00	16,00	13,860	17,934
Marne	1,518	0,07	10,00	15,00	15,480	22,220
Marne (Haute-)	1,620	0,06	7,00	12,00	11,340	19,440
Mayenne	750	0,11	8,00	12,00	6,000	9,000
Meurthe-et-Moselle	2,169	0,08	13,00	11,00	28,100	30,268
Meuse	2,004	0,08	9,00	16,00	18,036	32,064
Morbihan	229	0,07	10,00	11,00	2,290	2,420
Nièvre	481	0,07	16,00	17,00	7,365	8,317
Nord	5,569	0,07	20,00	21,00	111,380	133,512
Oise	801	0,07	17,00	20,00	13,617	16,020
Orne	719	0,12	10,00	15,00	7,190	10,785
Pas-de-Calais	6,581	0,08	18,00	19,00	88,496	106,039
Puy-de-Dôme	21	0,07	8,00	10,00	224	280
Pyrénées (Basses-)	.	.	.	.	.	.
Pyrénées (Hautes-)	.	.	.	.	.	.
Pyrénées-Orientales	.	.	.	.	.	.
Rhin (Haut-) [Belfort]	21	0,03	7,00	19,00	637	1,002
Rhône	2,150	0,07	11,00	16,00	23,659	31,400
Saône (Haute-)	2,948	0,03	10,00	17,00	30,430	20,480
Saône-et-Loire	11,916	0,06	4,00	11,00	47,661	131,076
Sarthe	.	.	.	.	.	.
Savoie	480	0,06	18,00	14,00	6,240	6,720
Savoie (Haute-)	261	0,07	16,00	16,00	3,963	4,224
Seine	.	.	.	.	.	.
Seine-Inférieure	11,712	0,33	21,00	19,00	245,932	222,528
Seine-et-Marne	1,330	0,06	17,00	20,00	22,619	26,000
Seine-et-Oise	931	0,07	20,00	26,00	18,620	21,200
Sèvres (Deux-)	3,201	0,07	15,00	18,00	38,030	50,000
Somme	5,500	0,07	20,00	21,00	110,000	115,500
Tarn	123	0,08	8,00	11,00	1,544	2,123
Tarn-et-Garonne	563	0,10	12,50	15,00	6,810	8,520
Var	.	.	.	.	.	.
Vaucluse	116	0,03	7,00	7,00	812	812
Vendée	7,511	0,08	15,00	15,00	113,115	113,115
Vienne	234	0,03	11,00	15,00	3,276	3,510
Vienne (Haute-)	2,102	0,06	6,00	12,00	12,912	25,224
Vosges	277	0,03	20,00	23,00	5,510	5,540
Yonne	1,055	0,07	11,00	17,00	11,968	18,496
TOTAUX	105,215	0,07	11,14	16,84	2,378,837	3,340,984

ŒILLETTE, NAVETTE, CAMELINE

DÉPARTEMENTS	Nombre d'hectares cultivés	Semence par hectare	Produit en graines par hectare — 1873	Produit en graines par hectare — Année moyenne	Produit total en graines — 1873	Produit total en graines — Année moyenne
		h. l.	h. l.	h. l.	hectol.	hectol.
Loiret	.	.	.	.	.	.
Lot	.	.	.	.	.	.
Lot-et-Garonne	.	.	.	.	.	.
Lozère	.	.	.	.	.	.
Maine-et-Loire	4	0,06	12,00	12,00	48	48
Manche	11	0,06	12,00	13,00	188	182
Marne	1,036	0,01	7,00	8,00	7,182	8,208
Marne (Haute-)	1,297	0,04	8,00	12,00	10,208	12,870
Mayenne	.	.	.	.	.	.
Meurthe-et-Moselle	97	0,07	17,00	13,00	1,161	1,261
Meuse	1,497	0,05	8,00	10,00	11,076	11,070
Morbihan	.	.	.	.	.	.
Nièvre	552	0,07	12,00	12,00	6,624	6,624
Nord	3,871	0,10	17,00	19,00	37,607	75,440
Oise	177	0,10	13,00	17,00	2,655	3,000
Orne	.	.	.	.	.	.
Pas-de-Calais	16,541	0,03	14,00	15,00	217,561	248,613
Puy-de-Dôme	5	0,08	14,00	15,00	78	78
Pyrénées (Basses-)	.	.	.	.	.	.
Pyrénées (Hautes-)	.	.	.	.	.	.
Pyrénées-Orientales	.	.	.	.	.	.
Rhin (Haut-) [Belfort]	.	.	.	.	.	.
Rhône	.	.	.	.	.	.
Saône (Haute-)	.	.	.	.	.	.
Saône-et-Loire	1,000	0,04	12,00	14,00	12,000	11,000
Sarthe	.	.	.	.	.	.
Savoie	18	0,04	11,00	11,00	143	143
Savoie (Haute-)	18	0,10	11,00	15,00	252	270
Seine	.	.	.	.	.	.
Seine-Inférieure	44	0,10	16,00	12,00	704	524
Seine-et-Marne	99	0,07	13,00	14,00	1,287	1,886
Seine-et-Oise	2	0,03	7,00	7,00	14	11
Sèvres (Deux-)	.	.	.	.	.	.
Somme	10,666	0,07	11,00	11,60	110,000	119,000
Tarn	14	0,01	6,00	7,00	81	68
Tarn-et-Garonne	.	.	.	.	.	.
Var	.	.	.	.	.	.
Vaucluse	4	0,08	6,00	6,50	21	24
Vendée	.	.	.	.	.	.
Vienne	.	.	.	.	.	.
Vienne (Haute-)	100	0,06	12,00	14,00	1,200	1,400
Vosges	61	0,06	20,00	20,00	1,230	1,280
Yonne	278	0,06	9,00	10,00	2,502	2,890
TOTAUX	36,503	0,06	12,55	14,02	561,024	643,589

CHÉNEVIS

DÉPARTEMENTS	Nombre d'hectares cultivés	Semence par hectare	Produit en graines par hectare — 1873	Produit en graines par hectare — Année moyenne	Produit total en graines — 1873	Produit total en graines — Année moyenne
		h. l.	h. l.	h. l.	hectol.	hectol.
Loiret	378	2,45	10,00	11,00	3,780	4,158
Lot	1,000	3,03	6,00	8,00	6,000	8,000
Lot-et-Garonne	3,300	1,50	6,00	6,00	19,800	19,500
Lozère	.	.	.	.	.	.
Maine-et-Loire	9,486	1,10	7,00	9,00	68,042	84,831
Manche	1,118	2,40	9,00	10,00	10,603	11,780
Marne	318	2,03	13,00	14,00	4,524	4,872
Marne (Haute-)	1,090	2,80	10,00	11,00	10,600	11,660
Mayenne	1,555	2,51	5,00	8,00	12,440	12,440
Meurthe-et-Moselle	752	4,10	9,00	9,00	6,765	6,765
Meuse	785	2,53	9,00	11,00	6,610	8,085
Morbihan	3,750	3,00	7,00	6,00	26,250	22,500
Nièvre	2,213	2,75	8,00	10,00	17,317	22,120
Nord	281	1,85	11,00	12,00	3,124	3,408
Oise	1,073	2,49	8,00	10,00	8,584	10,730
Orne	1,293	3,42	7,00	7,00	9,765	9,765
Pas-de-Calais	240	2,90	13,00	13,00	3,120	3,120
Puy-de-Dôme	87	2,10	13,00	12,00	481	444
Pyrénées (Basses-)	.	.	.	.	.	.
Pyrénées (Hautes-)	.	.	.	.	.	.
Pyrénées-Orientales	149	2,40	9,00	9,00	1,260	1,260
Rhin (Haut-) [Belfort]	47	2,70	11,00	13,00	517	611
Rhône	276	1,30	8,00	8,00	2,200	2,200
Saône (Haute-)	1,188	2,20	10,00	11,00	11,680	13,113
Saône-et-Loire	2,413	1,69	9,00	8,00	21,937	21,887
Sarthe	11,285	1,51	5,00	7,00	56,425	78,905
Savoie	750	3,30	14,00	14,00	10,500	10,500
Savoie (Haute-)	520	3,30	14,00	15,00	11,480	12,300
Seine	.	.	.	.	.	.
Seine-Inférieure	328	2,58	6,00	8,00	1,568	2,952
Seine-et-Marne	211	2,83	11,00	12,00	2,311	2,502
Seine-et-Oise	.	.	.	.	.	.
Sèvres (Deux-)	1,399	3,40	15,00	17,00	19,500	23,100
Somme	2,180	2,75	13,00	13,00	25,800	27,950
Tarn	1,770	3,55	5,00	7,00	8,850	12,390
Tarn-et-Garonne	1,104	4,99	9,00	9,00	9,936	9,936
Var	.	.	.	.	.	.
Vaucluse	.	.	.	.	.	.
Vendée	891	2,73	10,00	11,00	8,610	9,471
Vienne	520	3,50	9,00	10,00	4,500	5,000
Vienne (Haute-)	2,290	3,70	6,00	6,00	13,704	13,704
Vosges	834	4,75	9,00	9,00	5,418	5,418
Yonne	744	2,10	11,00	13,00	8,184	9,072
TOTAUX	65,527	2,14	8,13	9,24	735,800	820,518

GRAINE DE LIN

DÉPARTEMENTS	Nombre d'hectares cultivés	Semence par hectare	Produit en graines par hectare — 1873	Produit en graines par hectare — Année moyenne	Produit total en graines — 1873	Produit total en graines — Année moyenne
		h. l.	h. l.	h. l.	hectol.	hectol.
Loiret	.	.	.	.	.	.
Lot	300	5,00	6,00	6,03	1,560	1,900
Lot-et-Garonne	80	1,50	8,00	8,00	6,400	6,400
Lozère	.	.	.	.	.	.
Maine-et-Loire	2,300	1,60	10,00	12,00	23,930	34,390
Manche	3,781	2,50	11,00	10,00	42,471	53,010
Marne	32	2,00	9,00	12,00	248	384
Marne (Haute-)	41	3,00	8,00	9,00	316	424
Mayenne	2,764	1,80	9,00	9,00	31,986	31,986
Meurthe-et-Moselle	225	3,00	7,00	7,00	1,576	1,576
Meuse	354	2,00	7,00	8,00	2,478	2,836
Morbihan	500	2,00	8,00	7,00	4,000	3,500
Nièvre	.	.	.	.	.	.
Nord	5,555	2,56	5,00	8,00	76,418	76,418
Oise	570	2,47	9,00	9,00	7,800	7,830
Orne	68	3,00	5,00	7,00	340	476
Pas-de-Calais	8,905	2,24	10,00	10,00	88,050	88,650
Puy-de-Dôme	15	3,00	11,00	10,00	165	150
Pyrénées (Basses-)	2,472	2,80	7,00	8,00	17,301	19,776
Pyrénées (Hautes-)	1,255	3,03	7,00	8,00	8,541	10,101
Pyrénées-Orientales	140	2,30	5,00	6,00	700	700
Rhin (Haut-) [Belfort]	.	.	.	.	.	.
Rhône	.	.	.	.	.	.
Saône (Haute-)	20	1,00	8,00	9,00	100	140
Saône-et-Loire	100	1,80	10,00	18,00	1,000	1,000
Sarthe	50	1,00	8,00	8,00	400	400
Savoie	11	1,85	10,00	11,00	110	121
Savoie (Haute-)	70	1,45	11,00	11,00	770	770
Seine	.	.	.	.	.	.
Seine-Inférieure	2,828	2,51	7,00	7,00	16,296	19,206
Seine-et-Marne	675	1,86	9,00	9,00	6,275	12,825
Seine-et-Oise	275	2,73	12,00	13,00	3,300	3,575
Sèvres (Deux-)	1,200	2,00	15,00	20,00	18,000	24,000
Somme	4,031	2,40	12,00	18,00	43,372	52,408
Tarn	1,065	1,70	6,00	8,00	6,390	8,520
Tarn-et-Garonne	1,414	2,70	10,00	10,00	14,140	14,140
Var	.	.	.	.	.	.
Vaucluse	.	.	.	.	.	.
Vendée	3,350	2,75	9,00	10,00	30,221	33,520
Vienne	78	2,50	8,00	10,00	600	750
Vienne (Haute-)	514	2,13	8,00	8,00	3,752	3,752
Vosges	271	2,85	7,00	7,00	1,897	1,897
Yonne	.	.	.	.	.	.
TOTAUX	87,641	2,17	8,74	9,56	766,132	838,122

OLIVIERS — AUTRES CULTURES ARBORESCENTES

DÉPARTEMENTS	Nombre d'hectares cultivés	Produit par hectare — 1873	Produit par hectare — Année moyenne	Production totale — 1873	Production totale — Année moyenne	Autres cultures arborescentes. Superficie.
		h. l.	h. l.	hectol.	hectol.	hectares.
Loiret	.	.	.	.	.	.
Lot	.	.	.	.	.	1,021
Lot-et-Garonne	.	.	.	.	.	.
Lozère	.	.	.	.	.	.
Maine-et-Loire	.	.	.	.	.	.
Manche	.	.	.	.	.	.
Marne	.	.	.	.	.	70
Marne (Haute-)	.	.	.	.	.	14
Mayenne	.	.	.	.	.	.
Meurthe-et-Moselle	.	.	.	.	.	311
Meuse	.	.	.	.	.	.
Morbihan	.	.	.	.	.	.
Nièvre	.	.	.	.	.	42
Nord	.	.	.	.	.	.
Oise	.	.	.	.	.	.
Orne	.	.	.	.	.	.
Pas-de-Calais	.	.	.	.	.	.
Puy-de-Dôme	.	.	.	.	.	.
Pyrénées (Basses-)	.	.	.	.	.	.
Pyrénées (Hautes-)	.	.	.	.	.	.
Pyrénées-Orientales	.	.	.	.	.	.
Rhin (Haut-) [Belfort]	.	.	.	.	.	.
Rhône	.	.	.	.	.	.
Saône (Haute-)	.	.	.	.	.	.
Saône-et-Loire	.	.	.	.	.	.
Sarthe	.	.	.	.	.	.
Savoie	.	.	.	.	.	.
Savoie (Haute-)	.	.	.	.	.	905
Seine	.	.	.	.	.	.
Seine-Inférieure	.	.	.	.	.	.
Seine-et-Marne	.	.	.	.	.	.
Seine-et-Oise	.	.	.	.	.	25
Sèvres (Deux-)	.	.	.	.	.	3,652
Somme	.	.	.	.	.	.
Tarn	.	.	.	.	.	1,655
Tarn-et-Garonne	.	.	.	.	.	170
Var	86,738	17,00	27,00	634,516	594,938	181
Vaucluse	22,280	45,00	50,00	1,172,103	1,090,000	230
Vendée	.	.	.	.	.	.
Vienne	.	.	.	.	.	.
Vienne (Haute-)	.	.	.	.	.	151
Vosges	.	.	.	.	.	.
Yonne	.	.	.	.	.	60
TOTAUX	117,646	33,81	38,85	4,640,010	3,403,104	42,981

TABLEAU N° 3. (Suite.) — PRINCIPALES CULTURES INDUSTRIELLES.
II. PLANTES TEXTILES, BETTERAVES A SUCRE.

DÉPARTEMENTS.	Chanvre — Nombre d'hectares cultivés	Chanvre — Produit moyen par hectare, 1873	Chanvre — Produit moyen par hectare, Année moyenne	Chanvre — Produit total, 1873	Chanvre — Produit total, Année moyenne	Lin — Nombre d'hectares cultivés	Lin — Produit moyen par hectare, 1873	Lin — Produit moyen par hectare, Année moyenne	Lin — Produit total, 1873	Lin — Produit total, Année moyenne	Betteraves — Nombre d'hectares cultivés	Betteraves — Quantité de semence par hectare	Betteraves — Produit moyen par hectare, 1873	Betteraves — Produit moyen par hectare, Année moyenne	Betteraves — Produit total, 1873	Betteraves — Produit total, Année moyenne
	kilogr.	kilogr.	kilogr.	kilogr.	kilogr.		kilogr.	kilogr.	kilogr.	kilogr.		quint. métr.	quint. métr.	quint. métr.	quint. métr.	quint. métr.
Ain	2,628	425	400	1,114,775	1,049,200	190	607	400	114,000	87,400	105	6,70	800	808	84,000	81,070
Aisne	1,350	786	700	903,000	1,020,000	1,080	586	591	696,800	880,806	55,637	18,65	281	283	10,709,888	16,209,851
Allier	1,100	512	500	567,808	561,481	»	»	»	»	»	780	8,25	400	357	813,400	275,100
Alpes (Basses-)	300	630	600	181,000	187,020	»	»	»	»	»	36	8,00	200	200	7,200	7,200
Alpes (Hautes-)	717	700	600	172,000	118,200	»	»	»	»	»	»	»	»	»	»	»
Alpes-Maritimes	93	497	407	45,921	46,921	»	»	»	»	»	»	»	»	»	»	»
Ardèche	15	275	450	4,125	6,750	»	»	»	»	»	»	»	»	»	»	»
Ardennes	343	617	540	322,511	160,020	141	354	400	45,084	61,800	6,500	11,50	285	270	1,871,010	1,772,820
Ariège	160	540	571	21,000	27,100	1,517	400	400	618,800	618,800	»	»	»	»	»	»
Aube	1,328	650	850	733,050	807,184	»	»	»	»	»	990	7,00	645	614	494,875	412,580
Aude	27	205	200	5,696	6,613	74	315	281	23,810	80,016	10	6,40	100	105	1,030	1,050
Aveyron	1,400	684	574	607,130	761,280	102	517	523	83,704	61,726	»	»	»	»	»	»
Bouches-du-Rhône	»	»	»	»	»	»	»	»	»	»	10	19,65	113	115	1,100	1,400
Calvados	400	450	443	180,000	180,000	300	450	450	135,000	135,000	»	»	»	»	»	»
Cantal	1,100	600	500	550,000	550,000	180	500	500	81,000	54,000	»	»	»	»	»	»
Charente	600	412	543	291,720	301,080	104	174	315	58,766	66,030	800	10,00	196	212	80,900	42,400
Charente-Inférieure	282	400	493	82,890	139,900	707	356	850	275,480	275,450	303	10,50	227	226	68,781	60,084
Cher	1,607	450	570	721,815	819,600	»	»	»	»	»	1,140	8,47	261	311	300,007	354,510
Corrèze	1,780	523	401	951,089	832,270	761	450	500	843,400	375,600	15	10,00	200	200	3,000	3,000
Corse	188	540	600	97,700	112,800	400	450	570	108,040	235,040	»	»	»	»	»	»
Côte-d'Or	670	630	630	402,000	435,800	»	»	»	»	»	1,028	8,15	292	270	562,970	583,003
Côtes-du-Nord	5,590	400	430	1,576,000	1,576,000	6,500	400	470	2,603,000	2,600,000	»	»	»	»	»	»
Creuse	2,328	500	380	811,800	709,240	»	»	»	»	»	14	8,09	101	95	1,212	1,174
Dordogne	1,412	412	400	541,850	579,082	70	810	357	90,863	98,208	»	»	»	»	»	»
Doubs	900	574	608	531,080	614,740	800	815	439	184,800	191,400	»	»	»	»	»	»
Drôme	196	570	586	111,780	114,060	»	»	»	»	»	994	13,00	345	430	391,410	421,400
Eure	40	781	675	28,810	27,000	1,600	350	300	1,580,000	1,440,030	901	10,00	292	317	175,409	190,517
Eure-et-Loir	122	470	470	38,438	38,438	18	300	300	6,040	6,040	1,301	10,00	384	406	308,189	385,096
Finistère	1,293	630	650	723,000	780,000	8,500	450	500	4,080,000	4,450,000	»	»	»	»	»	»
Gard	»	»	»	»	»	»	»	»	»	»	10	6,00	300	360	5,703	4,790
Garonne (Haute-)	850	600	640	900,000	385,000	4,000	600	700	2,400,000	2,800,000	»	»	»	»	»	»
Gers	20	160	175	3,000	4,650	2,004	810	647	1,878,040	1,478,418	»	»	»	»	»	»
Gironde	1,012	660	575	946,820	861,400	46	610	675	27,000	80,876	14	8,00	221	270	2,632	3,840
Hérault	»	»	»	»	»	»	»	»	»	»	»	»	»	»	»	»
Ille-et-Vilaine	1,881	480	408	894,782	815,284	1,480	858	385	588,400	806,840	»	»	»	»	»	»
Indre	804	748	645	601,808	501,000	»	»	»	»	»	310	10,00	257	250	91,680	89,137
Indre-et-Loire	2,008	600	500	2,498,800	1,219,000	»	»	»	»	»	»	»	»	»	»	»
Isère	1,707	618	740	1,907,684	1,203,810	»	»	»	»	»	40	6,00	204	190	8,100	7,840
Jura	802	653	700	361,803	491,403	39	500	400	9,000	11,400	339	7,76	350	300	81,760	86,140
Landes	700	950	440	829,800	814,700	2,492	250	300	689,000	747,600	»	»	»	»	»	»
Loir-et-Cher	311	792	761	269,583	200,094	»	»	»	»	»	181	8,00	230	260	41,680	47,000
Loire	430	276	272	118,680	110,003	»	»	»	»	»	»	»	»	»	»	»
Loire (Haute-)	239	442	480	100,828	100,363	»	»	»	»	»	»	»	»	»	»	»
Loire-Inférieure	1,002	850	1,003	853,050	1,003,003	3,000	500	410	1,690,000	1,833,700	»	»	»	»	»	»

TABLEAU N° 3. *(Suite.)* — **PRINCIPALES CULTURES INDUSTRIELLES.**
II. PLANTES TEXTILES. BETTERAVES A SUCRE.

PLANTES TEXTILES — CHANVRE.

DÉPARTEMENTS.	NOMBRE d'hectares cultivés.	PRODUIT MOYEN par hectare. 1873. (kilogr.)	PRODUIT MOYEN par hectare. Année moyenne. (kilogr.)	PRODUIT TOTAL. 1873. (kilogr.)	PRODUIT TOTAL. Année moyenne. (kilogr.)
Loiret	376	470	800	177,660	301,400
Lot	1,000	450	500	453,000	500,000
Lot-et-Garonne	5,300	300	400	290,000	1,320,000
Lozère	»	»	»	»	»
Maine-et-Loire	9,420	550	650	5,184,306	6,126,900
Manche	1,178	650	650	786,700	765,700
Marne	345	790	700	261,450	241,482
Marne (Haute-)	1,000	519	572	552,251	632,474
Mayenne	1,555	480	500	746,100	777,970
Meurthe-et-Moselle	752	533	530	394,530	338,960
Meuse	735	461	451	338,595	335,690
Morbihan	3,749	487	460	1,806,950	1,725,057
Nièvre	2,213	428	425	947,164	940,596
Nord	284	636	658	181,132	186,872
Oise	1,075	827	802	887,371	862,546
Orne	1,305	471	493	637,015	687,785
Pas-de-Calais	910	811	815	191,645	195,670
Puy-de-Dôme	37	450	525	16,650	19,425
Pyrénées (Basses-)	»	»	»	»	»
Pyrénées (Hautes-)	»	»	»	»	»
Pyrénées-Orientales	143	600	600	81,000	84,000
Rhin (Haut-) [Belfort]	47	400	450	18,800	21,150
Rhône	275	600	670	105,030	105,080
Saône (Haute-)	1,183	439	400	508,000	541,140
Saône-et-Loire	2,413	680	620	1,416,040	1,495,880
Sarthe	11,245	425	570	4,782,125	6,531,015
Savoie	750	405	520	371,250	390,008
Savoie (Haute-)	890	566	580	461,130	453,800
Seine	»	»	»	»	»
Seine-Inférieure	325	606	607	195,428	199,080
Seine-et-Marne	211	450	481	96,840	101,124
Seine-et-Oise	»	»	»	»	»
Sèvres (Deux-)	1,300	870	900	1,010,000	1,040,000
Somme	2,150	700	800	1,505,000	1,720,000
Tarn	1,770	404	490	718,020	759,330
Tarn-et-Garonne	1,104	500	500	552,000	562,000
Var	»	»	»	»	»
Vaucluse	»	»	»	»	»
Vendée	864	572	505	494,184	466,465
Vienne	500	900	880	279,000	275,000
Vienne (Haute-)	2,200	793	700	1,650,878	1,600,300
Vosges	632	853	830	210,700	210,700
Yonne	711	600	604	446,400	446,400
TOTAUX	93,541	525	455	50,194,005	53,438,646

PLANTES TEXTILES — LIN.

DÉPARTEMENTS.	NOMBRE d'hectares cultivés.	PRODUIT MOYEN par hectare. 1873. (kilogr.)	PRODUIT MOYEN par hectare. Année moyenne. (kilogr.)	PRODUIT TOTAL. 1873. (kilogr.)	PRODUIT TOTAL. Année moyenne. (kilogr.)
Loiret	»	»	»	»	»
Lot	300	500	530	150,000	150,000
Lot-et-Garonne	800	200	300	160,000	160,000
Lozère	»	»	»	»	»
Maine-et-Loire	2,000	350	300	725,000	870,000
Manche	3,861	709	820	2,737,449	3,188,020
Marne	32	436	457	13,560	14,621
Marne (Haute-)	47	671	981	31,537	45,190
Mayenne	3,451	300	330	1,086,000	1,173,820
Meurthe-et-Moselle	228	510	540	122,120	123,120
Meuse	354	382	385	135,228	136,950
Morbihan	500	303	300	151,500	150,000
Nièvre	»	»	»	»	»
Nord	9,550	1,072	1,161	10,244,032	11,161,510
Oise	970	747	663	446,800	670,810
Orne	68	267	280	18,136	19,692
Pas-de-Calais	6,846	815	815	7,224,975	7,224,976
Puy-de-Dôme	16	419	300	6,285	7,500
Pyrénées (Basses-)	2,472	406	387	1,009,032	956,984
Pyrénées (Hautes-)	1,363	350	400	412,030	505,200
Pyrénées-Orientales	140	600	500	70,000	70,000
Rhin (Haut-) [Belfort]	»	»	»	»	»
Rhône	»	»	»	»	»
Saône (Haute-)	20	200	177	4,000	3,540
Saône-et-Loire	100	500	510	55,000	27,090
Sarthe	60	325	355	16,250	17,750
Savoie	11	203	325	3,100	3,575
Savoie (Haute-)	70	500	470	55,000	32,900
Seine	»	»	»	»	»
Seine-Inférieure	2,028	818	782	1,206,004	1,760,956
Seine-et-Marne	675	630	650	438,750	436,750
Seine-et-Oise	876	780	655	191,500	178,250
Sèvres (Deux-)	1,300	500	490	660,000	576,000
Somme	4,001	600	543	2,015,500	2,217,050
Tarn	1,005	301	307	320,565	320,856
Tarn-et-Garonne	1,414	400	400	565,600	565,600
Var	»	»	»	»	»
Vaucluse	»	»	»	»	»
Vendée	3,350	350	331	1,175,050	1,111,820
Vienne	75	250	230	18,750	22,500
Vienne (Haute-)	341	278	285	95,032	98,010
Vosges	271	315	315	85,305	85,325
Yonne	»	»	»	»	»
TOTAUX	57,671	515	608	59,301,714	51,997,037

BETTERAVES A SUCRE.

DÉPARTEMENTS.	NOMBRE d'hectares cultivés.	QUANTITÉ de semence par hectare.	PRODUIT MOYEN par hectare. 1873. (quint. mét.)	PRODUIT MOYEN par hectare. Année moyenne. (quint. mét.)	PRODUIT TOTAL. 1873. (quint. mét.)	PRODUIT TOTAL. Année moyenne. (quint. mét.)
Loiret	803	6,00	800	310	251,000	266,000
Lot	»	»	»	»	»	»
Lot-et-Garonne	»	»	»	»	»	»
Lozère	»	»	»	»	»	»
Maine-et-Loire	»	»	»	»	»	»
Manche	»	»	»	»	»	»
Marne	4,450	6,00	259	271	1,130,200	1,205,950
Marne (Haute-)	446	7,00	225	230	102,134	106,594
Mayenne	»	»	»	»	»	»
Meurthe-et-Moselle	1,285	6,00	253	270	321,290	348,950
Meuse	1,150	10,00	230	290	266,670	289,750
Morbihan	»	»	»	»	»	»
Nièvre	589	6,00	319	322	177,525	188,218
Nord	46,445	15,92	299	484	13,587,033	22,479,250
Oise	27,484	14,00	391	307	8,272,684	8,457,584
Orne	166	10,00	322	320	52,452	53,120
Pas-de-Calais	37,683	12,96	335	360	12,569,305	13,540,880
Puy-de-Dôme	4,105	17,00	380	329	1,569,800	1,818,020
Pyrénées (Basses-)	»	»	»	»	»	»
Pyrénées (Hautes-)	»	»	»	»	»	»
Pyrénées-Orientales	»	»	»	»	»	»
Rhin (Haut-) [Belfort]	»	»	»	»	»	»
Rhône	»	»	»	»	»	»
Saône (Haute-)	950	6,00	231	256	219,460	243,200
Saône-et-Loire	4,535	7,50	310	269	1,405,880	1,054,600
Sarthe	»	»	»	»	»	»
Savoie	24	9,00	350	400	8,400	9,600
Savoie (Haute-)	12	8,00	200	202	2,400	2,424
Seine	188	10,00	350	350	46,530	46,550
Seine-Inférieure	839	8,97	328	335	275,102	281,005
Seine-et-Marne	13,707	10,00	300	217	4,254,903	2,987,420
Seine-et-Oise	9,614	16,33	360	306	3,481,010	3,513,721
Sèvres (Deux-)	1,600	6,00	230	220	385,030	332,000
Somme	25,495	10,00	320	340	8,150,080	8,000,000
Tarn	47	10,00	244	203	11,468	12,301
Tarn-et-Garonne	25	10,00	300	301	7,500	7,500
Var	»	»	»	»	»	»
Vaucluse	»	»	»	»	»	»
Vendée	»	»	»	»	»	»
Vienne	»	»	»	»	»	»
Vienne (Haute-)	»	»	»	»	»	»
Vosges	»	»	»	»	»	»
Yonne	309	7,60	320	325	90,600	97,500
TOTAUX	253,085	9,16	306	311	77,124,500	67,076,153

TABLEAU N° 3. (Suite.) — **PRINCIPALES CULTURES INDUSTRIELLES.**
III. — HOUBLON, TABAC, CULTURES DIVERSES.

DÉPARTEMENTS.	HOUBLON — Nombre d'hectares cultivés.	HOUBLON — Produit moyen par hectare, 1873.	HOUBLON — Produit moyen, Année moyenne.	HOUBLON — Production totale, 1873.	HOUBLON — Production totale, Année moyenne.	TABAC — Nombre d'hectares cultivés.	TABAC — Produit moyen par hectare, 1873.	TABAC — Produit moyen, Année moyenne.	TABAC — Production totale, 1873.	TABAC — Production totale, Année moyenne.	AUTRES — Nombre d'hectares cultivés.	AUTRES — Produit moyen par hectare, 1873.	AUTRES — Produit moyen, Année moyenne.	AUTRES — Production totale, 1873.	AUTRES — Production totale, Année moyenne.	DÉSIGNATION des CULTURES.
	quint. métr.	quint. métr.	quint. métr.	quint. métr.	quint. métr.		quint. métr.	quint. métr.	quint. métr.	quint. métr.		quint. mét.	quint. mét.	quint. mét.	quint. mét.	
AIN																
AISNE	251	10,00	12,00	2,510	3,030						79	23,00	27,00	1,800	1,944	Chicorée.
ALLIER																
ALPES (BASSES-)											34	9,00	9,00	216	210	Chardon.
ALPES (HAUTES-)																
ALPES-MARITIMES						30	31,00	16,00	930	480						
ARDÈCHE																
ARDENNES	5	9,00	11,00	45	55						116	69,00	60,00	6,090	6,000	Chicorée.
ARIÈGE																
AUBE																
AUDE											5	10,00	10,00	50	50	Chardon.
AVEYRON																
BOUCHES-DU-RHÔNE						101	12,00	13,00	1,248	1,348	1,463	10,00	11,00	14,680	15,083	Garance.
CALVADOS																
CANTAL																
CHARENTE																
CHARENTE-INFÉRIEURE																
CHER																
CORRÈZE																
CORSE						308	20,00	23,00	6,100	7,084						
CÔTE-D'OR	980	10,70	12,00	9,840	11,041											
CÔTES-DU-NORD																
CREUSE																
DORDOGNE						1,600	15,00	16,00	24,880	24,845						
DOUBS																
DRÔME											1,395	24,00	25,00	31,800	33,126	Garance.
EURE											302	12,00	12,00	3,084	3,084	Gaude, chardon.
EURE-ET-LOIR																
FINISTÈRE																
GARD											1,390	23,00	18,00	25,000	24,500	Garance.
GARONNE (HAUTE-)																
GERS																
GIRONDE						737	14,00	16,00	10,408	11,052						
HÉRAULT																
ILLE-ET-VILAINE						703	15,00	11,00	11,418	10,088						
INDRE																
INDRE-ET-LOIRE																
ISÈRE						18	10,00	10,00	190	120						
JURA																
LANDES						70	11,00	12,30	800	218						
LOIR-ET-CHER																
LOIRE																
LOIRE (HAUTE-)																
LOIRE-INFÉRIEURE																

TABLEAU N° 3. (Suite.) — PRINCIPALE CULTURES INDUSTRIELLES.

III. — HOUBLON, TABAC CULTURES DIVERSES.

DÉPARTEMENTS.	HOUBLON.					TABAC.					AUTRES.					DÉSIGNATION des CULTURES.
	Nombre d'hectares cultivés.	Produit moyen par hectare 1875.	Année moyenne.	Production totale 1875.	Année moyenne.	Nombre d'hectares cultivés.	Produit moyen par hectare 1875.	Année moyenne.	Production totale 1875.	Année moyenne.	Nombre d'hectares cultivés.	Produit moyen par hectare 1875.	Année moyenne.	Production totale 1875.	Année moyenne.	des CULTURES.
	quint. mét.	quint. mét.	quint. mét.	quint. mét.	quint. mét.	quint. mét.	quint. mét.	quint. mét.	quint. mét.	quint. mét.	quint. mét.	quint. mét.	quint. mét.	quint. mét.	quint. mét.	
Loiret	»	»	»	»	»	»	»	»	»	»	1,114	0,10	0,15	168.0	171.0	Safran.
Lot	»	»	»	»	»	5,755	10,00	12,00	57,550	69,000	»	»	»	»	»	
Lot-et-Garonne	»	»	»	»	»	3,377	7,00	8,00	23,638	27,015	»	»	»	»	»	
Lozère	»	»	»	»	»	»	»	»	»	»	»	»	»	»	»	
Maine-et-Loire	»	»	»	»	»	»	»	»	»	»	»	»	»	»	»	
Manche	»	»	»	»	»	»	»	»	»	»	»	»	»	»	»	
Marne	»	»	»	»	»	»	»	»	»	»	»	»	»	»	»	
Marne (Haute-)	»	»	»	»	»	»	»	»	»	»	»	»	»	»	»	
Mayenne	»	»	»	»	»	»	»	»	»	»	»	»	»	»	»	
Meurthe-et-Moselle	710	13,00	13,00	9,217	9,024	273	15,00	20,00	4,095	5,400	»	»	»	»	»	
Meuse	4	22,00	21,00	88	90	25	16,00	17,00	400	445	»	»	»	»	»	
Morbihan	»	»	»	»	»	»	»	»	»	»	»	»	»	»	»	
Nièvre	»	»	»	»	»	»	»	»	»	»	»	»	»	»	»	
Nord	1,345	10,00	15,00	22,555	18,675	424	20,00	21,00	8,480	8,904	1,003	90,00	92,00	114,870	147,170	Chicorée.
Oise	»	»	»	»	»	»	»	»	»	»	»	»	»	»	»	
Orne	»	»	»	»	»	»	»	»	»	»	»	»	»	»	»	
Pas-de-Calais	60	11,00	9,00	603	450	616	20,00	20,00	12,000	12,000	»	»	»	»	»	
Puy-de-Dôme	»	»	»	»	»	30	15,00	17,00	450	510	»	»	»	»	»	
Pyrénées (Basses-)	»	»	»	»	»	»	»	»	»	»	»	»	»	»	»	
Pyrénées (Hautes-)	»	»	»	»	»	98	11,00	15,00	1,078	1,470	»	»	»	»	»	
Pyrénées-Orientales	»	»	»	»	»	»	»	»	»	»	»	»	»	»	»	
Rhin (Haut-) [Belfort]	»	»	»	»	»	7	19,00	19,00	133	133	»	»	»	»	»	
Rhône	»	»	»	»	»	»	»	»	»	»	»	»	»	»	»	
Saône (Haute-)	4	15,00	15,00	60	60	181	11,00	15,00	2,144	2,805	»	»	»	»	»	
Saône-et-Loire	40	18,00	14,00	720	600	»	»	»	»	»	»	»	»	»	»	
Sarthe	»	»	»	»	»	»	»	»	»	»	»	»	»	»	»	
Savoie	»	»	»	»	»	132	15,00	14,00	1,920	1,848	»	»	»	»	»	
Savoie (Haute-)	»	»	»	»	»	158	16,00	15,00	2,528	2,370	»	»	»	»	»	
Seine	»	»	»	»	»	»	»	»	»	»	»	»	»	»	»	
Seine-Inférieure	29	11,00	12,00	319	348	»	»	»	»	»	»	»	»	»	»	
Seine-et-Marne	»	»	»	»	»	»	»	»	»	»	»	»	»	»	»	
Seine-et-Oise	25	16,00	20,00	375	500	»	»	»	»	»	137	20,00	25,00	3,101	3,000	Gaude, chardon.
Sèvres (Deux-)	»	»	»	»	»	»	»	»	»	»	»	»	»	»	»	
Somme	60	12,00	12,00	600	600	»	»	»	»	»	»	»	»	»	»	
Tarn	»	»	»	»	»	»	»	»	»	»	533	20,00	20,00	11,000	11,000	Pastel, anis.
Tarn-et-Garonne	»	»	»	»	»	»	»	»	»	»	»	»	»	»	»	
Var	»	»	»	»	»	63	9,00	10,00	495	550	419	18,00	11,00	4,811	4,589	Chardon, garance, immortelles.
Vaucluse	»	»	»	»	»	»	»	»	»	»	2,500	22,00	25,00	55,000	62,500	Garance, chardon.
Vendée	»	»	»	»	»	»	»	»	»	»	»	»	»	»	»	
Vienne	»	»	»	»	»	»	»	»	»	»	»	»	»	»	»	
Vienne (Haute-)	»	»	»	»	»	»	»	»	»	»	»	»	»	»	»	
Vosges	168	11,00	12,00	2,002	2,184	93	35,00	35,00	905	905	»	»	»	»	»	
Yonne	2	19,00	15,00	24	30	»	»	»	»	»	»	»	»	»	»	
TOTAUX	2,528	11,17	13,11	60,821	46,502	14,856	11,64	12,05	172,624	191,175	10,000	»	»	301,477.0	316,081.6	

TABLEAU N° 4. — PRAIRIES.

DÉPARTEMENTS.	PRAIRIES ARTIFICIELLES (TRÈFLE, SAINFOIN, LUZERNE, MÉLANGE, RAY-GRASS). Étendue en hectares	Produit moyen 1873 (quint. métr.)	Produit moyen Année moyenne	Produit total 1873	Produit total Année moyenne	FOURRAGES ANNUELS (HERBAGES, LÉGUMINEUX ET RACINES). Étendue en hectares	Produit moyen 1873	Produit moyen Année moyenne	Produit total 1873	Produit total Année moyenne	PRÉS NATURELS (Y COMPRIS LES VERGERS). Étendue en hectares	Produit moyen 1873	Produit moyen Année moyenne	Produit total 1873	Produit total Année moyenne	PACAGES. (hect.)
Ain	32,044	30,9	41,9	900,885	889,342	2,410	93,3	27,5	80,205	66,400	64,102	14,0	16,0	939,000	1,005,825	34,000
Aisne	67,133	44,6	46,0	2,996,100	3,068,016	16,661	21,0	23,7	342,083	369,179	41,751	17,4	31,7	1,950,932	1,399,380	6,474
Allier	47,187	20,7	18,4	977,828	866,937	3,185	17,1	17,0	149,502	116,792	65,471	11,3	13,5	939,009	834,358	11,454
Alpes (Basses-)	10,406	18,4	20,3	192,609	211,586	1,745	25,5	42,6	61,397	73,465	15,247	11,8	12,5	179,734	190,014	54,124
Alpes (Hautes-)	10,662	12,9	30,0	120,000	320,000	»	»	»	»	»	27,500	14,3	14,8	893,530	495,000	120,522
Alpes-Maritimes	1,248	10,5	13,8	243,490	163,647	1,397	43,0	58,7	57,061	43,791	15,513	11,6	18,1	285,749	291,206	90,003
Ardèche	10,013	52,3	31,3	325,581	313,752	1,553	17,2	17,2	26,750	26,751	40,329	18,9	18,6	951,443	937,879	70,898
Ardennes	42,012	39,4	39,8	1,692,371	1,708,474	8,585	20,8	35,0	163,295	298,747	57,028	37,7	49,3	2,117,387	2,293,088	8,573
Ariège	15,403	38,5	50,0	597,174	774,012	1,904	69,0	87,6	137,405	157,192	21,834	27,6	29,6	445,800	615,986	70,568
Aube	41,586	35,5	41,0	1,408,078	1,705,945	3,987	141,9	150,7	628,188	576,115	31,638	23,9	25,2	827,317	872,005	4,676
Aude	27,248	27,0	31,0	735,696	841,648	4,120	29,0	32,9	103,000	131,810	7,080	25,7	23,1	181,611	163,531	26,084
Aveyron	31,616	35,3	35,6	1,115,119	1,135,383	2,031	49,9	42,9	87,282	87,095	74,493	30,7	30,0	2,281,199	2,231,010	115,131
Bouches-du-Rhône	18,064	36,0	38,0	645,876	701,928	1,493	29,1	33,1	41,515	50,517	4,148	23,3	23,0	84,400	90,050	61,751
Calvados	51,000	50,0	50,0	2,550,000	2,550,000	4,500	20,0	20,0	100,000	500,000	97,000	50,0	48,1	4,850,000	4,475,000	5,000
Cantal	2,389	36,6	35,4	85,061	94,177	853	44,0	49,1	36,503	42,100	87,802	35,7	31,4	2,139,045	2,751,375	149,050
Charente	29,916	31,0	27,0	926,928	806,422	»	»	»	»	»	61,893	31,3	29,7	2,053,140	1,925,813	20,083
Charente-Inférieure	23,789	39,0	31,0	909,987	738,342	3,581	53,0	58,0	189,780	190,703	72,780	17,3	13,1	1,256,531	960,046	11,778
Cher	49,199	32,8	32,0	1,601,269	1,571,357	8,377	97,1	103,0	814,231	819,887	57,872	36,8	37,2	2,121,080	2,131,828	17,402
Corrèze	2,747	28,0	21,0	76,720	54,830	1,190	58,0	55,0	65,070	65,150	79,305	35,8	35,1	2,825,163	2,787,881	71,473
Corse	1,296	17,3	21,1	22,478	27,851	1,295	6,2	6,5	8,036	8,411	19,681	18,6	19,0	365,579	372,675	142,150
Côte-d'Or	28,608	43,1	40,9	1,232,148	1,170,144	7,341	53,0	44,9	380,073	362,308	43,190	39,5	25,7	1,705,114	1,108,012	15,000
Côtes-du-Nord	18,000	43,0	40,0	817,000	760,000	5,799	43,0	41,0	225,000	290,007	52,003	29,2	29,2	1,533,909	1,500,000	73,500
Creuse	9,073	26,9	22,1	211,004	200,385	6,705	32,0	26,9	219,107	174,009	76,411	26,9	29,1	2,114,810	1,736,381	51,496
Dordogne	25,542	41,0	61,8	1,128,848	1,577,600	10,118	11,9	16,1	156,963	170,509	110,435	40,0	48,5	4,117,400	5,386,097	5,020
Doubs	21,330	28,0	40,0	594,440	810,200	5,024	42,0	93,0	211,026	407,068	95,180	39,8	32,2	3,780,080	3,064,939	63,167
Drôme	38,345	41,1	50,0	1,582,365	1,912,256	1,525	88,4	118,0	197,121	180,650	20,070	31,6	86,7	663,742	760,918	116,298
Eure	56,856	41,0	42,0	2,405,206	2,460,900	12,948	83,3	81,0	1,007,625	996,579	33,240	58,7	68,9	1,052,237	1,033,561	11,170
Eure-et-Loir	98,006	54,5	35,7	5,114,029	3,586,550	11,412	88,7	99,3	1,016,971	1,066,059	18,507	34,9	32,5	566,508	536,707	2,195
Finistère	18,000	50,0	50,0	900,000	900,000	5,900	100,0	109,0	665,000	600,000	89,120	35,0	34,0	1,369,200	1,330,060	148,600
Gard	13,148	32,0	30,0	420,736	394,440	2,283	18,2	11,3	41,470	32,938	14,880	16,0	30,0	238,080	207,600	37,815
Garonne (Haute-)	35,000	45,4	51,4	1,630,000	1,800,000	15,000	100,0	120,0	1,020,000	1,200,000	40,000	37,5	46,0	1,500,000	1,800,000	20,600
Gers	14,389	42,0	45,3	604,758	651,840	4,719	27,1	31,1	124,179	180,878	56,879	34,8	35,3	1,816,835	1,874,897	3,367
Gironde	11,708	41,7	45,4	488,138	531,824	4,857	61,1	80,1	311,797	291,910	58,000	40,4	35,2	2,870,373	3,046,974	103,388
Hérault	5,000	42,0	40,0	210,000	200,000	3,503	51,0	48,0	163,800	158,400	9,400	29,4	28,0	275,000	272,000	186,000
Ille-et-Vilaine	28,340	30,4	22,3	748,211	631,996	12,701	91,0	92,5	1,160,088	1,174,568	59,001	12,0	21,2	715,170	1,261,487	36,734
Indre	32,038	26,1	23,0	815,795	815,211	5,200	40,2	48,4	211,608	228,124	60,255	23,7	28,4	1,521,106	1,584,115	28,766
Indre-et-Loire	29,620	30,0	28,0	888,600	829,392	3,800	160,0	140,0	570,000	538,000	38,500	52,3	41,4	2,017,600	1,710,700	4,066
Isère	50,174	39,5	29,3	1,631,711	1,467,726	5,140	41,0	51,5	905,670	264,799	67,822	23,1	23,6	1,461,604	1,357,918	36,679
Jura	31,901	24,4	26,4	774,774	800,407	3,760	88,7	86,7	146,720	139,004	49,001	14,2	12,0	905,781	616,098	43,082
Landes	14,000	24,0	29,0	336,000	406,000	5,583	21,6	29,5	130,000	130,005	20,787	14,0	16,0	192,076	332,411	28,900
Loir-et-Cher	37,763	25,6	25,4	967,565	961,178	8,611	82,3	99,5	201,530	301,359	27,048	40,0	35,0	3,001,820	2,656,650	12,393
Loire	15,565	49,9	36,0	745,890	705,903	16,721	50,0	50,0	397,411	435,730	59,980	25,6	26,0	2,519,410	2,339,280	52,302
Loire (Haute-)	7,348	46,0	35,5	349,879	261,000	4,857	122,9	109,7	1,500,090	1,650,690	100,000	27,0	25,0	2,862,900	2,050,000	49,000
Loire-Inférieure	40,000	28,0	30,0	1,120,000	1,200,000	30,000	53,0	35,0	[illegible]	[illegible]	[illegible]	[illegible]	[illegible]	[illegible]	[illegible]	[illegible]

TABLEAU N° 4. (Suite.) — PRAIRIES.

DÉPARTEMENTS.	PRAIRIES ARTIFICIELLES (TRÈFLE, SAINFOIN, LUZERNE, MÉLANGE, RAY-GRASS).					FOURRAGES ANNUELS (HERBACÉS, LÉGUMINEUX ET RACINES).					PRÉS NATURELS (Y COMPRIS LES VERGERS).					PACAGES.
	ÉTENDUE en hectares.	PRODUIT MOYEN.		PRODUIT TOTAL.		ÉTENDUE en hectares.	PRODUIT MOYEN.		PRODUIT TOTAL.		ÉTENDUE en hectares.	PRODUIT MOYEN.		PRODUIT TOTAL.		
		1873.	Année moyenne.	1873.	Année moyenne.		1873.	Année moyenne.	1873.	Année moyenne.		1873.	Année moyenne.	1873.	Année moyenne.	ha.
		quint. mét.	quint. mét.	quint. mét.	quint. mét.		quint. mét.	quint. mét.	quint. mét.	quint. mét.		quint. mét.	quint. mét.	quint. mét.	quint. mét.	
Loiret	45,410	37,0	31,0	1,790,400	1,845,500	9,790	100,8	117,0	937,810	1,102,350	19,895	39,1	38,4	783,500	668,570	5,126
Lot	7,500	35,0	31,0	262,500	262,000	500	35,0	35,0	17,500	17,500	25,000	40,0	40,0	1,000,000	1,000,000	15,000
Lot-et-Garonne	27,800	30,0	40,0	831,000	1,112,000	5,000	90,0	25,0	123,000	189,000	34,500	30,0	35,0	1,035,000	1,209,500	5,000
Lozère	7,010	25,3	30,6	177,601	214,035	982	90,7	25,6	20,382	23,351	18,155	17,0	20,0	308,635	363,100	12,704
Maine-et-Loire	49,143	35,0	30,4	1,720,005	1,494,290	19,328	40,0	40,2	778,120	776,480	80,403	35,0	30,0	2,814,105	2,412,090	5,108
Manche	54,122	56,1	67,2	3,083,915	3,625,900	9,211	50,1	47,2	461,780	436,000	80,118	33,0	29,3	2,647,965	2,350,000	24,193
Marne	64,991	22,2	22,5	1,444,274	1,461,570	5,087	131,2	135,5	682,788	700,770	33,632	31,7	29,1	1,072,291	781,279	1,723
Marne (Haute-)	26,838	27,6	29,5	740,059	786,550	2,068	151,5	150,3	316,393	314,871	30,087	34,9	31,0	1,365,749	1,246,767	4,801
Mayenne	43,290	36,0	35,0	1,555,905	1,512,000	4,136	110,0	150,0	454,800	619,506	70,390	29,3	26,3	2,062,886	1,849,481	850
Meurthe-et-Moselle	21,125	45,0	40,0	920,251	815,998	1,815	140,0	135,0	281,250	281,250	44,951	32,5	29,6	1,460,560	1,320,411	2,125
Meuse	30,986	53,7	38,1	1,644,981	1,170,171	4,040	151,2	127,4	734,014	514,836	59,682	33,5	32,6	1,761,945	1,718,632	1,653
Morbihan	7,596	33,6	37,3	262,238	280,052	2,400	147,0	106,6	361,020	863,000	71,836	21,8	24,5	1,771,838	1,744,556	116,812
Nièvre	44,170	36,5	34,7	1,611,308	1,534,041	5,429	60,5	56,8	323,947	308,601	74,753	40,0	31,8	2,988,722	2,375,665	11,407
Nord	80,847	50,0	50,8	1,512,313	1,566,003	5,710	63,3	61,7	362,436	358,097	55,312	42,1	40,1	2,589,878	2,218,822	4,451
Oise	63,015	47,8	47,5	3,040,098	3,018,481	11,081	58,4	60,1	646,377	662,607	28,795	33,6	32,9	967,670	946,982	4,314
Orne	56,900	31,9	33,0	1,796,810	1,803,845	4,968	43,0	47,5	217,690	236,765	77,361	28,8	27,3	2,231,416	2,112,085	5,770
Pas-de-Calais	45,150	42,2	45,0	1,966,786	2,029,587	16,517	68,2	65,1	1,028,097	1,076,013	24,816	45,0	44,8	1,117,096	1,112,416	11,363
Puy-de-Dôme	23,500	40,0	38,0	940,000	893,000	5,200	155,0	150,0	800,000	892,000	83,730	37,0	39,0	3,170,880	3,337,930	99,735
Pyrénées (Basses-)	11,572	40,0	40,0	462,880	462,880	6,768	70,0	102,0	474,830	676,900	53,555	30,2	28,2	1,618,016	1,519,382	66,212
Pyrénées (Hautes-)	2,813	37,0	48,3	107,525	140,019	•	•	•	•	•	30,761	31,6	40,0	977,584	1,230,440	65,000
Pyrénées-Orientales	10,000	30,0	30,0	300,000	300,000	1,700	57,0	57,0	96,000	98,000	11,050	24,0	24,0	265,000	265,000	78,350
Rhin (Haut-) [Belfort]	2,301	48,0	39,4	110,718	90,883	175	135,3	117,5	23,821	20,677	11,006	25,2	21,2	299,915	292,297	587
Rhône	10,221	50,0	42,0	511,050	429,282	4,242	60,0	60,0	254,520	251,520	38,457	45,0	35,0	1,730,565	1,345,995	12,876
Saône (Haute-)	18,390	35,0	46,2	643,450	849,000	7,270	98,0	42,7	276,260	310,430	62,027	31,0	41,6	1,950,433	2,582,000	9,000
Saône-et-Loire	21,285	39,0	42,0	830,115	893,970	3,230	94,0	88,6	316,540	281,240	119,284	19,0	20,6	2,241,695	2,444,733	15,930
Sarthe	58,772	26,4	24,1	1,552,167	1,418,842	5,082	58,0	85,0	394,215	175,120	58,401	26,3	24,7	1,536,818	1,467,834	12,232
Savoie	14,804	33,9	31,0	560,693	536,045	1,218	174,0	109,0	154,752	124,800	69,613	29,2	29,1	2,032,310	2,040,277	74,030
Savoie (Haute-)	31,716	47,4	46,0	1,517,459	1,506,393	4,465	135,0	120,0	602,775	535,800	37,031	32,5	31,3	1,204,616	1,170,702	38,850
Seine	2,084	94,3	113,0	196,569	237,400	230	64,4	60,7	14,612	11,670	402	16,0	20,0	6,432	8,040	18
Seine-Inférieure	58,306	44,0	40,0	2,565,024	2,331,840	20,357	39,5	82,0	801,687	768,352	77,276	45,0	44,1	3,499,432	3,407,229	11,530
Seine-et-Marne	72,284	40,5	40,3	2,928,044	2,911,964	14,150	208,2	205,5	2,918,523	2,910,505	27,327	30,9	30,0	843,567	817,085	504
Seine-et-Oise	60,588	36,0	40,0	2,184,768	2,427,520	7,276	79,4	83,5	576,201	607,701	14,153	23,6	23,4	398,620	401,923	1,521
Sèvres (Deux-)	31,200	40,0	30,0	1,248,000	935,000	2,000	50,0	45,0	100,000	90,000	59,800	35,0	40,0	1,778,000	2,082,000	1,200
Somme	51,200	42,0	40,0	2,152,940	2,062,930	21,200	56,0	51,2	1,680,290	1,300,325	26,490	25,1	27,9	665,880	712,640	8,030
Tarn	24,843	37,2	40,6	925,085	1,006,379	1,895	61,0	60,0	116,508	113,201	47,780	27,9	26,9	1,332,182	1,276,007	17,840
Tarn-et-Garonne	28,000	40,0	41,4	1,120,240	1,160,270	2,848	60,7	70,3	170,000	200,000	20,022	20,3	20,3	416,690	416,000	2,081
Var	6,371	48,0	35,0	305,808	222,985	1,200	36,2	35,5	45,357	41,339	6,012	23,0	23,0	113,557	131,434	20,074
Vaucluse	20,194	29,1	29,2	588,591	600,001	2,012	11,0	18,7	85,350	81,400	10,868	40,0	40,0	434,720	434,720	7,580
Vendée	21,570	52,7	52,6	1,141,500	1,143,750	13,527	70,0	69,0	946,690	833,360	88,946	30,9	29,6	2,686,667	1,822,161	31,007
Vienne	51,516	48,7	48,7	2,500,000	2,500,000	1,813	105,0	100,9	181,800	181,300	31,261	31,3	31,3	980,000	980,001	10,000
Vienne (Haute-)	7,473	28,0	25,0	209,216	186,800	3,772	116,8	149,9	554,092	551,900	81,059	38,9	36,8	3,215,410	3,012,806	83,470
Vosges	21,101	30,3	26,1	740,816	636,444	2,577	116,3	147,0	378,530	362,640	92,970	26,2	31,3	2,431,806	2,910,967	14,151
Yonne	85,007	27,8	27,0	2,371,030	2,300,000	11,976	126,0	125,7	1,421,000	1,417,000	29,292	41,1	38,0	1,204,051	1,196,910	6,021
TOTAUX	2,586,492	36,23	37,25	95,536,866	96,256,090	508,512	69,42	70,95	35,307,739	33,084,405	4,724,108	31,65	30,89	133,573,140	123,634,911	3,131,213

TABLEAU N° 5. — **ARBORICULTURE.**

VALEUR EN FRANCS DE LA RÉCOLTE ANNUELLE.

DÉPARTEMENTS.	Arbres à noyaux et à amandes. Pruniers, abricotiers, pêchers, cerisiers, etc.		Arbres à pépins. Pommiers, poiriers, cognassiers, etc.		Arbustes divers. Câpriers, etc.		OBSERVATIONS.
	1873.	Année moyenne.	1873.	Année moyenne.	1873.	Année moyenne.	
Ain	19,205	05,645	10,080	162,878	750	3,800	
Aisne	150,106	370,186	1,947,355	2,059,123	21,655	80,605	
Allier	16,277	87,145	4,800	150,038	•	•	
Alpes (Basses-)	208,000	664,000	100,600	208,100	100,400	121,000	
Alpes (Hautes-)	100,000	250,000	25,000	55,000	•	•	
Alpes-Maritimes	875,955	709,160	280,271	332,505	1,000	1,480	
Ardèche	119,805	170,870	100,080	198,695	42,575	61,705	
Ardennes	66,146	3,3,882	561,931	1,089,941	8,000	33,585	
Ariège	68,250	96,008	109,785	203,654	410	609	
Aube	12,415	363,840	37,270	809,800	105	9,345	
Aude	155,163	182,867	30,504	72,845	•	•	
Aveyron	21,002	170,155	19,550	840,115	4,000	3,050	
Bouches-du-Rhône	156,015	195,267	50,511	35,100	60,005	50,185	
Calvados	75,630	70,400	7,425,000	7,425,000	•	•	
Cantal	610	4,880	3,000	151,850	•	•	
Charente	61,955	185,008	45,070	148,808	486	2,680	
Charente-Inférieure	18,485	191,018	90,150	115,600	8,705	4,980	
Cher	5,615	87,290	15,040	289,780	1,000	•	
Corrèze	80,000	582,810	8,906	948,780	1,800	20,178	
Corse	61,405	187,455	299,815	506,300	13,100	15,100	Renseignement non fourni.
Côte-d'Or	•	17,700	•	82,000	•	•	
Côtes-du-Nord	•	•	•	•	•	•	Renseignement non fourni.
Creuse	1,216	26,901	1,695	77,010	•	•	
Dordogne	83,128	187,007	67,811	808,075	800	869	
Doubs	5,520	147,490	11,206	901,810	•	•	
Drôme	710,845	1,089,870	416,076	480,515	•	•	
Eure	379,600	378,411	5,305,080	5,508,891	6,400	3,050	
Eure-et-Loir	77,050	144,561	945,540	1,093,895	4,000	2,800	
Finistère	•	•	730,000	850,000	•	•	
Gard	245,070	228,877	72,455	111,415	4,860	8,472	
Garonne (Haute-)	200,000	200,000	150,000	400,690	10,000	15,000	
Gers	92,005	88,470	81,868	41,786	•	•	
Gironde	151,407	272,845	152,005	617,890	57,000	236,000	
Hérault	•	•	•	•	•	•	Id.
Ille-et-Vilaine	10,810	9,600	13,072,140	9,088,970	•	•	
Indre	28,545	96,091	95,010	151,900	700	1,920	
Indre-et-Loire	200,000	290,000	900,000	940,000	130,000	160,000	
Isère	1,056,230	644,154	145,744	571,095	2,400	10,380	
Jura	285	3,578	80	5,978	•	•	
Landes	83,000	150,000	10,000	15,000	•	•	
Loir-et-Cher	35,175	63,504	61,436	950,540	10,000	25,000	
Loire	•	•	•	•	•	•	Id.
Loire (Haute-)	3,400	38,150	5,615	47,180	•	2,800	
Loire-Inférieure	•	•	•	•	•	•	Id.

VALEUR EN FRANCS DE LA RÉCOLTE ANNUELLE.

DÉPARTEMENTS.	Arbres à noyaux et à amandes. Pruniers, abricotiers, pêchers, cerisiers, etc.		Arbres à pépins. Pommiers, poiriers, cognassiers, etc.		Arbustes divers. Câpriers, etc.		OBSERVATIONS.
	1873.	Année moyenne.	1873.	Année moyenne.	1873.	Année moyenne.	
Loiret	50,000	185,000	125,000	650,000	•	•	
Lot	40,000	100,000	50,000	100,000	•	•	
Lot-et-Garonne	850,000	5,903,000	130,000	800,000	450,000 [1]	6,000,000 [1]	[1] Raisins de table.
Lozère	19,775	31,323	38,900	80,565	1,100	6,300	
Maine-et-Loire	65,000	85,000	220,000	800,000	•	•	
Manche	80,400	166,800	7,604,850	7,203,000	7,100	6,400	
Marne	116,118	809,510	150,441	484,278	100	500	
Marne (Haute-)	6,788	917,467	5,914	510,051	285	1,180	
Mayenne	16,900	22,000	725,600	645,700	•	•	
Meurthe-et-Moselle	61,985	575,111	58,704	495,776	1,305	14,707	
Meuse	180,175	470,819	98,500	417,786	950	8,300	
Morbihan	160,900	287,600	1,975,000	1,894,000	•	•	
Nièvre	19,487	194,579	18,010	190,430	150	250	
Nord	180,786	194,867	843,619	5,877,855	23,877	18,700	
Oise	140,000	287,011	2,080,000	2,774,100	13,060	25,910	
Orne	20,048	27,907	4,709,875	4,543,100	•	•	
Pas-de-Calais	61,351	91,400	610,848	678,584	1,125	1,850	
Puy-de-Dôme	150,800	950,000	151,000	800,000	•	•	
Pyrénées (Basses-)	79,571	88,494	117,850	148,461	•	•	
Pyrénées (Hautes-)	•	•	•	•	•	•	Renseignement non fourni.
Pyrénées-Orientales	200,000	200,000	100,600	100,000	•	•	
Rhin (Haut-) [Belfort]	1,000	10,000	1,500	10,000	500	5,000	
Rhône	135,900	521,000	95,000	884,000	9,700	9,600	
Saône (Haute-)	50,470	315,800	12,961	48,780	•	•	
Saône-et-Loire	6,404	11,090	11,160	15,790	1,654	18,058	
Sarthe	57,685	94,806	1,073,680	2,274,710	19,000	6,000	
Savoie	25,850	66,010	48,801	202,027	1,705	4,511	
Savoie (Haute-)	49,074	128,781	66,800	705,805	810	1,088	
Seine	500,550	889,000	192,000	100,700	46,000	40,000	
Seine-Inférieure	155,774	180,839	5,814,800	6,840,424	1,000	1,000	
Seine-et-Marne	304,161	634,545	778,000	2,064,245	60,949	209,000	
Seine-et-Oise	89,164	110,808	91,691	130,914	5,608	8,810	
Sèvres (Deux-)	195,000	325,000	270,000	860,000	•	•	
Somme	63,499	67,800	1,498,000	1,038,000	•	•	
Tarn	54,895	185,892	19,780	60,846	33,000	50,000	
Tarn-et-Garonne	97,170	917,450	10,940	46,840	•	•	
Var	966,840	408,058	908,104	860,571	537,760	440,800	
Vaucluse	250,810	900,584	79,440	75,090	10,000	10,800	
Vendée	•	•	•	•	•	•	[11]
Vienne	1,900	1,600	1,500	1,800	•	•	
Vienne (Haute-)	5,090	30,770	5,060	113,440	•	903	
Vosges	•	•	515,706	910,902	484,621	505,890	
Yonne	49,065	540,000	887,194	650,000	655	7,470	
TOTAUX	15,561,708	21,820,481	82,088,784	78,805,078	8,176,691	7,941,204	

TROISIÈME SECTION

ANIMAUX DOMESTIQUES

TABLEAU N° 1. — EFFECTIF DES ANIMAUX DOMESTIQUES.

EXISTENCES AU 31 DÉCEMBRE 1873.

RÉCAPITULATION GÉNÉRALE par département.

DÉPARTEMENTS.	Poulains et pouliches de moins de 3 ans	Chevaux étalons pour reproduction	Chevaux entiers	Chevaux hongres	Juments	Total	Ânes et ânesses	Mules et mulets	Veaux (0—3 mois)	Bouvillons et vausillons	Génisses	Taureaux	Bœufs	Vaches laitières	Autres vaches	Total	Cochons de lait	Verrats	Cochons	Truies	Total
Ain	2,401	04	188	5,015	8,488	18,787	3,022	1,170	30,400	18,443	24,591	17,131	52,917	109,740	5,078	234,020	28,206	595	26,116	7,850	61,767
Aisne	7,482	707	3,808	36,619	33,250	81,490	8,803	400	9,205	7,907	22,445	2,302	9,757	63,737	5,270	128,199	23,076	1,338	52,927	9,117	86,184
Allier	1,431	23	1,230	4,178	4,201	10,826	8,336	403	18,291	23,068	22,877	18,700	46,013	57,867	18,037	200,257	20,411	1,421	56,591	19,635	97,793
Alpes (Basses-)	911	20	76	2,498	2,340	5,741	6,922	15,740	199	503	121	02	5,308	3,119	541	6,196	12,526	197	19,236	4,125	35,051
Alpes (Hautes-)	505	24	105	2,011	2,270	6,602	5,743	8,500	2,057	1,081	2,010	303	2,227	10,011	545	23,052	8,253	71	12,585	1,859	22,768
Alpes-Maritimes	188	·	686	1,710	1,857	3,900	6,520	8,028	1,482	903	1,511	908	3,457	5,397	1,850	17,795	425	46	8,819	918	10,029
Ardèche	1,073	83	810	4,162	3,062	8,696	4,717	19,750	6,006	4,006	4,982	1,716	4,080	30,007	2,100	54,490	18,161	500	47,151	11,713	50,768
Ardennes	10,261	329	819	16,383	22,320	50,191	1,810	213	7,172	4,884	20,570	1,227	2,011	52,514	4,300	91,319	11,795	216	56,812	3,571	71,834
Ariège	1,351	43	446	1,020	4,618	8,313	10,893	2,631	5,077	5,071	5,546	910	20,439	39,106	5,519	87,488	19,207	418	42,610	6,535	59,704
Aube	2,044	23	7,410	8,018	11,326	28,880	1,682	312	7,525	2,197	12,502	1,061	701	56,878	6,813	87,908	3,115	117	21,087	1,212	28,521
Aude	1,383	102	1,499	7,494	7,982	18,051	4,350	9,160	2,000	2,577	2,634	492	12,877	1,771	6,800	28,367	5,895	850	12,288	4,116	22,558
Aveyron	1,715	31	509	2,904	6,831	12,098	4,981	4,606	18,505	14,087	17,804	8,888	31,123	42,787	10,352	108,071	41,172	462	66,871	20,043	120,124
Bouches-du-Rhône	1,942	140	807	6,608	9,580	13,187	4,106	15,076	492	660	607	105	870	7,905	718	11,103	10,319	673	22,320	6,273	42,101
Calvados	13,076	315	4,881	14,577	28,580	60,018	4,005	185	40,572	10,811	45,215	2,686	31,116	127,072	3,813	201,847	34,514	915	17,621	11,115	72,103
Cantal	1,811	46	51	977	5,632	8,290	4,226	771	31,942	27,726	34,200	4,606	6,770	85,873	13,680	218,783	10,600	420	22,585	11,820	45,170
Charente	2,711	747	802	10,596	11,712	28,671	6,379	6,179	6,322	8,612	6,478	492	46,080	4,372	27,080	84,026	23,701	186	43,783	12,815	82,565
Charente-Inférieure	2,307	66	358	7,014	22,013	31,767	3,211	1,689	5,316	5,991	4,010	2,101	50,066	21,180	8,600	96,181	9,908	151	38,892	8,300	56,611
Cher	5,027	102	7,226	4,170	11,837	30,262	8,441	800	11,012	13,785	15,277	4,720	22,128	49,107	8,544	126,808	14,390	586	23,182	6,411	42,789
Corrèze	673	85	132	2,425	3,094	6,360	11,005	1,308	16,037	10,412	12,010	5,200	17,100	31,098	59,158	141,602	28,400	818	78,377	15,914	120,008
Corse	2,771	145	705	2,948	4,858	9,292	4,048	11,820	8,825	3,862	6,883	2,701	12,747	2,540	7,771	36,705	14,126	1,748	46,301	11,828	74,696
Côte-d'Or	8,347	141	5,212	12,135	25,213	50,048	3,531	393	16,371	9,817	18,115	2,113	18,704	73,014	128	132,481	9,871	235	31,771	4,231	45,614
Côtes-du-Nord	28,210	610	12,000	10,300	46,960	95,360	1,238	198	90,780	22,000	25,000	7,281	82,676	126,800	61,411	290,810	41,810	9,012	45,371	49,088	138,955
Creuse	616	4	313	1,785	2,618	5,929	4,028	208	17,311	11,735	10,010	13,705	11,006	61,814	28,042	108,188	11,701	891	43,290	5,376	61,809
Dordogne	1,068	40	157	5,325	10,920	16,770	19,110	3,905	9,587	10,255	6,578	270	62,970	6,116	20,457	120,018	42,000	817	90,770	10,895	153,211
Doubs	3,875	102	78	7,501	9,010	20,466	816	186	18,082	12,510	10,586	1,215	22,872	56,438	· ·	127,628	5,851	105	24,086	2,714	31,850
Drôme	2,607	194	987	9,216	3,944	15,818	6,818	20,977	1,012	1,517	1,098	252	15,201	7,800	507	27,810	21,247	602	35,538	12,818	77,680
Eure	8,108	04	29,118	11,007	8,810	59,493	9,336	210	13,108	5,604	22,018	1,684	1,500	78,151	7,070	126,017	16,857	700	29,848	5,050	66,875
Eure-et-Loir	4,050	51	20,084	4,010	5,318	41,262	5,715	344	12,000	2,331	8,535	1,056	570	69,277	2,007	97,400	5,760	800	19,598	1,760	27,427
Finistère	36,404	556	10,104	5,804	44,780	103,248	45	·	80,895	27,427	99,770	9,070	22,940	108,683	9,380	404,110	47,280	9,050	32,796	20,500	93,531
Gard	1,812	30	771	11,500	4,000	19,217	5,049	20,305	502	112	182	198	2,014	2,108	126	6,770	10,302	402	21,008	6,703	11,078
Garonne (Haute-)	2,070	83	567	8,484	12,710	22,034	5,108	6,028	11,655	7,816	11,143	5,775	40,478	10,197	44,530	136,510	28,800	425	51,052	11,071	99,241
Gers	2,115	31	146	8,826	10,878	25,202	4,005	1,498	16,825	10,081	10,802	2,831	33,606	5,875	55,531	158,800	15,800	927	20,466	9,705	57,901
Gironde	1,870	04	1,091	12,348	14,919	30,279	5,689	709	8,105	4,525	4,587	1,217	83,700	25,800	20,181	61,000	8,054	168	60,979	5,588	84,290
Hérault	680	120	480	10,588	2,000	14,068	10,200	18,000	700	600	1,500	400	800	600	2,000	7,800	5,000	100	8,000	2,800	13,800
Ille-et-Vilaine	12,074	118	23,017	10,108	21,738	66,095	1,801	74	54,941	11,090	87,028	8,186	18,160	201,709	9,051	327,100	45,819	1,806	47,598	15,261	194,317
Indre	2,911	38	7,770	2,010	8,851	72,037	11,009	377	9,542	15,090	8,052	5,100	50,040	56,015	9,789	117,118	20,475	732	31,252	13,563	72,010
Indre-et-Loire	1,915	20	6,000	11,789	9,850	58,194	10,871	9,060	8,000	72,010	·	1,050	15,178	69,208	·	99,000	10,950	5,850	28,250	15,521	48,574
Isère	8,900	217	886	10,270	11,090	25,000	3,931	6,500	8,706	8,097	17,009	5,350	20,187	69,010	8,745	135,704	17,678	988	40,049	11,584	70,307
Jura	2,920	89	381	3,885	7,988	15,820	816	600	6,891	7,487	26,764	5,129	31,974	75,916	1,210	155,800	19,010	91	33,164	4,781	48,000
Landes	4,598	82	90	6,000	8,083	18,000	2,819	4,630	5,834	8,450	6,360	454	48,484	18,019	14,851	108,110	11,849	901	51,052	12,428	70,121
Loir-et-Cher	4,700	25	14,033	4,024	9,020	33,810	5,758	592	7,842	4,073	14,300	2,059	8,110	62,888	4,507	90,115	13,051	438	20,512	7,915	48,316
Loire	792	15	632	3,895	7,419	12,136	4,091	787	10,392	4,090	12,085	5,200	11,082	59,000	4,080	108,705	13,175	804	20,806	8,201	50,079
Loire (Haute-)	2,251	84	248	1,761	7,349	11,070	1,997	527	13,394	8,171	10,841	5,587	6,900	63,081	13,701	123,758	20,848	701	19,061	11,110	61,557
Loire-Inférieure	7,800	25	75	8,890	14,390	31,000	200	150	60,000	50,000	60,890	10,000	75,530	89,000	180	340,000	18,800	600	23,000	31,530	74,830

TABLEAU N° 1. (Suite.) — EFFECTIF DES ANIMAUX DOMESTIQUES.

EXISTENCES AU 31 DÉCEMBRE 1873.

DÉPARTEMENTS.	ESPÈCE CHEVALINE.						ÂNES et ÂNESSES.	MULES et MULETS.	ESPÈCE BOVINE.								ESPÈCE PORCINE.				
	POULAINS et POULICHES de moins de 3 ans.	CHEVAUX étalons pour reproduction.	CHEVAUX entiers.	CHEVAUX hongres.	JUMENTS.	TOTAL.			VEAUX (0—3 mois).	BOUVILLONS et TAURILLONS.	GÉNISSES.	TAUREAUX.	BŒUFS.	VACHES laitières.	AUTRES vaches.	TOTAL.	COCHONS de lait.	VERRATS.	COCHONS.	TRUIES.	TOTAL.
Loiret	2,781	46	29,607	6,070	8,211	37,211	6,778	945	13,739	4,552	16,815	1,914	1,219	57,747	5,036	129,762	11,815	999	22,411	4,592	39,815
Lot	700	12	56	2,800	3,520	7,632	5,000	2,800	3,000	4,900	800	2,800	55,000	3,500	700	70,500	12,000	230	45,030	10,009	67,205
Lot-et-Garonne	1,571	14	48	9,017	9,114	19,599	3,715	784	16,757	11,100	20,690	4,777	25,780	67,480	1,803	148,574	1,803	152	31,780	4,537	41,101
Lozère	1,518	59	110	1,170	3,907	6,834	1,104	854	8,512	7,617	6,757	3,761	10,786	15,286	2,812	54,674	11,335	181	13,985	6,465	36,609
Maine-et-Loire	7,022	203	907	12,600	35,830	56,532	1,135	329	25,068	37,915	25,946	10,461	66,617	100,498	14,705	280,361	13,090	565	71,300	18,794	101,289
Manche	25,803	417	8,746	7,852	47,811	90,748	1,905	998	31,739	29,440	44,533	9,020	36,130	103,135	11,900	288,919	46,920	808	42,416	5,225	110,296
Marne	3,525	181	2,757	20,102	15,024	50,384	4,000	230	10,077	4,673	18,906	1,450	5,211	66,176	5,536	136,752	33,091	267	47,194	5,215	86,151
Marne (Haute-)	7,511	135	4,157	11,020	22,247	45,126	186	18	6,826	11,784	16,811	814	7,203	46,450	2,914	72,843	8,007	181	31,129	5,212	36,391
Mayenne	21,519	910	3,750	7,702	58,600	92,530	604	64	98,390	21,600	66,000	4,100	54,500	105,000	19,000	274,100	60,600	244	5,152	16,501	82,680
Meurthe-et-Moselle	10,583	440	1,510	10,788	24,651	31,918	452	185	8,838	6,297	16,835	1,977	3,053	42,532	3,790	78,652	22,371	511	80,362	13,843	125,300
Meuse	8,328	328	1,005	19,309	21,100	51,080	492	219	7,654	7,760	12,535	1,186	4,811	48,402	3,961	96,897	25,175	483	96,420	11,232	133,076
Morbihan	7,884	77	5,022	11,528	18,231	42,948	80	41	32,134	24,720	57,582	2,008	36,518	132,800	8,176	294,902	98,811	3,253	13,919	17,744	95,890
Nièvre	3,994	100	1,181	2,914	11,240	19,393	5,934	646	13,096	20,781	90,087	2,638	38,224	46,503	16,795	168,976	18,938	770	43,231	8,900	70,908
Nord	8,701	115	2,215	55,489	35,600	83,053	5,654	2,298	98,598	17,310	48,783	8,906	8,404	148,080	19,212	284,089	22,345	826	51,870	10,550	85,402
Oise	2,750	17	13,168	23,041	11,409	55,721	5,125	654	9,564	4,873	21,137	1,581	4,212	68,043	1,622	111,380	13,711	549	38,561	4,731	57,565
Orne	17,365	408	6,227	5,520	26,748	56,276	2,200	428	20,803	15,562	81,183	8,254	18,422	71,005	13,482	183,612	15,582	665	18,618	7,274	43,130
Pas-de-Calais	16,139	160	1,213	27,322	41,212	39,046	7,667	2,019	19,980	6,311	33,174	1,916	1,500	110,131	17,576	197,170	37,301	1,927	90,905	18,001	157,424
Puy-de-Dôme	1,280	1	950	6,300	6,010	16,041	4,480	1,002	28,150	4,852	34,935	6,960	9,855	135,491	·	213,778	18,819	905	48,303	11,852	79,400
Pyrénées (Basses-)	4,220	118	308	4,764	12,670	22,447	11,827	5,822	17,134	21,419	12,822	826	54,020	50,830	38,272	202,172	30,000	375	51,622	18,058	101,121
Pyrénées (Hautes-)	2,406	148	·	3,582	7,207	13,300	12,162	2,197	12,691	9,071	4,305	613	17,606	43,513	18,939	101,061	19,903	829	15,811	16,557	52,100
Pyrénées-Orientales	903	50	3,405	3,600	3,022	9,017	9,000	4,700	1,803	1,600	1,000	500	7,500	1,790	9,530	22,800	9,030	150	20,400	7,635	30,435
Rhin (Haut-) [Belfort]	803	10	9	007	1,793	3,620	20	6	1,810	1,452	5,649	105	2,415	8,726	267	18,122	3,581	92	6,141	2,107	13,174
Rhône	803	2	295	8,209	9,127	11,256	2,270	704	9,718	1,994	3,808	1,023	7,589	43,273	13,349	79,100	2,293	127	11,611	770	14,750
Saône (Haute-)	2,415	188	58	11,480	8,560	22,010	210	51	34,700	11,812	15,237	1,413	38,721	48,519	210	141,153	12,317	2,009	38,865	15,510	69,120
Saône-et-Loire	4,000	530	200	7,968	11,500	24,168	4,700	170	31,000	38,000	40,000	11,897	57,090	185,490	800	314,927	39,500	860	87,900	21,700	169,080
Sarthe	13,158	315	3,000	7,375	29,893	94,041	4,988	467	19,820	21,871	25,068	4,430	19,125	59,210	8,100	133,080	59,780	873	90,986	17,942	85,504
Savoie	710	13	30	800	598	2,174	3,066	4,131	5,824	9,216	33,905	2,294	13,953	71,507	4,908	154,457	2,900	308	15,408	4,588	23,199
Savoie (Haute-)	1,620	66	61	2,437	6,296	8,790	618	1,579	8,665	6,608	14,713	2,106	10,073	71,156	1,644	119,081	9,903	227	13,911	3,588	21,087
Seine	11	·	8,004	5,111	3,123	14,330	234	47	17	4	11	15	49	3,572	81	3,696	169	31	2,281	225	2,090
Seine-Inférieure	11,745	123	7,459	16,080	55,411	73,617	1,330	204	19,310	14,727	35,183	2,901	7,710	113,606	17,067	214,473	41,195	1,342	35,169	10,608	89,813
Seine-et-Marne	1,563	7	11,522	21,198	5,835	43,180	6,304	470	5,942	1,865	11,080	1,467	1,674	67,408	8,400	95,551	3,082	221	18,451	1,167	22,921
Seine-et-Oise	501	15	20,722	14,288	3,957	49,881	6,034	196	8,285	1,011	5,860	268	3,589	60,918	2,435	70,931	2,446	1,013	14,910	970	19,020
Sèvres (Deux-)	2,712	110	255	4,728	22,968	31,709	2,820	10,655	21,310	16,253	11,940	15,110	51,325	58,301	2,144	173,380	30,346	315	25,671	13,016	70,150
Somme	19,492	208	8,104	20,500	20,684	65,061	7,604	7,603	19,710	9,461	27,082	1,062	21,820	71,220	25,600	145,884	11,860	610	19,030	9,226	40,796
Tarn	1,929	67	302	2,019	8,602	13,279	2,747	1,607	14,566	6,000	5,786	1,500	21,071	9,845	49,818	106,888	35,867	443	14,618	13,013	90,121
Tarn-et-Garonne	1,853	48	188	9,273	7,031	17,375	2,623	72	6,536	6,406	6,278	7,094	33,557	9,217	48,963	100,949	17,220	182	25,800	5,165	43,352
Var	637	43	670	8,600	1,274	9,809	7,155	13,348	118	512	163	151	1,526	606	304	3,380	6,000	2.7	21,436	2,355	30,127
Vaucluse	1,410	378	1,126	7,062	2,389	13,394	4,350	19,824	200	102	9	42	600	610	70	1,743	13,014	304	20,532	5,100	45,421
Vendée	4,125	189	·	16,897	21,895	2,407	5,873	49,607	37,175	28,000	36,954	87,635	124,317	·	365,886	19,515	315	22,117	7,827	49,507
Vienne	6,130	12	19	10,000	18,588	35,100	3,405	656	800	656	11,795	61	41,800	20,900	1,080	76,428	2,590	1,353	2,639	56,131	62,931
Vienne (Haute-)	723	11	120	2,905	3,730	7,429	4,050	912	13,003	17,253	16,285	4,222	18,092	15,358	70,051	150,881	2,513	878	66,272	16,180	119,223
Vosges	5,892	101	12,925	17,313	17,313	35,393	2,623	72	13,519	10,565	14,481	2,358	17,055	80,906	7,010	137,381	33,893	1,035	63,627	19,715	114,196
Yonne	4,991	61	16,798	17,915	12,631	40,800	9,782	1,011	13,820	6,290	72,844	2,096	7,194	89,961	6,761	115,864	5,416	197	27,113	3,809	89,953
TOTAUX	422,123	11,953	318,673	761,011	1,147,408	2,718,795	410,395	343,775	1,952,177	947,881	1,170,930	315,081	1,702,875	4,836,361	1,018,957	11,721,439	1,861,825	84,551	3,287,549	921,078	5,735,753

TABLEAU N° I. (Suite.) — **EFFECTIF DES ANIMAUX DOMESTIQUES.**
EXISTENCES AU 31 DÉCEMBRE 1873.

Départements	Races perfectionnées (inédits compris)					Races communes					Total général					Espèce caprine				Nombre de ruches d'abeilles
	Agneaux	Béliers	Moutons	Brebis	Total	Agneaux	Béliers	Moutons	Brebis	Total	Agneaux	Béliers	Moutons	Brebis	Total	Chevreaux	Boucs	Chèvres	Total	
Ain	210	42	273	380	921	23,120	1,650	18,5[illegible]	33,274	[illegible]	[illegible]	[illegible]	[illegible]	30,654	74,463	5,845	384	21,889	28,228	27,191
Aisne	111,882	2,625	189,045	191,478	531,420	85,581	1,718	190,562	105,951	[illegible]	[illegible]	[illegible]	[illegible]	389,420	915,017	2,649	458	10,125	13,232	28,000
Allier	7,100	705	11,055	14,701	37,260	81,231	0,807	120,75[illegible]	100,412	[illegible]	[illegible]	[illegible]	[illegible]	191,120	855,589	14,637	346	18,486	33,419	19,283
Alpes (Basses-)	201	11	346	506	1,073	273,194	5,133	67,390	110,442	[illegible]	[illegible]	[illegible]	[illegible]	110,027	450,415	8,696	1,184	27,081	32,111	15,325
Alpes (Hautes-)	6,350	128	14,761	3,455	24,685	58,263	3,389	98,313	76,805	[illegible]	[illegible]	[illegible]	[illegible]	80,250	202,655	7,981	973	15,506	21,345	13,450
Alpes-Maritimes						25,529	2,810	25,701	51,541	[illegible]	[illegible]	[illegible]	[illegible]	51,541	105,605	8,671	3,131	22,232	33,387	19,685
Ardèche	6,992	705	7,280	11,078	25,355	50,866	6,370	68,281	103,234	[illegible]	[illegible]	[illegible]	[illegible]	114,312	253,311	20,178	922	33,061	54,161	44,918
Ardennes	34,412	687	30,300	64,157	128,526	70,021	1,251	78,137	139,000	[illegible]	[illegible]	[illegible]	[illegible]	107,193	410,971	2,292	417	16,599	19,441	20,583
Ariège	488	80	1,592	1,167	3,528	72,212	3,028	117,66[illegible]	159,874	[illegible]	[illegible]	[illegible]	[illegible]	161,341	356,826	1,934	212	6,858	7,000	13,896
Aube	10,427	317	15,128	18,129	43,907	44,504	1,424	70,54[illegible]	91,448	[illegible]	[illegible]	[illegible]	[illegible]	109,577	251,455	870	237	4,950	5,183	33,420
Aude	15,584	1,068	17,708	46,245	80,510	76,028	3,853	165,449	155,205	[illegible]	[illegible]	[illegible]	[illegible]	201,450	421,675	3,298	378	6,131	10,037	9,117
Aveyron	6,128	307	811	19,819	27,366	152,991	9,486	122,097	415,527	[illegible]	[illegible]	[illegible]	[illegible]	463,346	766,817	5,905	380	15,936	23,941	27,615
Bouches-du-Rhône	45,095	11,010	10,398	127,610	191,703	33,134	2,001	21,835	79,422	141,982	89,819	13,101	35,333	207,039	336,285	3,018	436	6,455	9,939	16,453
Calvados	4,667	163	3,017	8,321	16,371	88,801	1,096	27,311	41,817	111,739	48,371	1,259	30,232	33,141	128,103	724	154	1,721	2,589	48,735
Cantal	7,982	584	3,289	9,905	21,110	86,606	6,389	63,677	181,303	313,624	93,928	7,439	72,060	101,001	364,734	6,395	605	18,017	25,017	32,000
Charente	1,517	109	1,174	2,251	5,071	88,126	4,187	51,07[illegible]	163,503	307,546	89,685	4,208	52,309	165,859	312,617	1,845	97	4,161	5,006	20,501
Charente-Inférieure	2,232	345	4,283	6,742	13,508	32,223	4,500	64,115	107,216	208,384	44,455	4,845	58,728	113,910	221,977	3,530	185	6,479	9,208	13,728
Cher	11,218	961	17,189	37,938	67,298	151,760	3,827	106,21[illegible]	242,506	487,375	145,081	4,808	123,405	280,474	554,671	6,577	303	20,217	27,099	31,063
Corrèze	350	45	141	519	1,088	104,165	14,321	164,50[illegible]	307,405	590,106	104,516	14,366	164,487	307,921	601,298	5,017	303	10,753	16,195	41,174
Corse	11,018	443	1,602	10,720	21,227	67,375	7,183	22,50[illegible]	124,933	212,040	98,777	7,026	24,230	135,649	236,276	40,116	11,186	125,626	135,804	11,027
Côte-d'Or	32,701	691	17,315	41,764	93,559	80,834	1,470	81,857	88,214	189,873	109,025	2,101	62,170	127,970	284,032	551	188	2,103	2,842	32,826
Côtes-du-Nord	16,350	4,900	25,190	61,203	140,000	1,070	176	700	2,021	4,570	18,020	5,136	26,190	66,921	144,570	1,401	266	3,143	5,000	60,000
Creuse	18,191	1,210	11,502	36,635	69,626	158,135	8,018	113,225	380,020	738,478	216,326	9,258	164,827	427,060	808,061	6,806	382	13,438	20,156	28,773
Dordogne	5,295	910	5,510	10,478	22,302	81,627	108,834	321,052	227,636	739,540	86,922	109,254	327,481	226,214	701,851	6,901	353	7,585	11,704	22,175
Doubs	804	36	251	422	1,062	17,002	2,829	13,587	28,879	63,297	17,005	2,815	14,288	89,501	64,350	2,017	225	9,688	11,960	25,000
Drôme	3,064	90	1,830	2,052	7,042	143,124	9,863	86,921	210,365	450,073	146,788	9,753	88,757	212,417	457,715	9,174	1,162	59,210	63,546	26,146
Eure	32,357	681	77,656	59,118	160,714	98,045	1,460	110,519	111,098	331,146	100,402	2,143	218,101	161,911	481,860	576	154	2,212	2,982	15,518
Eure-et-Loir	78,286	1,032	99,564	118,285	328,097	55,250	1,171	127,521	108,755	387,580	178,566	3,193	225,888	319,040	715,617	610	235	2,905	3,810	27,522
Finistère	1,526	142	458	1,490	5,011	19,874	5,150	12,812	94,250	50,616	21,400	3,292	12,705	25,740	69,297	420	80	1,100	1,600	63,207
Gard	6,379	518	5,119	19,237	31,644	72,760	6,440	73,149	149,357	501,746	70,139	6,956	78,509	168,584	338,290	9,238	732	24,925	32,806	18,754
Garonne (Haute-)	7,970	193	4,811	10,701	23,022	50,805	4,140	51,122	133,915	288,001	58,684	4,347	55,963	143,619	262,613	1,618	58	2,787	3,893	17,771
Gers	1,858	189	1,212	4,495	7,434	40,629	3,066	18,484	90,008	161,791	51,187	3,635	19,700	94,563	169,245	736	89	2,311	3,146	16,030
Gironde	4,598	649	1,560	21,000	28,874	85,927	3,972	90,817	158,351	229,007	40,523	4,021	32,436	180,311	257,941	987	136	2,029	3,092	20,277
Hérault	1,500	700	2,600	1,500	6,300	50,000	3,000	110,300	150,300	315,500	51,500	3,700	112,800	151,800	318,800	3,000	400	13,000	16,400	11,503
Ille-et-Vilaine	865	299	631	1,514	3,213	13,568	1,836	4,913	17,074	37,491	11,438	1,536	5,517	19,155	40,704	8,224	380	4,225	8,048	96,038
Indre	28,074	843	19,534	49,896	89,347	150,080	6,028	141,075	280,754	578,857	178,754	6,871	100,000	331,660	668,184	9,303	589	35,974	46,266	14,225
Indre-et-Loire	2,640	133	2,200	3,181	8,219	98,250	4,585	91,500	128,324	325,274	101,590	4,635	93,760	131,508	831,453	9,550	1,055	24,625	35,230	11,800
Isère	13,030	902	8,004	10,962	34,388	27,776	4,404	30,700	38,977	151,166	41,706	5,306	39,813	99,229	195,554	10,951	1,006	48,952	61,402	30,705
Jura	281	105	711	708	1,806	8,233	1,899	8,172	16,351	33,359	8,514	1,808	6,913	16,150	35,258	546	195	4,948	5,688	15,373
Landes	1,310	193	290	5,003	7,160	25,336	5,135	5,981	115,790	136,145	90,646	5,825	10,174	121,450	103,595	1,116	343	5,522	6,980	21,000
Loir-et-Cher	25,870	670	10,321	46,352	81,032	91,096	2,801	67,015	148,705	299,581	117,685	3,474	70,397	192,057	383,568	5,200	557	19,670	25,407	21,001
Loire	1,890	225	1,901	3,041	5,077	28,765	2,631	21,762	50,403	100,689	36,363	2,856	23,873	59,573	115,066	13,503	614	41,868	55,985	8,090
Loire (Haute-)	520	50	356	823	1,770	68,852	3,100	113,82[illegible]	120,985	312,861	67,372	3,465	114,186	127,815	314,631	11,045	386	13,131	27,557	10,800
Loire-Inférieure	2,830	980	5,450	9,705	14,988	56,032	3,293	78,60[illegible]	125,920	285,400	57,950	9,800	81,050	134,900	284,900	1,800	200	3,500	5,000	40,000

TABLEAU N° 1. (*Suite.*) — **EFFECTIF DES ANIMAUX DOMESTIQUES.**

EXISTENCES AU 31 DÉCEMBRE 1873.

DÉPARTEMENTS.	Races perf. Agneaux.	Races perf. Béliers.	Races perf. Moutons.	Races perf. Brebis.	Races perf. TOTAL.	Races communes Agneaux.	Races communes Béliers.	Races communes Moutons.	Races communes Brebis.	Races communes TOTAL.	Total général Agneaux.	Total général Béliers.	Total général Moutons.	Total général Brebis.	Total général TOTAL.	Caprine Chevreaux.	Caprine Boucs.	Caprine Chèvres.	Caprine TOTAL.	Nombre de ruches d'abeilles.
Loiret	24,871	718	29,188	38,494	83,071	97,275	2,126	95,415	175,584	290,400	91,846	2,544	115,603	164,078	374,371	281	241	5,700	6,384	33,010
Lot	2,000	309	090	7,000	9,900	100,000	6,090	68,000	340,000	414,000	102,036	6,300	68,600	217,000	428,900	2,300	900	12,000	14,700	25,000
Lot-et-Garonne	500	75	1,561	2,829	5,305	19,849	1,197	29,645	57,623	108,817	20,749	1,272	31,209	60,459	113,682	324	93	1,811	2,348	13,658
Lozère	3,380	77	4,190	6,115	14,808	83,523	6,438	73,308	189,215	300,484	91,903	6,515	77,125	138,331	314,177	4,739	273	12,810	17,330	12,387
Maine-et-Loire	2,984	481	1,585	5,717	8,505	16,653	1,735	12,041	29,857	61,080	19,527	2,219	11,334	39,571	68,664	1,049	406	1,107	2,952	15,360
Manche	11,519	1,345	6,453	71,571	40,639	73,371	5,722	38,638	107,951	210,772	84,881	7,057	45,604	128,427	260,461	677	102	1,078	1,917	41,147
Marne	79,571	1,519	105,816	175,081	309,006	45,780	1,131	67,885	85,804	200,013	118,801	2,941	173,731	210,975	603,051	1,884	301	5,172	7,417	36,900
Marne (Haute-)	8,990	455	8,258	15,794	34,007	33,839	1,087	40,851	71,296	146,770	42,839	1,343	49,512	87,000	180,783	1,070	104	5,010	6,283	31,107
Mayenne	6,718	371	235	5,474	17,695	33,510	080	8,566	27,010	66,605	40,225	1,301	3,790	33,084	78,300	1,780	408	2,850	5,088	31,500
Meurthe-et-Moselle	4,127	100	4,172	4,420	18,388	30,341	1,597	85,748	56,013	129,003	39,463	1,667	90,015	60,441	135,451	1,902	473	15,418	17,853	22,000
Meuse	9,438	918	10,016	17,782	38,118	29,987	870	60,741	50,402	131,303	39,105	1,288	61,374	68,184	109,051	2,527	458	14,489	17,474	26,845
Morbihan	2,186	710	1,152	2,420	6,476	31,072	4,130	20,017	89,041	100,731	34,160	4,012	21,761	55,804	110,200	2,000	432	3,074	6,112	48,130
Nièvre	17,496	880	7,611	25,432	51,541	44,451	2,655	33,905	93,735	173,774	51,949	3,538	41,746	119,167	226,385	757	932	4,509	5,892	23,230
Nord	2,850	940	11,790	6,191	24,330	15,047	943	69,576	89,131	131,700	17,906	1,192	75,300	96,505	190,050	3,407	789	28,937	38,153	10,989
Oise	59,096	1,221	138,196	101,329	292,317	83,512	1,128	98,814	96,475	251,020	112,903	7,949	228,080	203,701	519,811	1,235	332	6,474	8,020	94,104
Orne	12,096	810	18,199	23,012	54,667	28,111	1,356	29,000	40,215	90,082	87,147	2,176	47,180	63,897	145,330	1,207	354	1,516	2,076	18,163
Pas-de-Calais	15,297	609	19,392	25,072	53,500	50,000	1,014	90,140	165,700	248,458	66,247	2,928	102,509	130,781	301,754	4,530	777	42,493	47,800	20,012
Puy-de-Dôme	1,150	180	1,120	1,900	4,606	71,462	5,750	93,091	145,400	315,703	72,612	5,930	94,211	147,350	320,103	5,271	698	20,889	26,788	12,010
Pyrénées (Basses-)	40	23	10	937	576	90,305	9,141	63,940	311,042	516,431	99,305	9,204	63,950	314,389	516,897	3,812	704	14,421	18,937	17,201
Pyrénées (Hautes-)	1,142	185	890	3,039	5,721	69,014	4,554	90,790	149,704	273,045	80,150	4,738	61,502	151,638	278,289	1,806	180	5,542	7,527	11,730
Pyrénées-Orientales	1,000	150	1,900	4,000	6,050	40,000	3,800	68,000	35,000	146,900	41,000	3,350	69,500	30,000	104,850	4,175	631	10,809	24,106	17,930
Rhin (Haut-) [Belfort]	20	1	10	25	56	2,007	274	1,441	3,636	7,357	2,027	375	1,451	3,000	7,113	770	84	1,802	2,710	9,380
Rhône	7,767	345	2,973	5,721	9,191	10,151	1,514	7,677	18,700	38,041	18,021	1,887	9,850	92,487	47,145	13,008	880	24,750	30,044	8,953
Saône (Haute-)	785	30	1,816	1,695	5,120	19,718	1,215	45,961	27,010	81,310	10,088	1,246	47,177	28,041	87,440	5,148	666	4,708	10,547	19,603
Saône-et-Loire	100	50	740	450	1,403	65,000	2,600	56,600	85,700	217,800	65,100	2,650	57,240	80,150	214,909	16,800	900	35,000	62,500	42,520
Sarthe	9,167	194	1,174	8,070	8,602	18,066	1,894	8,919	97,898	55,807	90,230	2,086	9,122	32,756	64,100	8,641	818	27,188	30,809	17,915
Savoie	2,917	1,331	2,405	5,880	12,366	12,100	7,451	15,118	47,170	80,470	22,342	8,212	17,522	58,186	101,820	6,730	1,051	26,015	33,829	21,325
Savoie (Haute-)	744	284	478	1,153	7,000	10,897	3,000	9,825	10,190	43,551	11,041	4,311	9,808	90,297	40,250	5,721	844	27,527	33,095	26,465
Seine			1,036	200	1,256	134	95	8,702	272	4,181	194	35	4,730	472	5,300	111	45	802	1,015	148
Seine-Inférieure	11,136	212	18,865	21,525	51,938	54,762	1,370	90,805	135,951	272,648	68,808	1,082	109,400	167,516	327,580	357	102	897	1,310	10,891
Seine-et-Marne	52,049	1,378	100,758	99,561	253,775	68,138	3,815	184,865	121,897	348,185	120,178	5,278	296,453	220,891	561,910	602	214	3,827	4,409	17,330
Seine-et-Oise	10,325	815	55,793	91,676	111,500	37,829	272	109,073	62,081	264,397	57,054	1,787	222,669	94,327	375,820	582	379	4,114	5,075	23,012
Sèvres (Deux-)	747	21	46	723	537	54,312	10,940	21,875	70,087	100,704	54,550	10,961	21,921	70,660	107,301	10,136	638	38,025	53,580	18,000
Somme	17,650	1,150	58,200	34,000	117,460	80,230	2,505	99,400	250,350	483,385	97,250	3,055	161,600	284,200	549,783	2,380	450	17,418	20,182	21,000
Tarn	2,967	163	5,014	5,532	18,021	90,027	4,715	127,110	228,818	451,800	90,014	4,878	137,064	298,450	470,421	1,183	116	8,602	9,400	12,147
Tarn-et-Garonne	821	95	894	9,037	3,757	20,065	2,635	84,120	62,083	125,107	20,805	2,035	31,024	64,120	128,854	216	45	900	1,172	7,722
Var	2,103	99	1,087	4,230	8,476	27,177	1,738	98,536	72,887	150,918	29,340	1,884	50,523	77,007	138,794	5,746	950	15,148	21,838	22,715
Vaucluse	3,070	1,001	8,080	9,144	22,361	37,138	2,518	46,584	60,812	136,896	40,164	4,049	55,504	80,476	139,790	5,502	801	13,428	19,798	7,500
Vendée	843	42	829	1,305	2,449	101,480	8,213	82,107	152,747	399,567	102,303	5,456	82,986	164,112	347,019	427	352	607	1,026	14,505
Vienne	4,985	3,000	690	92,807	36,852	84,985	30,000	60,003	200,824	464,004	99,105	33,000	50,000	312,089	496,454	5,800	550	28,512	31,802	15,500
Vienne (Haute-)	19,923	1,690	34,658	48,947	33,203	148,725	9,250	104,937	300,675	557,506	103,654	10,030	128,586	317,082	650,804	5,122	410	8,980	14,807	25,420
Vosges	408	185	458	1,056	2,110	17,333	1,382	205,670	21,779	246,175	17,741	1,010	206,137	22,835	248,289	9,218	780	26,088	35,031	32,818
Yonne	96,883	783	27,969	52,670	197,507	61,391	1,802	78,025	101,704	246,831	90,000	2,585	106,889	153,872	361,359	2,782	211	6,012	9,004	30,071
TOTAUX	1,034,304	61,793	1,318,877	1,912,588	4,327,862	5,198,482	454,956	5,698,437	16,124,307	91,907,284	6,395,796	518,749	7,117,044	12,697,255	25,025,114	438,897	50,041	1,308,899	1,791,007	2,073,708

TABLEAU N° 2. — RENDEMENT EN VIANDE DES ANIMAUX DE BOUCHERIE.

NOMBRE ET POIDS BRUT DES ANIMAUX LIVRÉS A LA BOUCHERIE.

NOMBRE DES ANIMAUX.

DÉPARTEMENTS.	Bœufs et taureaux	Vaches.	Veaux.	Moutons et brebis.	Agneaux.	Porcs.	Boucs et chèvres.	Chevreaux.
Ain	10,906	10,496	45,502	80,421	3,051	80,019	2,976	14,098
Aisne	8,658	16,500	38,940	111,367	2,091	47,010	987	1,735
Allier	6,761	11,936	36,761	65,802	4,061	40,190	1,308	14,787
Alpes (Basses-)	304	321	1,054	11,090	6,910	2,362	792	4,200
Alpes (Hautes-)	781	3,053	5,771	41,237	5,987	14,142	1,932	10,347
Alpes-Maritimes	8,413	776	920	90,608	15,081	6,799	6,296	7,763
Ardèche	1,451	3,911	8,170	54,425	5,405	23,680	5,957	58,547
Ardennes	4,783	11,203	26,841	22,710	805	34,008	500	6,005
Ariége	3,375	1,571	17,805	42,457	15,805	18,605	278	6,684
Aube	1,019	15,311	28,212	46,620	959	23,883	256	2,129
Aude	5,170	4,855	16,725	37,204	27,717	14,377	•	8,022
Aveyron	1,628	2,280	23,904	64,387	87,406	43,901	907	11,887
Bouches-du-Rhône	30,842	2,693	10,801	273,245	80,968	26,587	164	4,973
Calvados	4,615	18,417	35,087	62,407	6,513	10,307	185	127
Cantal	780	2,800	21,800	42,070	1,380	76,500	980	10,275
Charente	5,042	2,460	11,009	21,681	10,095	58,504	•	4,087
Charente-Inférieure	9,082	5,239	50,069	59,286	95,150	34,032	103	5,686
Cher	5,372	9,805	27,928	49,967	1,816	24,198	1,194	17,287
Corrèze	3,612	2,024	18,607	74,883	977	47,946	82	11,053
Corse	6,121	3,742	6,568	36,733	44,173	22,377	35,679	43,315
Côte-d'Or	4,587	10,857	88,161	54,419	6,541	40,238	477	1,817
Côtes-du-Nord	14,500	80,000	35,000	60,000	30,000	50,000	9,000	950
Creuse	2,975	4,625	45,284	43,422	180	22,872	961	14,410
Dordogne	7,001	7,730	21,106	88,720	14,908	51,884	229	9,462
Doubs	7,700	5,429	34,231	42,031	913	23,156	1,052	21,300
Drôme	28,045	9,215	17,042	93,157	60,420	40,200	2,150	97,343
Eure	4,772	16,273	34,356	106,040	2,350	42,844	52	273
Eure-et-Loir	3,808	8,602	37,340	62,116	3,475	29,320	168	621
Finistère	18,375	25,882	75,411	26,497	8,350	38,434	•	•
Gard	5,058	6,196	7,798	156,180	86,959	20,561	420	43,255
Garonne (Haute-)	10,775	8,412	41,345	40,812	75,021	39,020	506	2,701
Gers	2,651	2,970	34,060	17,714	24,500	26,879	23	708
Gironde	7,730	5,097	24,818	37,830	33,111	33,406	75	577
Hérault	800	2,100	4,000	150,000	8,000	7,000	•	1,000
Ille-et-Vilaine	1,917	23,302	110,438	14,494	6,010	38,186	794	3,811
Indre	3,740	6,050	20,187	64,238	5,108	21,750	2,239	33,172
Indre-et-Loire	11,490	834	31,001	64,593	•	10,684	•	•
Isère	8,208	14,074	69,701	92,877	12,810	39,719	4,461	25,550
Jura	5,818	6,156	30,796	22,853	451	23,138	206	4,421
Landes	5,600	1,700	14,700	10,000	27,000	36,000	800	1,950
Loir-et-Cher	3,195	6,155	90,446	20,334	1,788	19,057	1,547	15,351
Loire	9,918	3,927	38,150	103,577	19,591	30,514	2,486	10,086
Loire (Haute-)	737	3,905	35,622	51,108	5,115	20,980	1,041	11,251
Loire-Inférieure	10,002	2,500	52,000	66,800	11,000	54,000	1,200	500

POIDS MOYEN DE L'ANIMAL VIVANT (POIDS BRUT).

DÉPARTEMENTS.	Bœuf et taureau.	Vache.	Veau.	Mouton et brebis.	Agneau.	Porc.	Bouc et chèvre.	Chevreau.
Ain	554	342	53	30	16	114	38	6
Aisne	580	410	50	42	20	95	80	7
Allier	502	362	64	35	20	117	40	12
Alpes (Basses-)	320	280	55	28	10	100	34	7
Alpes (Hautes-)	360	270	52	36	15	85	35	6
Alpes-Maritimes	440	280	45	28	8	120	28	10
Ardèche	512	376	61	32	15	147	36	6
Ardennes	500	380	46	40	20	117	30	10
Ariége	540	333	79	35	16	135	32	10
Aube	486	342	86	34	20	120	28	10
Aude	502	395	140	49	15	80	•	10
Aveyron	604	305	90	37	6	131	41	7
Bouches-du-Rhône	442	429	72	38	13	125	40	8
Calvados	620	410	80	43	20	123	30	12
Cantal	550	470	60	30	5	130	80	5
Charente	550	417	81	42	8	132	•	6
Charente-Inférieure	529	336	66	37	9	115	30	7
Cher	498	363	61	31	27	86	34	5
Corrèze	480	330	61	27	7	120	27	5
Corse	102	120	43	18	5	88	24	4
Côte-d'Or	550	420	74	42	24	104	30	6
Côtes-du-Nord	350	270	40	20	15	140	23	10
Creuse	499	325	52	23	7	103	27	5
Dordogne	628	434	103	45	11	168	35	10
Doubs	580	390	75	38	10	105	40	7
Drôme	545	380	65	39	15	190	47	6
Eure	404	381	97	45	30	103	28	14
Eure-et-Loir	525	396	100	40	24	118	39	10
Finistère	337	216	43	35	15	122	•	•
Gard	400	319	93	35	14	140	30	8
Garonne (Haute-)	500	330	90	49	16	136	85	10
Gers	575	330	82	34	13	130	30	10
Gironde	480	410	75	35	11	135	30	10
Hérault	400	380	120	37	16	138	•	10
Ille-et-Vilaine	336	256	48	28	16	110	35	7
Indre	456	295	52	28	13	100	50	5
Indre-et-Loire	480	412	63	31	•	101	•	•
Isère	513	330	61	34	11	05	35	7
Jura	455	356	40	39	17	110	33	5
Landes	400	250	40	25	8	100	20	8
Loir-et-Cher	415	328	63	32	14	97	28	4
Loire	400	333	73	31	11	110	31	5
Loire (Haute-)	504	336	56	28	16	131	34	7
Loire-Inférieure	385	250	40	30	16	120	27	7

POIDS BRUT TOTAL DES ANIMAUX EN VIE.

DÉPARTEMENTS.	Bœufs et taureaux	Vaches.	Veaux.	Moutons et brebis.	Agneaux.	Porcs.	Boucs et chèvres.	Chevreaux.	TOTAL.
Ain	6,030,112	3,586,000	2,413,108	912,630	63,210	8,422,100	98,203	119,531	16,638,118
Aisne	4,511,350	6,765,000	2,207,901	4,677,414	41,820	4,406,850	11,619	12,486	22,763,610
Allier	3,996,802	4,882,405	2,353,704	2,446,320	81,220	5,115,283	52,320	176,814	18,503,508
Alpes (Basses-)	125,080	90,830	57,970	310,098	69,100	256,300	24,548	29,400	962,060
Alpes (Hautes-)	282,940	824,850	300,092	1,484,532	89,055	1,315,480	67,620	62,082	4,458,261
Alpes-Maritimes	1,501,720	217,280	41,400	765,024	120,248	815,780	174,603	77,620	3,653,690
Ardèche	787,892	1,470,536	171,180	1,741,600	141,075	3,775,842	214,452	351,282	8,653,860
Ardennes	2,504,000	4,257,140	1,231,685	908,700	19,900	3,876,938	17,070	36,030	19,817,422
Ariége	1,842,730	523,143	1,406,565	1,487,945	270,320	2,298,280	3,596	36,840	7,963,860
Aube	490,820	5,326,362	2,612,232	1,585,056	19,920	2,745,849	7,148	21,290	12,848,552
Aude	2,595,340	1,720,225	2,478,727	1,902,568	415,762	1,150,160	•	80,220	10,003,992
Aveyron	2,060,101	522,200	2,372,136	2,382,319	524,976	5,642,841	37,187	70,538	13,691,800
Bouches-du-Rhône	13,634,258	1,153,469	777,672	9,917,118	1,092,584	5,323,375	6,560	32,584	29,997,611
Calvados	2,399,860	8,102,483	2,876,960	2,685,752	109,338	2,625,752	5,356	1,591	19,987,905
Cantal	429,000	1,081,000	1,278,000	1,780,100	6,800	3,446,000	29,400	61,375	7,600,675
Charente	2,960,101	1,035,520	1,149,019	150,602	84,760	7,722,528	•	24,522	13,110,351
Charente-Inférieure	4,772,635	1,760,304	1,954,654	2,196,172	226,850	3,910,630	3,000	89,802	14,893,440
Cher	2,653,336	3,739,915	1,703,608	1,328,877	49,082	2,081,908	40,500	86,188	11,981,057
Corrèze	1,784,210	866,920	1,135,027	2,021,815	6,839	5,753,520	2,214	56,205	11,571,800
Corse	901,602	448,840	282,424	643,194	220,820	1,857,281	826,200	173,200	5,473,797
Côte-d'Or	2,087,850	4,443,153	2,657,014	2,385,615	108,984	4,154,752	13,003	11,502	16,633,310
Côtes-du-Nord	5,075,000	24,300,000	1,405,000	2,400,000	453,000	7,000,000	60,000	9,500	41,703,500
Creuse	1,307,342	1,507,750	2,354,708	998,706	1,200	2,580,606	26,028	72,005	8,748,015
Dordogne	4,773,429	3,354,820	2,279,418	1,742,400	164,574	7,988,254	8,015	84,020	20,325,301
Doubs	4,467,740	2,117,310	2,567,525	1,387,028	9,180	2,956,980	66,080	140,590	13,730,558
Drôme	15,011,525	3,501,700	1,107,730	3,033,128	906,330	5,996,000	101,050	164,070	30,451,196
Eure	2,357,303	6,201,018	5,332,632	4,771,800	70,500	4,412,982	1,456	5,899	21,156,329
Eure-et-Loir	2,080,700	3,473,340	8,734,900	2,481,640	83,400	5,400,465	5,376	6,210	15,290,081
Finistère	6,192,375	5,590,512	3,243,903	927,500	132,750	4,648,048	•	•	20,770,048
Gard	2,015,200	1,854,104	725,214	5,431,300	1,217,412	2,878,640	12,600	310,030	13,550,500
Garonne (Haute-)	5,387,500	2,775,060	3,775,050	1,632,450	1,350,378	5,072,600	20,800	27,010	20,011,838
Gers	1,511,575	782,100	2,792,920	602,276	318,617	3,194,270	600	7,980	9,540,428
Gironde	3,714,720	2,089,770	1,861,350	1,324,200	361,291	4,517,910	2,750	5,770	13,880,251
Hérault	320,000	798,000	480,000	5,550,000	32,000	955,000	•	10,000	8,155,000
Ille-et-Vilaine	682,452	5,955,312	5,801,024	405,833	110,560	4,201,560	20,202	26,677	16,719,619
Indre	1,712,920	1,786,420	1,049,724	1,798,664	66,434	2,175,000	67,170	165,800	5,824,162
Indre-et-Loire	5,486,400	384,808	1,969,982	2,000,913	•	1,079,084	•	•	10,000,767
Isère	4,256,874	5,690,120	4,255,421	3,139,458	179,340	2,816,305	156,135	178,850	20,672,500
Jura	2,617,100	2,205,770	1,471,540	686,860	8,177	2,718,908	9,831	35,368	9,788,583
Landes	2,240,000	425,000	588,000	250,000	216,000	3,600,000	6,000	10,000	7,335,000
Loir-et-Cher	531,776	2,015,843	5,608,008	842,368	31,176	1,900,720	43,310	61,401	11,138,706
Loire	4,502,250	1,307,601	2,747,016	3,365,887	215,501	4,588,624	77,066	85,430	16,019,195
Loire (Haute-)	371,448	1,351,130	2,162,892	1,519,704	87,644	2,663,730	95,304	78,757	8,251,899
Loire-Inférieure	6,100,000	625,000	2,869,000	1,296,000	234,000	6,480,000	32,430	3,589	18,371,900

TABLEAU N° 2. (Suite.) — **RENDEMENT EN VIANDE DES ANIMAUX DE BOUCHERIE.**

NOMBRE ET POIDS BRUT DES ANIMAUX LIVRÉS A LA BOUCHERIE.

NOMBRE DES ANIMAUX.

DÉPARTEMENTS.	Bœufs et taureaux.	Vaches.	Veaux.	Moutons et brebis.	Agneaux.	Porcs.	Boucs et chèvres.	Chevreaux.
Loiret	841	12,700	41,700	53,287	2,378	27,013	210	2,324
Lot	3,000	790	10,000	15,000	1,000	20,000	100	10,000
Lot-et-Garonne	3,428	840	21,195	17,260	3,000	31,700	40	181
Lozère	1,783	2,345	6,920	76,912	6,302	13,171	371	10,149
Maine-et-Loire	5,980	11,797	44,551	43,981	4,919	61,526	156	1,942
Manche	5,673	11,406	22,751	57,532	48,263	40,709	28	163
Marne	9,004	29,780	51,740	67,597	1,506	37,030	102	1,413
Marne (Haute-)	3,845	6,053	24,150	31,924	824	23,583	185	2,500
Mayenne	6,861	6,950	92,521	15,082	7,781	23,078	180	1,592
Meurthe-et-Moselle	7,017	7,199	50,090	59,726	3,484	58,851	573	6,421
Meuse	3,161	3,525	20,770	49,611	2,151	64,007	404	8,082
Morbihan	5,300	6,560	69,543	15,080	6,215	32,000	656	1,018
Nièvre	5,902	6,174	16,564	24,806	1,854	35,007	104	4,929
Nord	18,050	76,187	80,011	149,507	4,451	104,811	1,038	1,985
Oise	4,951	10,435	34,040	121,079	1,205	46,801	347	7,655
Orne	5,829	18,436	38,960	43,448	14,037	26,156	542	800
Pas-de-Calais	8,438	27,508	30,020	59,615	1,916	106,836	509	883
Puy-de-Dôme	660	4,239	21,371	33,707	4,671	8,085	413	3,721
Pyrénées (Basses-)	5,177	4,960	19,510	84,108	303,385	56,807	10	5,001
Pyrénées (Hautes-)	1,325	3,555	19,345	7,521	10,582	6,860	350	940
Pyrénées-Orientales	6,000	6,600	3,801	48,001	40,000	27,000	1,400	5,800
Rhin (Haut-) [Belfort]	1,369	1,704	2,816	2,065	201	5,046	795	1,651
Rhône	37,818	19,100	102,051	295,828	90,525	70,980	4,081	85,740
Saône (Haute-)	3,400	7,200	50,418	11,201	1,041	47,572	901	5,991
Saône-et-Loire	21,050	13,594	72,894	31,101	7,056	68,700	444	3,822
Sarthe	9,248	16,528	42,549	33,582	9,218	56,453	7,146	14,598
Savoie	1,972	5,301	29,001	26,834	4,682	7,003	2,348	8,877
Savoie (Haute-)	1,584	1,853	33,744	13,834	1,027	10,597	3,028	13,073
Seine	12,703	2,859	15,341	85,125	585	25,032	430	517
Seine-Inférieure	8,003	27,510	38,090	92,001	549	45,595	40	17
Seine-et-Marne	9,049	12,892	80,017	86,847	23,768	31,983	85	800
Seine-et-Oise	15,414	7,470	35,817	135,712	2,308	41,319	96	419
Sèvres (Deux-)	1,798	5,370	15,780	27,029	1,059	96,510	305	13,540
Somme	942	84,490	22,351	51,181	500	74,669	822	1,100
Tarn	2,570	6,994	27,503	47,170	18,000	87,304	991	4,707
Tarn-et-Garonne	3,151	1,578	12,059	15,724	21,116	17,681	10	903
Var	2,250	657	810	80,946	30,981	31,783	2,521	0,782
Vaucluse	2,370	939	811	75,580	36,854	17,500	240	17,298
Vendée	6,571	5,070	20,008	31,173	5,116	28,029	80	251
Vienne	1,900	700	7,001	17,000	5,000	6,900	1,500	18,000
Vienne (Haute-)	5,850	7,880	27,492	176,405	15,430	98,795	831	10,503
Vosges	5,093	13,060	61,470	19,794	1,772	48,899	1,170	14,057
Yonne	3,450	14,450	49,004	52,802	2,871	28,096	145	3,261
TOTAUX ET MOYENNES	560,524	811,106	2,194,540	3,145,184	1,403,735	2,695,904	113,007	783,798

POIDS MOYEN DE L'ANIMAL VIVANT (POIDS BRUT).

DÉPARTEMENTS.	Bœuf et taureau.	Vache.	Veau.	Mouton et brebis.	Agneau.	Porc.	Bouc et chèvre.	Chevreau.
Loiret	330	370	75	60	17	115	40	10
Lot	600	400	80	30	20	160	26	7
Lot-et-Garonne	500	425	85	34	18	115	25	10
Lozère	330	900	84	35	24	172	36	10
Maine-et-Loire	403	386	61	42	43	103	35	11
Manche	473	358	62	31	31	127	27	11
Marne	563	480	116	47	27	136	31	11
Marne (Haute-)	400	374	73	35	30	116	29	7
Mayenne	430	355	60	46	26	140	45	8
Meurthe-et-Moselle	490	350	70	20	31	111	29	5
Meuse	473	306	61	32	18	122	32	7
Morbihan	290	180	39	30	11	101	27	5
Nièvre	578	362	53	28	19	151	30	6
Nord	645	558	88	50	41	116	87	9
Oise	500	430	85	45	41	97	31	11
Orne	532	372	67	40	23	190	30	12
Pas-de-Calais	567	470	97	43	26	96	35	12
Puy-de-Dôme	595	200	69	64	8	102	35	7
Pyrénées (Basses-)	360	155	100	23		75	26	8
Pyrénées (Hautes-)	414	294	146	30		100	40	12
Pyrénées-Orientales	850	220	45	30	10	130	24	8
Rhin (Haut-) [Belfort]	675	425	52	25	20	82	35	7
Rhône	800	400	74	36	17	180	35	5
Saône (Haute-)	530	328	80	45	12	98	28	4
Saône-et-Loire	560	280	45	26	14	125	30	6
Sarthe	613	394	63	37	22	164	33	7
Savoie	400	350	39	31	8	160	22	6
Savoie (Haute-)	416	307	58	31	10	108	27	0
Seine	500	380	25	33	10	105	26	0
Seine-Inférieure	541	446	83	51	33	88	24	9
Seine-et-Marne	558	413	94	32	25	110	33	10
Seine-et-Oise	637	474	117	41	10	164	30	19
Sèvres (Deux-)	300	225	55	25	8	90	35	5
Somme	634	500	66	45	14	80	35	12
Tarn	568	400	103	36	14	150	41	9
Tarn-et-Garonne	500	490	98	42	15	153	30	19
Var	435	335	116	33	11	112	31	9
Vaucluse	402	330	61	36	13	92	26	7
Vendée	514	410	42	31	17	113	24	9
Vienne	470	275	70	25	6	137	30	5
Vienne (Haute-)	611	880	83	21	7	119	26	6
Vosges	509	360	86	30	12	100	36	6
Yonne	403	341	54	35	20	127	35	6
TOTAUX ET MOYENNES	500	373	68	36	13	116	26	7

POIDS BRUT TOTAL DES ANIMAUX EN VIE.

DÉPARTEMENTS.	Bœufs et taureaux.	Vaches.	Veaux.	Moutons et brebis.	Agneaux.	Porcs.	Boucs et chèvres.	Chevreaux.	TOTAL.
Loiret	845,080	5,070,110	3,127,950	1,501,610	38,726	3,100,495	8,400	23,210	13,321,5..
Lot	1,800,000	80,000	900,000	450,000	20,000	3,200,000	7,500	112,030	6,500,5..
Lot-et-Garonne	1,714,000	357,000	1,801,060	584,500	160,290	3,990,500	1,000	1,810	8,611,0..
Lozère	640,097	597,170	525,584	2,411,246	103,248	2,265,412	11,003	101,400	6,850,3..
Maine-et-Loire	2,529,052	4,443,062	2,370,896	1,822,000	115,137	6,337,075	5,169	14,764	17,632,9..
Manche	1,787,329	3,855,228	2,030,748	2,129,083	1,113,085	4,062,273	753	4,232	15,283,5..
Marne	5,808,464	9,767,901	6,002,884	8,177,030	40,716	5,114,831	6,524	15,510	29,687,9..
Marne (Haute-)	1,308,700	2,031,712	1,729,418	1,096,810	16,480	4,180,021	8,025	17,583	10,053,7..
Mayenne	2,050,230	2,467,250	1,895,060	851,100	104,565	3,230,500	5,805	17,783	11,110,9..
Meurthe-et-Moselle	3,428,390	2,373,300	3,502,310	2,152,900	105,124	6,532,161	16,017	47,105	19,170,6..
Meuse	1,514,119	3,120,515	1,810,157	1,280,352	59,454	7,908,851	12,801	56,574	15,816,8..
Morbihan	1,827,000	1,647,960	2,234,880	470,400	95,910	3,211,000	17,714	9,500	9,313,0..
Nièvre	3,250,258	2,231,988	878,104	665,248	51,426	2,595,397	5,920	25,217	8,725,4..
Nord	11,500,729	89,170,735	7,048,872	7,048,360	138,271	12,438,076	34,406	17,865	77,312,9..
Oise	3,051,302	4,530,064	2,800,410	4,518,555	26,565	4,181,197	11,703	19,205	10,805,3..
Orne	3,683,028	6,975,932	2,608,855	1,007,090	330,651	3,274,140	20,290	9,703	18,111,6..
Pas-de-Calais	1,860,100	12,971,000	3,315,301	8,120,885	50,506	13,256,448	16,772	10,598	31,010,7..
Puy-de-Dôme	275,000	1,241,760	1,474,806	2,157,219	86,564	821,719	15,595	26,017	6,048,6..
Pyrénées (Basses-)	1,811,950	686,945	1,051,500	723,151	2,192,083	3,765,585	960	40,008	11,155,0..
Pyrénées (Hautes-)	507,150	682,370	1,510,370	218,523	111,456	727,051	14,210	11,290	9,854,1..
Pyrénées-Orientales	2,280,000	1,210,000	101,000	1,350,000	190,000	3,510,000	35,600	46,400	9,061,0..
Rhin (Haut-) [Belfort]	1,082,075	724,200	145,500	72,975	4,150	475,690	7,875	11,707	2,478,8..
Rhône	29,600,800	4,842,000	8,108,112	9,982,805	245,370	9,129,770	113,815	178,780	55,521,6..
Saône (Haute-)	1,799,200	2,833,768	2,108,028	470,412	12,404	4,082,636	26,903	15,061	11,830,7..
Saône-et-Loire	11,935,800	5,783,710	3,251,590	832,600	81,672	8,596,900	13,329	20,532	28,483,7..
Sarthe	8,215,700	6,523,852	2,083,044	1,212,631	202,776	5,860,712	71,818	101,096	19,002,1..
Savoie	784,800	1,856,403	1,154,100	800,974	47,956	1,191,230	75,270	50,204	6,884,3..
Savoie (Haute-)	637,110	595,561	1,931,900	470,865	15,410	1,413,121	131,061	78,453	4,949,8..
Seine	6,351,500	1,085,420	1,467,305	3,139,125	9,300	2,691,960	11,703	8,162	11,749,9..
Seine-Inférieure	3,312,035	12,282,810	2,833,700	4,725,711	17,127	4,007,080	1,360	103	26,930,0..
Seine-et-Marne	3,157,791	5,842,000	3,044,761	3,586,831	591,075	3,507,130	2,805	6,000	19,610,4..
Seine-et-Oise	9,661,578	3,515,048	4,190,389	9,304,175	24,304	6,775,108	2,780	4,190	33,611,0..
Sèvres (Deux-)	538,100	780,000	866,580	653,075	15,664	2,519,305	8,153	67,730	6,475,6..
Somme	547,509	19,816,000	1,833,940	2,302,200	9,000	5,808,000	20,120	13,200	22,297,5..
Tarn	1,131,316	2,357,690	2,919,315	1,608,144	265,524	5,009,100	9,061	40,889	11,630,7..
Tarn-et-Garonne	1,760,210	860,840	1,277,931	660,829	301,740	2,351,873	303	3,090	7,021,1..
Var	823,615	220,006	99,180	2,844,075	230,241	2,480,096	80,051	89,054	7,109,8..
Vaucluse	1,033,110	76,860	55,751	2,790,980	815,310	1,618,280	6,240	121,086	6,477,2..
Vendée	3,377,191	2,078,700	1,036,022	966,791	100,612	3,122,028	1,020	2,259	10,570,8..
Vienne	893,000	192,500	525,000	415,004	25,000	780,000	45,000	90,000	2,008,5..
Vienne (Haute-)	2,733,500	3,115,317	2,281,836	3,701,505	104,010	4,808,156	10,406	63,378	16,661,1..
Vosges	2,511,500	4,678,000	9,723,050	692,030	21,204	4,382,900	33,370	81,222	15,030,1..
Yonne	1,149,408	4,030,496	2,805,884	1,860,170	57,490	3,071,400	5,073	10,701	11,288,4..
TOTAUX ET MOYENNES	273,096,080	312,633,058	186,070,859	153,915,825	19,683,135	338,278,892	2,495,938	4,801,975	1,821,021,6..

TABLEAU N° 2, (Suite.) — RENDEMENT EN VIANDE DES ANIMAUX LIVRÉS A LA BOUCHERIE. ET AUTRES PRODUITS DES ANIMAUX.

RENDEMENT EN VIANDE DES ANIMAUX LIVRÉS A LA BOUCHERIE — POIDS MOYEN DE L'ANIMAL ABATTU. — POIDS NET.

DÉPARTEMENTS.	Bœuf et taureau.	Vache.	Veau.	Mouton et brebis.	Agneau.	Porc.	Bouc et chèvre.	Chevreau.
Ain	296	184	40	20	8	77	20	4
Aisne	327	273	37	23	11	71	17	5
Allier	237	227	48	18	10	87	20	6
Alpes (Basses-)	192	137	19	18	7	77	19	6
Alpes (Hautes-)	215	155	37	18	8	75	20	3
Alpes-Maritimes	220	150	30	14	6	80	14	6
Ardèche	343	232	36	10	0	110	21	4
Ardennes	273	203	36	22	13	98	16	4
Ariège	339	226	51	23	10	111	17	5
Aube	304	217	56	22	12	90	17	7
Aude	379	374	194	37	13	70	.	8
Aveyron	300	213	60	21	3	107	22	5
Bouches-du-Rhône	244	210	48	18	8	96	25	5
Calvados	360	220	50	25	16	105	14	0
Cantal	302	220	30	18	3	100	15	3
Charente	404	236	57	26	5	103	.	0
Charente-Inférieure	343	208	43	21	6	82	20	4
Cher	300	194	30	16	22	57	20	3
Corrèze	282	164	35	15	4	75	11	8
Corse	125	130	41	13	4	70	14	3
Côte-d'Or	324	203	45	20	12	87	17	4
Côtes-du-Nord	245	189	35	20	0	120	15	7
Creuse	201	181	36	13	4	78	18	3
Dordogne	334	272	72	23	6	90	21	5
Doubs	330	167	45	16	5	81	10	3
Drôme	330	163	33	18	3	95	20	4
Eure	318	287	67	26	17	70	18	3
Eure-et-Loir	316	225	66	23	13	86	20	6
Finistère	201	129	29	20	0	98	.	.
Gard	260	210	65	21	9	110	17	0
Garonne (Haute-)	270	180	52	30	0	85	17	0
Gers	292	247	67	21	8	103	20	0
Gironde	360	275	67	23	8	111	17	7
Hérault	240	190	60	18	8	113	.	5
Ille-et-Vilaine	211	148	28	17	11	79	18	4
Indre	257	163	50	15	6	78	16	3
Indre-et-Loire	350	206	37	15	.	81	.	.
Isère	267	215	44	22	0	78	19	5
Jura	275	215	26	17	12	89	20	5
Landes	250	163	23	14	6	80	14	6
Loir-et-Cher	291	201	38	16	10	75	15	2
Loire	279	186	12	15	7	81	16	3
Loire (Haute-)	253	211	38	14	12	112	10	4
Loire-Inférieure	253	155	39	18	10	92	18	4

RENDEMENT TOTAL EN VIANDE.

DÉPARTEMENTS.	Bœufs et taureaux.	Vaches.	Veaux.	Moutons et brebis.	Agneaux.	Porcs.	Boucs et chèvres.	Chevreaux.	TOTAL GÉNÉRAL.
Ain	3,225,086	1,973,091	1,603,556	606,420	21,008	2,311,163	50,620	50,909	8,774,520
Aisne	9,031,812	8,894,000	1,441,113	2,784,575	25,091	3,557,710	5,078	8,095	14,120,816
Allier	2,275,087	2,700,425	1,580,725	1,408,056	52,708	4,019,513	20,100	117,805	12,080,463
Alpes (Basses-)	75,048	43,077	50,000	120,728	48,370	107,031	13,718	25,200	694,580
Alpes (Hautes-)	108,500	478,525	184,012	742,200	47,405	1,080,650	88,610	31,141	2,740,950
Alpes-Maritimes	760,900	116,400	27,000	572,519	90,180	543,020	87,301	40,578	2,035,300
Ardèche	400,842	907,362	114,120	1,051,075	84,845	2,626,400	125,007	204,185	5,881,170
Ardennes	1,307,124	2,274,900	825,485	480,818	11,010	3,102,744	5,584	24,090	8,393,471
Ariège	1,127,623	850,332	961,470	977,201	105,950	1,813,150	4,736	26,480	5,471,780
Aube	807,018	3,924,487	1,604,906	1,025,610	11,983	2,140,170	4,562	11,072	8,402,561
Aude	2,008,430	1,028,770	2,240,989	1,376,548	560,821	1,008,900	.	61,170	8,670,517
Aveyron	488,400	483,300	1,487,840	1,052,127	262,485	4,717,097	10,054	34,011	8,826,217
Bouches-du-Rhône	7,591,150	605,050	486,045	4,018,428	617,741	2,005,520	4,100	20,385	16,770,844
Calvados	1,190,905	4,051,740	1,799,050	1,560,175	101,308	2,027,925	2,600	1,143	10,749,511
Cantal	231,000	530,000	650,000	810,053	4,080	2,860,000	11,700	30,836	4,718,065
Charente	3,174,925	884,650	803,645	561,709	62,975	6,085,012	.	12,901	10,351,505
Charente-Inférieure	3,004,546	1,080,718	1,209,967	1,845,476	159,500	8,130,021	8,000	22,741	10,085,490
Cher	1,690,030	1,008,170	1,039,192	630,673	30,052	1,370,296	20,850	51,711	8,772,405
Corrèze	1,018,896	480,838	614,061	1,193,230	8,008	3,505,060	1,148	33,140	8,820,068
Corse	766,125	374,300	203,698	585,895	176,712	1,586,300	400,000	120,915	4,251,451
Côte-d'Or	1,498,388	2,123,186	1,789,215	1,038,580	51,402	2,500,706	8,100	7,508	10,195,170
Côtes-du-Nord	3,652,500	10,209,000	1,225,000	1,600,000	270,000	6,000,000	45,000	9,050	23,809,150
Creuse	777,454	860,500	1,584,640	504,496	720	1,780,110	17,052	48,157	5,637,020
Dordogne	2,000,754	2,102,550	1,519,034	968,000	60,989	5,106,615	4,809	47,210	12,550,560
Doubs	2,090,050	7,015,823	1,510,885	682,465	4,809	3,305,104	51,498	64,083	8,517,995
Drôme	9,489,850	1,543,120	806,670	1,075,825	487,895	3,519,000	67,850	100,385	11,738,436
Eure	1,617,496	3,857,886	2,301,852	2,757,010	89,529	3,541,675	830	2,184	12,892,090
Eure-et-Loir	1,229,293	1,935,700	2,421,635	1,386,532	45,175	2,610,014	3,802	3,720	9,834,500
Finistère	3,628,975	3,183,486	2,187,780	602,530	70,650	3,612,782	.	.	13,860,582
Gard	1,842,108	1,896,400	806,370	5,973,783	789,022	2,895,075	7,111	250,583	9,626,557
Garonne (Haute-)	2,000,250	1,508,280	2,181,141	816,240	675,180	3,510,700	50,182	16,206	11,593,137
Gers	1,050,032	632,700	1,841,420	371,094	196,672	2,302,902	400	4,788	7,101,498
Gironde	2,786,010	1,421,675	1,414,023	870,248	264,888	3,515,121	1,275	4,030	10,557,595
Hérault	192,000	309,000	250,000	2,700,000	16,089	805,000	.	5,000	4,837,000
Ille-et-Vilaine	404,487	3,449,696	3,002,951	245,308	70,010	3,017,481	14,292	15,244	10,314,875
Indre	941,180	987,128	666,171	903,570	30,548	3,006,500	35,894	90,516	5,440,537
Indre-et-Loire	3,349,481	109,404	1,109,227	667,845	.	883,401	.	.	7,086,871
Isère	2,381,620	3,210,410	5,086,494	2,031,114	115,380	2,315,082	84,750	127,750	13,347,715
Jura	2,765,530	1,332,140	906,680	386,501	5,672	2,085,982	5,930	22,105	7,593,503
Landes	1,400,000	367,000	411,000	140,000	182,000	2,692,000	4,290	7,500	5,072,300
Loir-et-Cher	347,745	1,237,155	5,136,918	421,181	17,392	1,471,273	23,296	32,702	6,979,534
Loire	2,607,086	738,270	1,610,570	1,058,685	137,137	3,343,170	49,776	50,058	10,251,353
Loire (Haute-)	257,950	823,855	1,487,635	769,352	61,859	2,298,000	10,655	45,004	5,898,503
Loire-Inférieure	4,032,090	387,336	1,869,000	1,081,000	149,000	4,068,008	21,600	2,000	12,475,100

AUTRES PRODUITS DES ANIMAUX. — PRODUCTION ANNUELLE APPROXIMATIVE.

DÉPARTEMENTS.	Laine. (q. m.)	Suif. (q. m.)	Miel. (q. m.)	Cire. (q. m.)	Lait. (hectol.)	Œufs. (milliers)
Ain	878	14,446	1,546	510	1,090,951	11,232
Aisne	24,500	3,000	1,880	428	900,000	37,065
Allier	4,025	5,341	918	510	428,370	14,294
Alpes (Basses-)	5,430	1,303	361	231	25,205	2,751
Alpes (Hautes-)	3,800	000	280	130	100,000	6,000
Alpes-Maritimes	2,208	3,390	550	85	114,143	2,050
Ardèche	11,364	3,829	1,514	718	537,418	20,178
Ardennes	10,805	6,378	1,282	621	741,543	20,094
Ariège	4,080	1,658	208	110	480,000	6,870
Aube	4,000	4,000	1,468	174	080,020	51,785
Aude	10,579	510	805	155	85,000	1,702
Aveyron	19,087	1,842	1,164	-475	616,000	10,001
Bouches-du-Rhône	11,809	8,155	1,149	180	131,000	5,984
Calvados	7,210	15,799	1,906	199	2,908,400	81,088
Cantal	7,017	1,080	3,174	175	950,000	16,560
Charente	4,680	3,036	481	103	577,528	8,127
Charente-Inférieure	2,098	3,843	896	401	336,000	28,201
Cher	10,553	1,641	1,533	601	470,728	13,088
Corrèze	22,065	1,857	556	222	316,000	15,852
Corse	2,005	632	075	360	113,614	7,581
Côte-d'Or	8,704	5,780	984	328	1,200,894	24,056
Côtes-du-Nord	2,900	5,500	5,700	600	100,000	5,000
Creuse	9,970	1,114	847	311	465,081	14,593
Dordogne	4,727	1,644	680	336	59,518	16,017
Doubs	1,700	1,000	1,000	250	1,427,405	8,440
Drôme	0,608	885	1,830	392	160,000	10,000
Eure	0,777	1,879	1,503	154	1,233,820	28,358
Eure-et-Loir	27,808	8,877	1,015	170	972,098	36,058
Finistère	205	1,524	2,048	505	1,325,443	12,875
Gard	5,200	1,094	402	135	36,585	8,089
Garonne (Haute-)	5,487	8,499	414	180	192,000	16,448
Gers	1,595	858	473	268	72,000	13,498
Gironde	3,740	2,840	609	275	416,000	13,351
Hérault	3,240	3,500	330	165	13,500	6,000
Ille-et-Vilaine	324	2,628	2,440	619	1,851,204	6,400
Indre	11,832	3,180	604	258	270,000	6,002
Indre-et-Loire	3,977	5,450	682	180	1,159,508	17,400
Isère	2,830	1,747	1,885	562	759,829	11,331
Jura	310	1,207	492	192	1,240,299	11,105
Landes	4,500	1,400	410	253	180,000	15,600
Loir-et-Cher	7,901	2,060	1,049	271	808,000	13,000
Loire	700	650	231	62	708,000	11,474
Loire (Haute-)	3,180	825	312	33	770,000	8,000
Loire-Inférieure	3,840	7,300	1,806	400	1,140,810	80,900

TABLEAU N° 2. (Suite.) — RENDEMENT EN VIANDE DES ANIMAUX LIVRÉS A LA BOUCHERIE ET AUTRES PRODUITS DES ANIMAUX.

RENDEMENT EN VIANDE DES ANIMAUX LIVRÉS A LA BOUCHERIE.

POIDS MOYEN DE L'ANIMAL ABATTU. — POIDS NET.

DÉPARTEMENTS.	Bœuf et taureau.	Vache.	Veau.	Mouton et brebis.	Agneau.	Porc.	Bouc et chèvre.	Chevreau.
Loiret	340	215	46	15	8	93	24	7
Lot	330	200	59	15	12	126	11	4
Lot-et-Garonne	300	280	70	24	10	105	15	8
Lozère	238	178	53	22	9	124	24	5
Maine-et-Loire	302	211	32	25	14	76	23	7
Manche	285	194	34	21	13	75	16	7
Marne	316	282	73	35	15	110	20	7
Marne (Haute)	208	186	53	18	11	90	15	4
Mayenne	250	199	36	20	15	110	22	4
Meurthe-et-Moselle	280	200	37	19	12	88	15	3
Meuse	271	208	40	17	9	97	17	4
Morbihan	163	127	23	17	9	80	16	3
Nièvre	332	230	37	17	13	79	18	4
Nord	318	275	32	28	18	71	19	6
Oise	335	287	53	28	12	71	17	6
Orne	300	210	46	20	15	103	20	7
Pas-de-Calais	311	293	50	28	13	68	16	5
Puy-de-Dôme	281	196	41	13	5	90	18	5
Pyrénées (Basses-)	250	131	70	16	5	69	15	6
Pyrénées (Hautes-)	193	161	61	12	5	85	28	6
Pyrénées-Orientales	300	150	35	27	3	100	17	6
Rhin (Haut-) [Belfort]	350	220	51	17	10	99	17	3
Rhône	320	200	40	18	8	105	20	3
Saône (Haute)	310	178	36	16	7	76	16	2
Saône-et-Loire	300	100	33	17	8	100	22	4
Sarthe	296	200	30	18	11	80	17	4
Savoie	220	200	25	15	5	190	22	4
Savoie (Haute-)	200	181	30	20	8	87	21	3
Seine	310	265	70	10	10	85	14	4
Seine-Inférieure	331	216	52	27	15	64	20	4
Seine-et-Marne	302	236	60	21	11	80	17	6
Seine-et-Oise	311	255	71	25	8	112	18	6
Sèvres (Deux-)	206	180	41	18	5	88	18	5
Somme	332	255	40	27	19	95	20	5
Tarn	271	208	63	22	9	122	23	5
Tarn-et-Garonne	400	219	59	22	8	117	15	7
Var	230	185	87	18	6	85	18	6
Vaucluse	241	200	48	25	9	75	15	6
Vendée	303	109	37	12	11	65	15	5
Vienne	350	200	50	10	4	100	15	4
Vienne (Haute-)	316	221	56	12	4	97	11	5
Vosges	290	290	33	20	7	73	13	4
Yonne	255	210	35	18	10	95	17	4
TOTAUX ET MOYENNES	300	213	41	20	9	93	17	4

RENDEMENT TOTAL EN VIANDE.

DÉPARTEMENTS.	Bœufs et taureaux.	Vaches.	Veaux.	Moutons et brebis.	Agneaux.	Porcs.	Boucs et chèvres.	Chevreaux.	TOTAL GÉNÉRAL.
Loiret	201,810	2,916,145	1,918,170	800,505	18,201	2,512,205	5,040	16,205	8,415,057
Lot	900,000	40,000	500,000	225,000	12,000	2,730,000	1,100	31,000	4,012,100
Lot-et-Garonne	1,028,400	235,200	1,483,780	412,800	89,000	3,618,500	900	1,472	6,894,022
Lozère	424,351	101,855	868,443	1,680,219	33,718	1,028,205	8,905	50,745	4,496,415
Maine-et-Loire	1,627,478	2,482,837	1,491,072	1,084,545	66,865	4,798,959	3,658	9,391	11,564,710
Manche	1,015,805	2,212,704	1,244,652	1,203,739	629,135	3,057,675	448	4,141	9,401,859
Marne	3,064,588	5,282,408	3,777,687	1,080,125	22,639	4,110,765	3,810	9,570	17,291,188
Marne (Haute)	765,305	1,195,356	1,401,222	568,832	5,081	3,212,010	1,875	10,036	7,036,600
Mayenne	1,715,250	1,383,050	887,086	493,480	115,715	2,538,350	2,858	6,865	7,022,887
Meurthe-et-Moselle	1,961,760	1,438,400	1,851,221	1,135,015	61,866	5,178,888	8,505	28,263	11,017,896
Meuse	836,631	1,773,408	1,190,020	650,187	19,710	6,206,679	6,834	32,328	10,766,703
Morbihan	1,026,900	1,125,220	1,605,820	266,500	61,280	2,567,200	10,496	5,751	6,669,740
Nièvre	1,295,454	1,420,020	613,018	482,722	21,502	2,083,028	3,482	15,803	5,828,017
Nord	6,507,920	20,401,425	4,162,280	3,015,306	80,298	7,441,581	19,722	11,910	42,370,540
Oise	1,051,920	2,478,105	1,718,122	2,344,817	15,180	5,280,271	5,899	8,275	11,479,740
Orne	2,046,700	3,875,780	1,748,020	848,003	219,555	2,516,800	6,860	5,663	11,273,228
Pas-de-Calais	828,178	8,086,214	2,320,647	1,951,680	25,294	7,361,984	8,584	7,061	30,506,785
Puy-de-Dôme	155,100	839,272	940,160	600,726	23,855	725,010	7,638	18,605	3,316,142
Pyrénées (Basses-)	1,193,710	584,106	1,308,180	551,008	1,531,025	3,454,284	150	30,000	3,091,298
Pyrénées (Hautes-)	353,928	302,070	837,915	113,080	65,294	589,874	9,368	5,640	2,873,408
Pyrénées-Orientales	1,200,000	325,000	188,000	912,000	320,000	3,700,000	23,800	31,803	6,178,600
Rhin (Haut-) [Belfort]	976,412	862,100	87,480	36,137	2,070	330,511	3,037	4,707	1,553,337
Rhône	12,101,760	2,421,000	4,156,160	5,181,014	104,200	7,374,015	81,520	107,238	34,542,637
Saône (Haute)	1,072,500	1,286,782	1,310,832	170,210	7,287	3,892,672	15,376	7,092	7,472,727
Saône-et-Loire	6,465,800	2,163,840	2,814,306	579,808	56,448	6,879,600	9,708	16,288	13,485,326
Sarthe	1,830,064	3,211,609	960,032	633,056	101,308	4,506,240	26,484	55,113	12,145,486
Savoie	433,840	1,000,800	680,800	400,633	28,310	840,360	51,540	33,508	3,615,630
Savoie (Haute-)	401,040	835,219	1,277,010	276,680	13,016	940,209	86,952	39,310	3,873,344
Seine	858,126	5,869	2,178,720	856,135	5,865	2,178,720	6,800	2,008	9,199,588
Seine-Inférieure	2,436,963	6,774,840	1,713,160	3,501,847	9,312	2,914,240	800	93	15,611,500
Seine-et-Marne	1,745,511	2,935,423	2,377,029	1,825,692	389,082	2,550,010	1,445	3,054	11,760,196
Seine-et-Oise	5,361,454	1,937,051	2,559,497	4,692,900	10,184	4,026,944	1,728	2,514	19,515,082
Sèvres (Deux-)	870,395	638,051	645,990	502,514	9,790	2,333,672	5,400	67,780	4,578,744
Somme	330,190	6,179,290	699,190	1,195,520	6,000	4,856,000	16,040	8,800	12,921,500
Tarn	698,900	1,225,950	1,751,560	1,087,098	170,094	4,508,068	5,083	23,535	9,475,708
Tarn-et-Garonne	1,961,000	330,120	768,017	315,148	160,928	2,003,677	150	7,321	4,938,691
Var	539,001	121,545	56,290	1,005,410	161,580	1,851,565	45,658	88,683	4,141,527
Vaucluse	603,010	48,400	43,875	1,733,910	557,186	1,319,260	3,600	86,490	4,338,808
Vendée	2,319,568	1,008,030	770,920	602,306	82,824	1,685,385	1,200	1,255	6,468,859
Vienne	903,900	149,000	313,082	395,000	20,000	600,000	22,500	72,000	2,217,500
Vienne (Haute-)	1,400,100	1,742,143	1,530,532	2,116,360	61,720	3,717,504	8,694	31,689	10,627,402
Vosges	1,775,035	3,662,400	1,636,705	295,000	7,088	3,287,175	17,685	50,148	11,112,271
Yonne	721,520	3,085,700	1,717,180	651,516	28,710	2,588,075	2,465	13,136	8,881,603
TOTAUX ET MOYENNES	185,519,403	179,930,999	112,511,117	101,602,003	11,470,722	257,483,231	1,958,002	8,045,144	889,661,855

AUTRES PRODUITS DES ANIMAUX.

PRODUCTION ANNUELLE APPROXIMATIVE.

DÉPARTEMENTS.	Laine. (q. m.)	Suif. (q. m.)	Miel. (q. m.)	Cire. (q. m.)	Lait. (hectol.)	Œufs. (milliers)
Loiret	3,285	7,490	1,035	485	1,905,385	15,015
Lot	2,400	300	500	250	90,000	5,010
Lot-et-Garonne	1,257	1,265	642	137	52,000	12,000
Lozère	1,439	100	443	116	142,382	5,712
Maine-et-Loire	1,792	5,439	461	259	1,128,000	13,205
Manche	6,477	1,929	2,512	557	2,748,015	11,120
Marne	10,328	5,003	1,053	1,063	1,105,033	48,499
Marne (Haute)	2,674	1,484	1,042	290	641,112	5,865
Mayenne	700	500	1,000	259	468,003	7,030
Meurthe-et-Moselle	2,169	1,038	817	471	631,250	23,650
Meuse	1,785	1,400	788	249	730,338	35,470
Morbihan	918	2,904	3,792	752	1,173,084	5,688
Nièvre	3,199	1,123	568	523	768,000	10,595
Nord	4,829	19,211	474	196	3,921,530	41,516
Oise	22,839	4,380	1,408	315	1,101,618	61,296
Orne	4,803	5,953	1,155	240	1,148,282	41,177
Pas-de-Calais	9,248	8,873	1,368	319	2,019,010	64,314
Puy-de-Dôme	5,200	8,320	421	156	8,801,784	30,953
Pyrénées (Basses-)	1,165	1,477	800	353	570,060	11,016
Pyrénées (Hautes-)	2,300	1,260	330	118	473,000	12,500
Pyrénées-Orientales	7,474	710	980	144	23,000	9,030
Rhin (Haut-) [Belfort]	47	*	178	11	220,500	3,000
Rhône	971	14,030	507	293	649,005	49,079
Saône (Haute)	4,734	3,041	219	78	620,000	14,515
Saône-et-Loire	3,520	4,206	1,883	291	2,103,230	65,444
Sarthe	1,851	6,873	505	360	1,453,000	26,013
Savoie	1,004	1,365	1,120	210	930,859	10,180
Savoie (Haute-)	861	1,375	2,014	884	921,544	15,112
Seine	438	7,216	8	8	82,484	2,243
Seine-Inférieure	5,225	10,354	795	121	2,184,080	66,094
Seine-et-Marne	17,941	4,774	1,585	230	1,287,787	54,018
Seine-et-Oise	10,180	5,192	1,054	500	1,357,100	29,272
Sèvres (Deux-)	1,673	695	625	180	2,056,901	37,500
Somme	9,034	9,010	1,310	175	2,590,000	58,000
Tarn	13,506	2,803	1,106	405	85,851	9,309
Tarn-et-Garonne	1,958	586	280	132	44,375	11,701
Var	1,851	1,017	1,203	501	14,705	10,101
Vaucluse	3,550	670	123	77	15,003	7,806
Vendée	5,803	1,100	637	147	6,318,001	9,490
Vienne	8,000	1,303	630	463	1,050,000	25,000
Vienne (Haute-)	18,203	1,569	806	330	155,000	19,083
Vosges	761	2,999	961	531	1,171,244	20,538
Yonne	8,898	2,464	1,384	570	1,299,000	41,944
TOTAUX ET MOYENNES	560,787	300,287	93,412	27,038	80,400,500	1,796,735

QUATRIÈME SECTION

———

ÉCONOMIE RURALE

TABLEAU N° 1. — NOMBRE ET ÉTENDUE DES EXPLOITATIONS RURALES D'APRÈS LE MODE D'EXPLOITATION. — MORCELLEMENT DE LA PROPRIÉTÉ.

Groupes de colonnes : **NOMBRES DES EXPLOITATIONS DIRIGÉES PAR LES** (Propriétaires, Fermiers, Métayers, Total) · **SUPERFICIE PAR MODE D'EXPLOITATION** (Faire-valoir direct, Fermes, Métairies, Total) · **NOMBRE PROPORTIONNEL des exploitations p. 1,000** (Faire-valoir direct, Fermiers, Métayers) · **ÉTENDUE PROPORTIONNELLE des exploitations p. 1,000** (Faire-valoir direct, Fermes, Métairies) · **ÉTENDUE MOYENNE** (des exploitations directes, des fermes, des métairies, des exploitations agricoles en général).

DÉPARTEMENTS	Propriétaires (Faire-valoir direct.)	Fermiers.	Métayers.	TOTAL.	Faire-valoir direct.	Fermes.	Métairies.	TOTAL.	Faire-valoir direct.	Fermiers.	Métayers.	Faire-valoir direct.	Fermes.	Métairies.	des exploitations directes.	des fermes.	des métairies.	des exploitations agricoles en général.
Ain	45,455	9,849	1,709	57,013	213,445	119,121	16,015	348,011	796	172	30	642	342	46	4,7	12,1	9,4	6,1
Aisne	24,537	8,870	303	33,718	315,405	275,826	4,851	596,582	727	264	9	520	461	7	12,9	31,1	14,4	17,7
Allier	20,291	6,156	11,531	37,978	181,604	149,630	180,208	511,429	532	163	305	356	283	362	9,0	21,3	15,5	13,4
Alpes (Basses-)	26,349	1,725	1,209	29,283	136,903	33,431	15,085	184,824	900	59	41	730	179	82	5,2	19,4	12,5	6,8
Alpes (Hautes-)	16,220	1,760	2,080	20,060	111,608	16,982	32,656	171,006	805	90	105	651	157	192	6,9	15,2	15,7	8,5
Alpes-Maritimes	27,725	1,810	8,691	38,256	61,480	21,051	19,505	102,560	803	55	112	505	213	19	2,2	11,9	5,3	8,1
Ardèche	51,613	10,061	3,619	65,301	137,356	87,245	26,219	250,920	790	155	55	618	318	104	2,7	8,7	7,4	3,8
Ardennes	32,700	5,707	629	38,036	291,302	73,282	7,783	372,367	887	100	13	784	210	6	5,8	19,6	5,3	9,8
Ariège	21,541	1,705	3,861	27,107	114,932	50,065	43,229	197,236	703	67	140	581	195	218	5,3	22,1	11,4	7,3
Aube	33,037	2,860	580	34,477	346,963	68,600	4,930	410,800	900	75	10	847	165	10	9,9	21,0	8,5	10,0
Aude	39,419	3,013	3,245	45,678	240,502	47,471	79,810	376,783	803	66	71	663	125	212	6,3	15,7	24,6	8,0
Aveyron	76,008	5,735	1,906	83,649	337,118	176,162	50,120	405,430	810	66	22	681	258	60	4,4	22,4	15,3	5,9
Bouches-du-Rhône	20,085	9,840	7,127	37,052	51,748	98,270	75,790	228,903	550	261	159	239	430	331	2,6	10,0	10,6	6,1
Calvados	23,820	15,711	11	39,542	180,374	235,309	145	404,828	597	403	·	418	582	·	7,3	15,0	13,2	10,4
Cantal	36,208	3,553	2,593	42,358	106,908	119,420	51,440	208,838	834	94	54	399	411	190	3,0	28,7	72,5	6,3
Charente	45,970	2,905	10,775	59,650	314,516	93,696	105,981	451,196	774	42	181	603	73	231	0,9	13,4	9,8	7,8
Charente-Inférieure	67,188	3,018	3,784	73,990	419,488	57,926	39,742	517,151	908	41	51	811	112	77	6,3	10,2	10,5	7,0
Cher	18,230	4,812	2,510	25,621	151,028	160,859	115,616	457,395	713	190	98	388	350	317	8,3	33,0	57,2	17,6
Corrèze	36,166	3,051	6,401	45,619	117,187	76,275	96,030	319,492	703	68	140	401	328	301	4,1	25,0	15,0	7,0
Corse	19,348	6,310	3,272	28,930	104,697	83,600	43,249	231,609	633	218	111	453	361	185	5,4	18,3	13,7	8,0
Côte-d'Or	21,718	7,254	3,508	32,568	285,088	148,643	54,619	488,040	668	221	111	586	308	111	15,1	20,5	15,2	15,0
Côtes-du-Nord	28,817	22,186	1,813	52,816	158,250	332,790	18,130	509,170	515	421	31	811	651	35	5,5	15,0	13,0	9,6
Creuse	43,077	1,440	2,069	46,586	183,290	52,038	96,031	341,856	926	81	43	560	155	281	4,5	36,1	47,1	7,3
Dordogne	48,685	7,361	24,805	80,879	117,803	276,422	248,358	672,673	600	92	308	220	411	368	3,0	37,6	10,0	8,3
Doubs	21,184	4,845	849	26,878	238,049	92,172	4,633	301,854	791	179	30	685	302	13	9,5	19,0	4,1	11,3
Drôme	37,476	3,355	4,540	45,369	216,176	65,765	55,235	337,176	826	75	99	641	195	164	5,5	19,6	12,2	7,4
Eure	26,329	27,236	96	53,555	190,012	220,924	1,201	413,737	490	508	2	462	537	1	7,3	8,1	12,5	7,7
Eure-et-Loir	20,516	25,201	156	45,992	176,028	310,991	2,734	489,748	446	550	4	359	635	6	8,6	12,3	15,1	10,6
Finistère	24,569	19,070	2,741	46,380	162,253	101,367	25,918	319,563	532	410	58	604	462	74	6,6	8,5	9,5	7,5
Gard	59,323	14,781	4,248	78,355	168,786	83,426	23,974	271,186	757	170	51	606	330	83	2,8	5,6	5,6	3,5
Garonne (Haute-)	63,237	3,687	6,042	72,966	304,516	52,160	111,330	468,000	868	49	53	651	111	288	4,8	11,3	18,4	6,1
Gers	44,651	374	4,793	49,828	325,290	15,620	131,277	476,190	896	8	96	696	81	283	7,3	41,6	28,0	9,5
Gironde	77,700	4,520	11,508	93,788	201,054	134,895	135,485	461,494	828	48	124	486	271	203	2,6	27,6	11,6	4,9
Hérault	36,000	1,800	1,700	39,500	268,235	51,000	19,000	338,285	911	46	43	703	151	56	7,4	28,3	11,2	8,0
Ille-et-Vilaine	25,253	34,560	1,750	61,563	181,422	301,147	19,709	505,398	410	661	20	365	596	30	7,3	8,7	11,3	5,2
Indre	20,871	2,986	3,440	27,247	253,724	79,534	63,071	426,329	768	177	136	674	181	115	14,1	27,1	18,3	16,0
Indre-et-Loire	23,275	8,645	3,552	35,472	168,138	219,580	41,157	428,870	656	242	102	392	512	96	7,3	26,4	11,5	12,1
Isère	68,081	6,046	1,027	75,754	358,697	79,085	12,620	450,402	800	88	13	708	176	26	6,2	11,9	12,3	5,9
Jura	26,359	12,585	3,080	43,024	139,950	103,889	17,758	251,305	643	315	72	518	411	71	4,0	7,6	6,8	5,4
Landes	6,240	3,580	27,484	37,304	82,663	89,500	387,086	469,180	106	97	737	68	212	720	5,2	27,5	12,8	12,6
Loir-et-Cher	20,428	7,831	3,061	31,323	130,287	147,731	92,305	370,326	595	227	178	361	400	249	6,3	14,9	15,2	10,5
Loire	31,284	6,509	8,300	40,381	100,843	135,000	28,000	340,443	770	165	57	518	387	65	6,1	19,9	10,6	8,6
Loire (Haute-)	32,806	7,848	4,766	45,510	158,257	90,530	57,000	306,787	723	173	105	510	391	100	4,8	11,5	12,2	6,7
Loire-Inférieure	12,900	21,000	12,000	45,900	81,650	340,500	120,000	555,150	281	458	261	171	613	216	7,3	16,3	17,6	12,1
Loiret	26,838	14,336	1,487	42,745	117,720	228,780	25,000	406,000	638	335	35	451	490	56	7,3	16,6	17,5	10,9

TABLEAU N° 1. (Suite.) — NOMBRE ET ÉTENDUE DES EXPLOITATIONS RURALES D'APRÈS LE MODE D'EXPLOITATION. — MORCELLEMENT DE LA PROPRIÉTÉ.

DÉPARTEMENTS.	NOMBRE DES EXPLOITATIONS dirigées par les: propriétaires (Faire-valoir direct.)	fermiers.	métayers.	TOTAL.	SUPERFICIE par mode d'exploitation: Faire-valoir direct.	Fermes.	Métairies.	TOTAL.
Lot	38,800	3,500	19,000	46,700	913,576	90,900	50,000	273,576
Lot-et-Garonne	43,214	1,259	6,175	51,211	175,681	80,970	67,008	480,932
Lozère	21,805	1,052	326	23,787	158,920	51,013	7,507	217,870
Maine-et-Loire	30,573	20,001	2,034	52,608	187,895	375,163	51,250	567,428
Manche	30,800	31,258	3	73,616	210,361	227,711	44	436,150
Marne	45,837	2,077	18	47,932	517,766	115,290	579	633,937
Marne (Haute-)	31,890	5,737	301	37,928	517,180	92,493	5,894	415,908
Mayenne	6,500	18,700	9,000	38,400	97,544	217,162	161,205	410,178
Meurthe-et-Moselle	30,778	4,507	471	35,816	209,611	111,651	9,001	327,446
Meuse	62,810	4,462	86	56,862	543,636	80,847	1,164	498,583
Morbihan	19,530	30,117	1,229	43,876	81,760	260,162	23,102	356,015
Nièvre	36,107	6,547	922	43,076	229,867	187,580	36,000	433,786
Nord	85,587	46,947	1,003	68,537	69,580	358,651	6,655	433,878
Oise	24,410	40,030	77	61,517	218,460	229,101	8,490	450,040
Orne	34,545	18,878	56	52,982	207,498	219,625	1,355	428,462
Pas-de-Calais	23,040	40,731	713	63,493	175,730	335,395	6,450	516,684
Puy-de-Dôme	63,845	4,600	4,310	72,026	461,758	63,960	47,196	576,013
Pyrénées (Basses-)	85,930	3,198	7,075	47,964	131,166	46,447	66,184	262,731
Pyrénées (Hautes-)	28,637	950	435	28,992	124,094	20,817	6,282	151,509
Pyrénées-Orientales	20,000	1,900	1,000	12,900	36,824	65,001	36,000	166,834
Rhin (Haut-) [Belfort]	5,132	347	6	5,384	29,408	1,517	75	31,080
Rhône	34,033	6,017	5,570	46,680	192,865	50,068	48,446	215,860
Saône (Haute-)	19,344	6,430	8,121	27,805	92,283	224,148	37,504	343,920
Saône-et-Loire	43,500	11,000	688	55,188	337,351	254,501	11,113	603,090
Sarthe	21,706	22,017	1,032	47,515	176,527	299,108	21,705	480,910
Savoie	43,613	5,047	1,586	51,146	107,001	59,807	10,250	178,108
Savoie (Haute-)	44,724	4,030	853	49,616	142,089	36,708	8,049	185,887
Seine	2,608	1,800	20	4,424	3,063	3,521	200	17,087
Seine-Inférieure	9,300	28,241	680	38,479	87,779	336,001	14,327	439,113
Seine-et-Marne	26,100	5,102	355	35,239	190,450	248,500	3,861	449,431
Seine-et-Oise	21,398	11,512	434	33,324	158,935	215,001	3,602	377,168
Sèvres (Deux-)	21,390	9,807	3,480	55,025	206,347	178,527	88,515	493,110
Somme	22,214	12,036	124	34,402	330,796	230,001	2,000	562,706
Tarn	41,690	1,088	5,803	52,771	263,770	43,431	58,754	450,061
Tarn-et-Garonne	47,287	9,805	5,111	[illegible]	217,981	30,201	50,210	309,400
Var	44,561	5,363	6,127	[illegible]	120,506	71,271	48,011	281,389
Vaucluse	41,372	9,596	5,029	[illegible]	78,004	51,562	28,410	231,770
Vendée	15,600	11,047	5,997	[illegible]	158,454	261,601	10,000	602,454
Vienne	29,170	4,420	4,410	[illegible]	290,508	173,401	30,150	478,148
Vienne (Haute-)	28,408	4,548	8,397	[illegible]	135,324	137,148	10,948	383,761
Vosges	35,384	9,182	576	[illegible]	234,384	105,117	8,905	513,036
Yonne	51,704	5,500	546	57,295	413,724	119,001	15,294	511,000
TOTAUX ET MOYENNES	2,896,368	891,943	310,450	3,077,781	17,011,847	11,269,331	[illegible]	33,397,461

DÉPARTEMENTS.	NOMBRE PROPORTIONNEL des exploitations p. 1,000: Faire-valoir direct.	Fermiers.	Métayers.	ÉTENDUE PROPORTIONNELLE des exploitations p. 1,000: Faire-valoir direct.	Fermes.	Métairies.	ÉTENDUE MOYENNE: des exploitations directes.	des fermes.	des métairies.	des exploitations agricoles en général.
Lot	711	75	214	571	161	266	6,1	17,2	10,0	5,0
Lot-et-Garonne	814	35	121	411	190	300	4,0	43,1	27,2	6,2
Lozère	916	71	13	720	254	37	7,3	30,7	21,3	9,2
Maine-et-Loire	381	553	56	226	691	118	6,2	12,9	21,0	10,8
Manche	535	461	4	470	521	.	3,3	6,6	14,7	0,0
Marne	910	51	.	818	182	.	11,4	44,7	32,2	13,2
Marne (Haute-)	814	160	8	761	222	14	10,0	10,1	10,0	11,0
Mayenne	210	490	261	233	523	244	10,3	11,6	10,2	10,0
Meurthe-et-Moselle	860	128	11	642	310	18	6,2	21,4	12,7	9,1
Meuse	918	70	2	810	185	1	6,0	18,1	13,6	7,5
Morbihan	296	640	29	231	705	64	6,5	8,3	13,6	5,1
Nièvre	830	149	21	563	364	83	6,0	24,1	30,1	0,0
Nord	983	401	16	169	827	13	2,7	8,0	0,2	6,6
Oise	707	209	3	496	510	4	3,0	22,6	32,3	13,0
Orne	640	343	11	481	514	2	6,0	11,9	21,0	8,1
Pas-de-Calais	356	631	10	310	649	11	7,6	6,3	8,0	8,0
Puy-de-Dôme	877	69	54	908	111	81	7,8	18,3	11,0	7,9
Pyrénées (Basses-)	772	67	161	600	176	224	3,5	14,8	11,1	5,5
Pyrénées (Hautes-)	951	33	15	828	133	30	4,7	21,4	14,3	5,1
Pyrénées-Orientales	001	61	35	531	260	210	4,3	37,5	35,0	7,3
Rhin (Haut-) [Belfort]	943	67	.	967	33	.	6,7	6,3	15,0	5,5
Rhône	725	140	136	618	283	149	3,0	7,8	6,5	4,8
Saône (Haute-)	670	222	108	239	653	108	4,8	34,8	13,0	11,0
Saône-et-Loire	488	110	7	600	429	13	7,7	25,1	10,2	10,9
Sarthe	461	504	35	800	505	48	8,1	12,1	13,3	10,3
Savoie	853	116	31	607	337	56	2,5	10,1	6,5	3,5
Savoie (Haute-)	901	81	18	763	194	43	3,2	8,9	9,1	0,7
Seine	568	432	.	600	510	.	3,4	4,7	10,0	4,0
Seine-Inférieure	216	784	20	200	769	31	3,5	11,9	17,1	11,1
Seine-et-Marne	751	253	5	491	503	6	7,1	30,5	0,5	12,5
Seine-et-Oise	613	375	12	470	522	8	7,4	18,7	8,3	11,8
Sèvres (Deux-)	616	284	100	479	352	169	11,0	17,7	21,0	11,2
Somme	547	350	3	580	416	4	14,1	10,1	16,1	10,1
Tarn	700	82	178	586	95	319	6,3	25,7	16,3	5,5
Tarn-et-Garonne	800	47	93	708	97	195	4,6	11,6	11,7	5,0
Var	781	112	107	606	300	194	2,7	11,2	7,0	4,1
Vaucluse	745	161	94	342	234	421	1,8	6,6	17,5	3,0
Vendée	449	416	142	281	470	249	8,5	15,0	28,4	13,7
Vienne	765	140	116	551	270	139	6,6	25,0	15,6	12,5
Vienne (Haute-)	680	100	202	368	359	288	1,8	30,2	18,2	9,5
Vosges	797	101	18	691	301	5	6,2	11,4	4,9	7,1
Yonne	804	97	0	766	207	27	8,0	20,0	28,0	8,3
TOTAUX ET MOYENNES	710	230	60	562	336	128	6,6	11,4	12,7	8,1
	1,000			1,000						

TABLEAU N° 2. — OUTILLAGE AGRICOLE, AMENDEMENTS ET ENGRAIS.

OUTILLAGE AGRICOLE. — MODE DE LABOURAGE.

DÉPARTEMENTS.	Charrues du pays.	Charrues perfectionnées.	Charrues TOTAL.	Machines à battre à vapeur.	Machines à battre mues par des chevaux.	Machines à battre TOTAL.	Faucheuses.	Moissonneuses.	Chevaux.	Bœufs ou vaches.	Mixte.
AIN	60,214	13,044	70,158	218	181	390	15	4	50	50	Mixte
AISNE	11,250	14,910	26,190	218	2,619	2,885	150	101	100	·	·
ALLIER	18,080	10,268	26,848	85	212	862	89	24	100	·	·
ALPES (BASSES-)	17,303	7,767	25,070	1	182	183	5	4	60	40	Mixte
ALPES (HAUTES-)	15,834	2,027	17,831	·	55	50	·	·	50	50	Mixte
ALPES-MARITIMES	11,100	1,185	12,285	·	54	54	90	120	50	50	Mixte
ARDÈCHE	80,408	5,180	35,648	5	477	482	·	·	100	·	·
ARDENNES	14,987	3,510	18,013	52	691	743	117	57	100	·	·
ARIÈGE	80,026	3,527	33,582	12	210	368	10	5	·	100	·
AUBE	15,686	5,427	23,066	87	3,301	3,358	84	35	100	·	·
AUDE	38,396	5,284	34,180	21	470	441	25	18	50	50	Mixte
AVEYRON	48,177	13,308	61,483	26	24	90	6	2	·	100	·
BOUCHES-DU-RHÔNE	17,988	8,619	26,503	6	340	346	66	108	100	·	·
CALVADOS	28,715	19,250	35,906	44	330	374	4	37	100	·	·
CANTAL	24,744	3,860	28,617	5	26	31	1	·	·	100	·
CHARENTE	51,250	11,126	62,335	8	747	765	24	26	81	19	Mixte
CHARENTE-INFÉRIEURE	16,893	29,532	48,823	101	401	503	59	17	20	80	Mixte
CHER	19,553	10,430	22,782	214	402	616	11	40	70	30	Mixte
CORRÈZE	44,409	4,935	49,384	5	101	106	4	3	50	50	Mixte
CORSE	12,630	21	12,677	·	123	123	·	·	·	100	·
CÔTE-D'OR	17,801	20,140	33,010	431	4,031	5,305	16	24	100	·	·
CÔTES-DU-NORD	35,010	19,584	52,021	35	2,000	2,035	·	·	70	80	Mixte
CREUSE	84,500	10,490	45,030	24	55	79	4	8	100	·	·
DORDOGNE	51,968	9,099	59,467	33	140	173	4	4	·	100	·
DOUBS	19,811	5,002	25,514	83	2,037	3,020	10	8	·	100	·
DRÔME	33,518	11,326	45,384	51	127	178	70	22	75	25	Mixte
EURE	32,309	12,140	34,458	128	656	783	60	40	100	·	·
EURE-ET-LOIR	13,902	19,064	30,406	187	931	1,178	40	58	50	20	Mixte
FINISTÈRE	29,740	17,500	47,240	36	3,296	3,331	·	·	50	50	Mixte
GARD	18,188	6,100	34,360	5	915	620	27	21	·	·	·
GARONNE (HAUTE-)	51,250	12,462	63,712	43	564	612	84	15	·	100	·
GERS	50,314	8,854	59,166	57	491	458	86	37	·	100	·
GIRONDE	61,423	7,772	68,195	40	1,190	1,280	25	8	50	50	Mixte
HÉRAULT	20,000	7,200	27,200	10	800	810	·	·	·	100	·
ILLE-ET-VILAINE	21,470	29,358	50,837	87	5,205	5,272	6	8	20	10	Mixte
INDRE	11,503	10,705	28,128	100	780	800	6	11	50	50	Mixte
INDRE-ET-LOIRE	20,530	11,500	32,080	55	450	505	30	80	95	5	Mixte
ISÈRE	53,600	27,482	81,012	116	483	500	11	7	50	50	Mixte
JURA	27,490	7,880	35,370	77	1,430	1,507	11	·	50	50	Mixte
LANDES	31,800	14,000	45,903	40	200	240	5	15	80	20	Mixte
LOIR-ET-CHER	14,727	7,643	22,370	52	403	453	11	6	100	·	·
LOIRE	33,600	2,500	36,050	10	106	116	5	5	·	100	·
LOIRE (HAUTE-)	48,187	6,405	52,592	10	18	23	3	5	·	100	·
LOIRE-INFÉRIEURE	45,500	28,500	74,000	150	3,500	3,650	25	18	·	100	·
LOIRET	17,814	12,015	31,020	130	480	545	48	64	100	·	·
LOT	30,000	1,030	31,030	10	130	115	·	·	80	20	Mixte

AMENDEMENTS. — ENGRAIS. — ASSOLEMENT LE PLUS RÉPANDU.

(Unités : quint. mét.)

DÉPARTEMENTS.	Chaux.	Plâtre.	Marne.	Cendres.	Autres.	Engrais d'étable.	Récoltes et fourrages enfouis pour servir d'engrais.	Guano.	Autres engrais commerciaux.	Assolement en première ligne.	Assolement en seconde ligne.
AIN	71,132	36,600	131,422	40,711	50,648	8,454,110	180,800	674	1,786	B	T
AISNE	113,900	23,577	2,944,516	177,507	971,785	43,201,100	528,477	150,071	100,017	T	B
ALLIER	1,010,740	11,145	321,010	7,779	1,400	5,201,500	200,530	14,846	4,983	T	Q
ALPES (BASSES-)	515	2,975	·	5,078	3,580	3,009,413	402,508	215	26,150	B	T
ALPES (HAUTES-)	1,000	8,000	100,000	2,000	·	2,000,000	500,500	10,000	·	B	T
ALPES-MARITIMES	·	·	·	·	·	1,320,808	24,987	3,191	90,318	B	B
ARDÈCHE	180	5,847	20,192	3,297	21,080	10,025,192	113,101	206	959	B	T
ARDENNES	80,000	50,070	156,129	26,477	122,005	10,907,448	70,369	6,917	40,378	T	Q
ARIÈGE	820	73,851	200,012	80,877	5,048	7,105,150	161,781	560	200	B	T
AUBE	5,304	98,455	31,001	1,740	1,755	17,909,000	608,870	6,470	11,385	T	B
AUDE	15,801	18,032	15,960	1,578	10,900	8,701,000	619,682	45,535	33,851	T	Q
AVEYRON	257,754	10,027	176	13,873	2,800	4,854,633	18,915	12	500	B	T
BOUCHES-DU-RHÔNE	·	50	·	1,149	5,917	1,500,000	148,046	760	721,054	D	D
CALVADOS	1,851,424	87,071	·	97,715	5,818	21,464,760	120,217	261,300	60,417	T	Q
CANTAL	30,700	1,503	9,300	310	·	6,005,710	6,800	·	·	B	T
CHARENTE	19,559	50,491	15,551	21,873	4,135	8,803,641	90,490	11,606	35,580	B	T
CHARENTE-INFÉRIEURE	250	8,455	518,857	87,240	440,807	17,878,491	612,301	28,097	30,112	T	Q
CHER	231,333	68,860	1,333,816	61,850	7,830	13,828,065	8,845	40,001	31,812	T	Q
CORRÈZE	5,651	9,200	·	2,545	1,000	2,006,293	1,580	80	125	D	T
CORSE	·	·	·	800	6,000	611,000	8,181	·	·	D	T
CÔTE-D'OR	16,128	85,680	14	5,338	3,501	90,181,103	31,140	90	15,108	T	D
CÔTES-DU-NORD	83,000	·	66,500	5,003	2,030	9,143,400	15,000	1,000	15,000	T	Q
CREUSE	331,583	54	·	7,887	82,825	7,085,000	2,411,554	1,721	90,698	B	T
DORDOGNE	40,592	29,017	1,021	12,850	1,150	4,287,015	801,858	27,174	72,208	B	T
DOUBS	600	56,078	179,040	9,430	2,850	10,149,853	81,450	85	65	T	B
DRÔME	1,000	6,000	1,077	500	8,500	5,500,000	160,000	2,000	7,001	T	Q
EURE	11,450	47,021	8,254,018	9,447	1,950	22,018,470	66,795	44,026	16,563	T	D
EURE-ET-LOIR	36,813	55,101	2,141,943	40,901	903,328	27,107,490	603,177	97,789	50,334	T	Q
FINISTÈRE	8,880	918	980,085	45,007	17,700,870	15,213,861	18,100	50,799	100,000	T	Q
GARD	20,340	63,335	·	4,801	89,001	5,707,198	192,201	5,784	412,618	B	D
GARONNE (HAUTE-)	54,000	108,550	362,001	3,590	4,800	3,800,000	·	3,000	6,030	B	T
GERS	89,528	15,742	663,633	3,750	881,780	10,110,303	47,851	301	2,186	T	B
GIRONDE	874	13,031	48,363	38,807	171,761	6,218,080	887,141	88,567	235,735	B	T
HÉRAULT	820	452	·	2,000	1,500	1,510,070	2,000	20,000	50,000	B	T
ILLE-ET-VILAINE	1,530,491	10	3,481,551	108,131	199,085	11,076,715	8,080,548	48,012	1,788,648	T	Q
INDRE	207,802	22,424	2,150,500	11,818	2,852	12,295,618	155,078	20,892	199,586	T	Q
INDRE-ET-LOIRE	10,000	9,003	10,000	·	·	21,917,000	·	6,000	·	Q	T
ISÈRE	2,880	41,428	135,143	16,024	4,815	11,011,442	1,613,101	21,006	48,704	D	T
JURA	190	113,105	80,825	135,015	2,740	7,433,081	94,870	40	225	T	D
LANDES	5,000	000	1,100,000	80,000	400,000	14,520,003	3,200	2,540	100,000	T	B
LOIR-ET-CHER	33,585	130,775	1,211,401	19,736	25,749	80,035,841	818,525	114,488	65,015	T	Q
LOIRE	30,000	150,000	·	·	·	4,810,070	·	·	·	B	T
LOIRE (HAUTE-)	22,725	65,508	·	29,474	15,200	8,000,700	214,714	·	520	B	T
LOIRE-INFÉRIEURE	23,750	205	·	15,000	10,000	20,000,000	·	2,000	10,000	T	B
LOIRET	8,010	50,470	1,011,200	9,730	878,010	23,585,580	2,110	73,050	183,560	T	Q
LOT	40,005	00,030	·	2,022	00,003	4,000,000	903,000	·	2,000	B	B

¹ [illegible], sables calcaires, goëmons.

Tableau N° 2 (Suite). — Outillage agricole

DÉPARTEMENTS	Charrues du pays	Charrues perfectionnées	Charrues TOTAL	M. à battre à vapeur	M. à battre mues par des chevaux	M. à battre TOTAL	Faucheuses	Moissonneuses	Labourage Chevaux	Labourage Bœufs ou vaches	Labourage Mixte
Lot-et-Garonne	46,530	11,410	57,940	12	310	322	3	9	90	10	Mixte
Lozère	13,899	810	11,709	1	3	4	•	•	•	100	•
Maine-et-Loire	83,540	25,775	80,616	126	4,603	4,731	56	9	30	70	Mixte
Manche	40,867	15,735	56,602	4	1,562	1,566	17	17	80	20	Mixte
Marne	26,437	10,596	37,033	72	4,974	5,046	316	353	50	50	Mixte
Marne (Haute-)	14,331	8,236	22,567	24	8,655	8,779	69	45	80	20	Mixte
Mayenne	25,250	12,098	37,348	10	10,781	10,791	31	22	100	•	•
Meurthe-et-Moselle	8,726	8,462	17,188	36	5,145	5,485	101	297	100	•	•
Meuse	12,316	5,199	17,512	24	7,265	7,289	153	115	95	5	Mixte
Morbihan	39,852	15,169	55,021	112	388	500	1	•	50	50	Mixte
Nièvre	13,899	8,907	22,816	110	713	823	30	31	•	100	•
Nord	41,714	7,110	45,524	330	1,365	1,695	76	76	100	•	•
Oise	11,256	11,238	22,494	278	1,840	2,118	137	85	90	10	Mixte
Orne	26,106	5,215	31,621	33	1,511	1,517	9	7	96	4	Mixte
Pas-de-Calais	32,686	5,862	38,548	161	1,176	1,337	136	133	100	•	•
Puy-de-Dôme	54,130	6,232	60,382	24	126	163	18	5	•	100	•
Pyrénées (Basses-)	42,537	4,153	46,931	26	528	554	9	2	5	95	Mixte
Pyrénées (Hautes-)	20,200	15,240	35,600	•	140	140	8	•	50	50	Mixte
Pyrénées-Orientales	15,000	2,000	17,000	15	515	530	•	4	50	40	Mixte
Rhin (Haut-) [Belfort]	4,911	76	4,987	13	239	252	13	3	100	•	•
Rhône	27,883	10,927	34,810	28	85	113	7	1	90	10	Mixte
Saône (Haute-)	28,435	1,320	29,755	31	2,633	2,667	4	6	80	20	Mixte
Saône-et-Loire	38,000	25,500	63,500	658	300	958	24	10	75	25	Mixte
Sarthe	24,387	16,027	40,414	30	6,010	6,040	13	7	90	10	Mixte
Savoie	33,187	1,039	33,226	13	170	183	•	•	•	100	•
Savoie (Haute-)	18,530	8,511	29,007	43	968	1,013	4	1	•	100	•
Seine	1,888	378	2,265	4	36	40	3	7	100	•	•
Seine-Inférieure	19,655	4,644	24,299	48	6,001	6,049	86	43	100	•	•
Seine-et-Marne	14,962	5,934	20,896	363	1,510	1,873	52	70	100	•	•
Seine-et-Oise	22,533	14,662	37,195	194	1,944	2,138	61	80	80	20	Mixte
Sèvres (Deux-)	11,106	21,706	32,904	10	2,101	2,123	23	15	•	100	•
Somme	24,020	10,144	34,164	145	1,160	1,305	87	92	95	5	Mixte
Tarn	42,582	5,297	47,879	67	240	307	66	28	50	50	Mixte
Tarn-et-Garonne	35,802	4,005	39,807	61	278	312	29	21	•	100	•
Var	14,587	10,430	25,017	4	62	66	•	2	100	•	•
Vaucluse	16,278	8,612	24,890	62	4	66	65	43	50	50	Mixte
Vendée	21,679	8,311	30,020	255	328	583	•	4	•	100	•
Vienne	27,000	5,000	32,000	200	800	1,030	20	3	20	80	Mixte
Vienne (Haute-)	25,905	13,368	39,173	31	203	234	33	14	•	100	•
Vosges	21,258	5,932	27,190	14	3,831	3,848	100	160	100	•	•
Yonne	26,311	10,256	36,567	70	2,610	2,680	12	21	100	•	•
TOTAUX ET MOYENNES	2,321,918	800,572	3,105,533	6,793	127,323	131,116	3,161	2,583	55	45	

110

Amendements et engrais — Récapitulation générale par département

(Valeurs en quintaux métriques.)

DÉPARTEMENTS	Chaux	Plâtre	Marne	Cendres	Autres	Engrais d'étable	Récoltes et fourrages enfouis pour servir d'engrais	Guano	Autres engrais commerciaux	Assolement 1re ligne	Assolement 2e ligne
Lot-et-Garonne	5,000	61,000	61,000	•	•	3,370,791	2,090	1,000	3,000	B	T
Lozère	161	185	880	2,477	450	2,817,900	260	•	•	B	T
Maine-et-Loire	845,003	18,600	6,500	199,706	12,002	13,582,603	58,030	90,120	50,000	T	B
Manche	1,879,076	65	2,090,258	81,320	2,118,415	16,731,793	1,727,280	1,531	1,923,120	Q	T
Marne	855	25,542	261,039	1,757	20,791	23,507,584	26,247	5,774	19,859	T	Q
Marne (Haute-)	13,512	47,836	2,119	891	30,163	19,027,082	82,700	181	2,020	T	T
Mayenne	4,337,000	400	4,500	106,000	52,000	9,743,000	111,600	11,300	210,000	Q	Q
Meurthe-et-Moselle	4,191	70,168	6,512	6,811	18,732	13,795,907	31,366	29,588	16,083	T	B
Meuse	13,812	33,210	12,000	597	7,689	15,537,927	62,390	170	62,472	T	T
Morbihan	16,833	•	•	18,288	11,805	7,500,060	10,319	•	•	B	T
Nièvre	644,088	78,178	900,314	4,403	115	10,922,708	95,500	5,892	6,167	T	B
Nord	593,840	510	610,433	122,525	741,382	31,322,381	684,933	619,225	2,162,746	T	Q
Oise	115,816	23,792	2,832,021	199,915	113,733	34,011,553	81,071	69,090	78,014	T	Q
Orne	360,221	581,769	517,801	59,390	29,521	10,733,360	103,360	6,259	68,320	Q	T
Pas-de-Calais	37,863	24,730	2,410,773	618,821	451,910	23,562,001	251,937	94,714	463,305	T	B
Puy-de-Dôme	580,320	20,490	15,670	3,745	•	21,101,780	763,936	100	1,200	B	T
Pyrénées (Basses-)	125,679	4,305	683,800	79,192	20,093	8,143,654	133,170	22,015	570	B	B
Pyrénées (Hautes-)	15,209	2,450	30,125	7,903	•	1,325,456	75,933	•	•	B	T
Pyrénées-Orientales	•	2,000	•	•	•	1,286,610	•	•	•	B	B
Rhin (Haut-) [Belfort]	1,000	•	1,500	•	•	1,147,320	•	•	•	T	T
Rhône	52,723	31,979	•	31,388	800	4,191,000	41,090	2,130	1,124,020	B	T
Saône (Haute-)	2,386	100,567	187,296	44,953	64	2,905,630	8,571	35	120	T	B
Saône-et-Loire	5,030	25,000	150,000	200,000	40,010	15,000,000	6,000	870	18,000	B	T
Sarthe	175,374	111,531	313,401	16,099	45,015	12,817,965	100,715	38,555	3,232	Q	T
Savoie	765	142,403	•	6,100	1,914	7,255,885	304,129	1,039	2,355	T	Q
Savoie (Haute-)	411	83,100	500	1,585	10,443	7,005,885	178,893	612	10,185	T	Q
Seine	•	•	•	•	436,400	1,761,735	22,300	7,601	568,722	T	B
Seine-Inférieure	14,833	56,479	4,910,417	4,391	329,096	21,320,518	790,382	41,027	100,881	T	B
Seine-et-Marne	247,978	45,905	2,751,682	21,205	139,830	33,463,311	51,302	610,093	236,520	T	B
Seine-et-Oise	15,695	220,149	893,975	10,231	176,240	96,519,607	41,816	209,751	18,522,947	T	B
Sèvres (Deux-)	14,483	22,233	•	8,925	4,246	8,506,510	25,345	1,156	1,394	T	B
Somme	28,600	4,020	2,503,400	214,624	4,200	28,000,000	7,250	16,250	27,234	T	Q
Tarn	187,331	70,210	80,055	16,301	10,517	6,837,802	339,391	274	4,200	B	T
Tarn-et-Garonne	33,579	40,231	82,750	2,299	1,400	7,020,471	49,870	1,520	100	B	T
Var	500	1,415	•	3,010	30,816	1,533,113	23,598	49,605	409,412	B	T
Vaucluse	48,232	20,010	6,400	220	1,410,000	9,374,152	447,158	165,020	812,628	B	T
Vendée	93,000	•	•	95,000	103,000	13,000,000	50,000	19,000	82,000	B	T
Vienne	10,030	1,000	10,000	•	•	12,350,000	•	9,000	5,000	B	T
Vienne (Haute-)	89,953	6,039	15,873	29,351	1,439,250	10,939,230	120,764	47,312	115,731	B	T
Vosges	1,883	67,286	110	196,640	480	11,686,273	937	71	251	T	B
Yonne	9,235	93,000	297,800	4,382	10,086	22,805,000	403,000	16,340	1,958	T	B
TOTAUX	17,239,291	3,736,210	45,146,750	3,706,019	21,255,070	1,060,508,820	23,150,900	3,778,208	27,110,387	40 T / 36 B / 5 Q	89 T / 27 B / 71 Q

30,593,203

II

STATISTIQUE AGRICOLE

DE

LA HOLLANDE

—

RÉSUMÉS GÉNÉRAUX PAR PROVINCE

Tableau N° 1. — ÉTENDUE DU TERRITOIRE AGRICOLE PAR NATURE DE CULTURE.

(EN HECTARES.)

	BRABANT septentrional	GUELDRE	HOLLANDE méridionale	HOLLANDE septentrionale	ZÉLANDE	UTRECHT	FRISE	OVER-YSSEL	GRONINGUE	DRENTHE	LIMBOURG	LE ROYAUME
TERRES LABOURABLES												
Céréales et farineux	121,036	111,211	47,317	21,139	61,739	26,110	41,257	56,151	85,840	37,219	78,005	689,069
Cultures potagères et maraîchères (jardins)	3,991	5,541	4,000	2,136	1,201	563	2,940	1,090	1,434	.	1,810	21,933
Cultures industrielles	11,390	6,471	8,303	5,361	13,402	406	9,702	908	8,777	160	1,582	66,719
Prairies artificielles	57,336	42,753	8,586	3,903	11,581	4,696	8,518	16,645	12,725	4,083	19,095	183,850
Jachères mortes	803	3,303	6,920	.	7,156	890	551	.	2,122	114	339	21,207
TOTAL	191,585	169,322	75,216	34,498	95,185	30,691	57,307	74,797	111,070	41,575	101,914	986,211
AUTRES TERRAINS PRODUCTIFS												
Prairies naturelles	102,838	110,623	146,000	151,000	89,000	58,028	190,426	103,891	61,576	61,161	84,117	1,086,945
Vergers et pépinières	1,440	4,878	1,613	1,011	1,058	1,407	858	450	1,000	.	6,339	18,761
Vignes	.	.	.	.	.	.	.	.	.	.	.	.
Bois et forêts	48,537	71,360	15,000	6,803	4,500	15,914	6,538	16,177	550	5,500	24,818	211,177
TOTAL	152,811	218,561	162,613	159,843	44,853	76,919	203,812	119,321	63,725	66,661	54,804	1,320,186
TOTAL du terrain productif	317,873	385,943	337,659	191,311	139,521	106,643	261,149	191,618	174,205	108,236	150,716	2,306,707
Terres incultes	151,251	126,934	13,000	27,849	19,400	14,829	35,344	111,828	33,000	100,030	57,654	657,900
TOTAL du territoire agricole	493,033	512,877	250,959	222,181	151,921	121,472	296,493	300,446	207,205	208,236	211,874	2,963,790
Territoire général du royaume	512,774	508,613	301,756	271,636	176,500	138,429	327,491	334,305	219,268	305,262	220,111	3,387,281

TERRITOIRE AGRICOLE

DÉDUCTION FAITE DES TERRAINS ENSEMENCÉS DEUX FOIS, ET DES TERRES INCULTES.

	BRABANT septentrional	GUELDRE	HOLLANDE méridionale	HOLLANDE septentrionale	ZÉLANDE	UTRECHT	FRISE	OVER-YSSEL	GRONINGUE	DRENTHE	LIMBOURG	LE ROYAUME
Terrains ensemencés deux fois	11,428	33,516	696	816	1,090	3,061	1,086	290	2,890	3,138	7,417	67,093
Report des terres incultes	151,251	126,934	13,000	27,849	12,400	14,829	35,344	111,828	33,000	100,030	57,654	647,090
TOTAL	163,082	159,450	13,696	28,059	13,490	17,898	36,130	115,118	35,890	103,123	65,075	731,190
Territoire agricole ou exploitation	332,951	353,427	237,163	193,325	138,521	103,579	260,063	191,298	171,065	105,113	150,250	2,239,591

Tableau N° 2. — PRODUITS DES CULTURES.

I. CÉRÉALES ET FARINEUX ALIMENTAIRES.

			BRABANT septentrional.	GUELDRE.	HOLLANDE méridionale.	HOLLANDE septentrionale.	ZÉLANDE.	UTRECHT.	FRISE.	OVER-YSSEL.	GRONINGUE.	DRENTHE.	LIMBOURG.	LE ROYAUME Année moyenne.	LE ROYAUME 1873.
SUPERFICIE ENSEMENCÉE (en hectares)	Céréales	Froment	8,790	18,167	[illegible]	[illegible]	[illegible]	4,040	3,251	530	7,791	3	11,203	84,020	
		Seigle	47,080	38,008	[illegible]	[illegible]	3,312	5,119	7,370	24,031	11,516	1,930	31,863	187,401	
		Orge	8,851	8,010	[illegible]	2,817	9,410	130	2,537	1,135	13,135	520	2,670	46,031	
		Avoine	18,898	19,310	5,771	5,757	4,517	1,730	4,825	3,771	27,969	2,240	12,707	141,100	
		Sarrasin	15,800	11,871	[illegible]	507	637	6,390	5,071	8,039	2,631	8,301	1,751	63,098	
		TOTAUX	91,528	80,471	[illegible]	[illegible]	39,908	11,651	21,711	45,834	61,893	16,030	60,971	80,010	
	Farineux	Légumes secs	4,781	4,818	[illegible]	[illegible]	15,706	1,150	5,148	1,032	13,585	595	9,791	85,150	
		Pommes de terre	21,744	26,422	13,119	5,915	5,906	6,129	13,067	11,771	18,918	7,603	16,810	133,517	
		TOTAUX	26,508	30,740	18,814	[illegible]	23,395	7,577	16,513	12,793	32,507	8,108	15,110	181,030	
RENDEMENT MOYEN PAR HECTARE (en hectolitres)	Céréales	Froment	21,1	17,5	[illegible]	21,7	21,1	17,7	20,1	19,6	23,7	16,5	18,9	21,6	21,2
		Seigle	15,8	16,8	[illegible]	19,0	22,8	14,7	22,1	16,9	20,1	17,8	15,0	16,7	11,8
		Orge	21,1	22,7	[illegible]	3,5	30,9	23,9	20,6	21,5	21,6	25,0	29,7	57,1	30,1
		Avoine	35,9	30,0	18,1	49,0	50,3	21,8	29,3	15,7	48,1	37,9	30,0	54,9	37,6
		Sarrasin	18,9	19,1	11,1	17,1	19,7	11,0	13,8	13,5	14,7	13,5	15,9	17,3	17,9
	Farineux	Légumes secs	23,5	21,2	25,1	36,1	22,3	17,1	20,9	17,6	26,2	17,1	11,0	21,7	21,7
		Pommes de terre	121	118	131	131	118	117	139	119	131	170	115	130,7	137,5
PRODUCTION TOTALE (en hectolitres)	Céréales	Froment	183,893	317,607	797,711	78,049	407,052	50,094	91,106	11,094	182,901	93	270,034	1,971,130	1,935,805
		Seigle	702,548	603,024	47,761	61,918	71,112	81,041	152,877	400,031	211,586	292,122	477,783	3,090,091	2,907,715
		Orge	101,716	59,698	174,141	31,551	281,787	3,011	181,904	36,403	631,136	8,673	54,830	1,681,441	1,558,930
		Avoine	679,971	380,017	848,12	805,101	217,907	48,943	103,801	78,111	1,911,081	81,788	501,019	3,081,363	3,017,196
		Sarrasin	295,021	202,049	[illegible]	1,122	6,090	84,333	187,194	112,871	50,001	110,031	60,820	1,187,815	939,111
		TOTAUX	2,023,198	1,554,519	506,047	475,137	1,181,187	271,117	601,971	593,015	2,970,712	478,001	1,258,103	11,973,912	11,215,123
	Farineux	Légumes secs	111,001	151,105	101,674	103,820	373,711	99,117	101,797	17,371	212,192	9,191	89,071	1,912,815	1,902,732
		Pommes de terre	2,631,021	3,751,021	2,610,292	707,115	937,594	918,146	1,760,771	1,379,132	2,933,791	1,221,603	1,193,150	18,711,163	17,640,127
		TOTAUX	2,742,005	3,856,120	2,911,911	807,135	1,710,078	913,613	1,931,571	1,163,703	2,301,090	1,330,794	1,910,209	20,195,778	19,031,760

TABLEAU N° 2. (Suite.) — PRODUIT DES CULTURES.
II. PRINCIPALES CULTURES INDUSTRIELLES (PLANTES OLÉAGINEUSES, TEXTILES, ETC.).

		Brabant septentrional.	Gueldre.	Hollande méridionale.	Hollande septentrionale.	Zélande.	Utrecht.	Frise.	Over-Yssel.	Groningue.	Drenthe.	Limbourg.	Le Royaume 1873.	Le Royaume Année moyenne.
SUPERFICIE CULTIVÉE (en hectares).	Cultures oléagineuses — Colza	1,728	982	9,34[illegible]	907	3,389	314	1,783	808	5,814	6	799	17,270	
	Œillette et autres	272	66	7	1,674	13	·	179	185	586	81	297	3,153	
	Chènevis	53	11	1,695	1	·	9	·	8	·	·	11	1,110	
	Plantes textiles — Lin	4,089	515	9,703	1,025	4,031	·	3,530	488	2,348	40	687	21,874	
	Chanvre	·	·	·	·	·	·	·	·	·	·	·	1	
	Lin	·	·	·	·	·	·	·	·	·	·	·	[illegible]	
	Autres plantes industrielles — Betteraves à sucre	4,278	5,498	2,254	·	·	·	·	·	·	·	·	14,030	
	Houblon	108	80	·	150	3,850	113	·	171	·	2	240	811	
	Tabac	9	1,407	·	·	1	·	·	·	·	·	9	1,890	
	Garance	334	·	496	·	·	189	·	·	·	·	1	3,600	
	Chicorée	68	·	5	245	3,011	·	1,836	5	134	91	7	3,160	
	(total)	10,080	8,470	8,371	4,364	13,407	404	9,373	808	8,777	150	1,358	65,699	
RENDEMENT MOYEN par hectare.	Cultures oléagineuses (hectolitres) — Colza	23,0	21,8	25,7	27,9	27,1	17,8	20,5	13,9	24,7	28,0	17,0	21,9	25,6
	Œillette et autres	11,5	18,5	27,1	20,6	19,4	·	20,7	7,3	17,6	7,5	9,5	17,6	17,2
	Chènevis	7,4	6,8	12,5	9,0	·	12,0	·	13,6	·	·	7,4	12,1	13,6
	Plantes textiles (quintaux métriques) — Lin	6,4	6,0	7,1	5,4	6,0	·	12,6	4,6	15,0	8,5	9,4	9,1	0,7
	Chanvre	5,2	5,0	5,3	6,5	·	8,0	·	6,0	·	·	2,0	6,0	8,5
	Lin	3,7	3,8	0,5	8,5	4,1	·	6,8	3,8	7,6	8,5	9,7	5,0	5,5
	Autres cultures industrielles (quintaux métriques) — Betteraves à sucre	300,4	300,2	249,4	193,9	386,1	179,9	·	346,0	·	130,0	298,9	292,0	205,0
	Houblon	14,0	11,4	·	·	13,6	·	·	·	·	·	14,4	14,5	19,4
	Tabac	18,1	25,0	·	·	·	18,4	·	·	·	·	30,0	33,8	30,5
	Garance	15,4	·	20,2	10,7	29,0	·	·	·	·	·	·	21,5	22,3
	Chicorée	68,5	·	350,0	·	·	·	311,6	129,0	143,8	104,1	110,1	203,0	108,0
PRODUCTION TOTALE.	Cultures oléagineuses (hectolitres) — Colza	39,795	20,039	61,193	9,064	93,948	5,581	46,877	3,597	146,400	136	8,009	490,001	395,792
	Œillette et autres	3,080	718	119	34,973	811	·	9,707	1,345	9,770	619	2,776	54,500	51,180
	Chènevis	369	70	14,391	8	·	114	·	107	·	·	81	15,011	15,400
	Lin	34,210	3,500	16,194	10,404	29,816	·	64,045	1,738	35,145	410	6,856	104,357	212,178
	(total)	77,519	24,530	91,231	55,349	116,372	5,308	115,797	6,733	186,094	1,181	14,211	697,700	537,235
	Plantes textiles (quintaux métriques) — Chanvre	274	86	9,60[illegible]	6	·	47	·	49	·	·	81	3,072	2,511
	Lin	15,058	1,765	8,128	10,890	10,934	·	34,856	1,468	17,011	178	1,770	108,454	132,494
	(total)	15,333	1,851	16,531	13,806	10,934	47	34,634	1,517	17,011	175	1,901	117,526	132,005
	Autres cultures industrielles (quintaux métriques) — Betteraves à sucre	1,285,245	1,010,098	632,1[illegible]	29,703	1,151,004	20,045	·	39,600	·	900	65,590	4,272,588	4,315,950
	Houblon	2,411	582	·	·	4	·	·	·	·	185	3,011	7,194	
	Tabac	61	33,743	·	·	3,110	·	·	·	·	10	30,890	34,074	
	Garance	8,148	·	9,60[illegible]	4,092	15,382	·	·	·	·	·	·	64,789	57,034	
	Chicorée	47,395	·	1,53[illegible]	·	·	·	429,800	300	19,475	3,550	1,011	439,704	300,051	
	(total)	1,269,150	1,091,09[illegible]	869,3[illegible]	34,539	1,177,978	25,104	429,800	39,900	19,475	3,820	96,491	4,817,351	4,737,300

¹ Voir pour la superficie le chènevis et le lin.

(Non compris les semaris pour 706 hectares, et l'épinée pour 1,004 hectares (en tout 1,710 hectares).

TABLEAU N° 3. — ANIMAUX DOMESTIQUES. — RUCHES D'ABEILLES.

OUTILLAGE AGRICOLE. ANIMAUX DE LABOUR.

	BRABANT.	GUELDRE.	HOLLANDE méridionale.	HOLLANDE septentrionale.	ZÉLANDE.	UTRECHT.	FRISE.	OVER-YSSEL.	GRONINGUE.	DRENTHE.	LIMBOURG.	LE ROYAUME.
ESPÈCE CHEVALINE. Poulains et pouliches.	4,897	6,548	5,278	1,891	4,941	2,641	3,112	2,746	4,941	2,451	2,773	40,928
Étalons.	41	138	18	54	65	45	54	40	40	27		700
Autres (entiers et hongres).	22,507	21,254	28,287	17,276	18,566	7,689	17,440	12,351	21,856	7,903	9,678	182,845
Juments.	3,103	5,331	8,915	1,476	7,015	2,177	2,001	1,610	2,598	1,843	2,017	29,030
TOTAL.	30,618	33,810	37,003	10,697	23,757	11,942	22,616	16,730	29,414	12,099	14,517	258,393
ESPÈCES ASINE ET MULASSIÈRE.	230	1,130	632	617	274	205	43	61	49	0	108	3,166
ESPÈCE BOVINE. Veaux pour engrais.	10,218	5,622	3,180	.	2,853	757	.	.	.	1,183	5,917	37,846
Mouvillons, taurillons.	64,279	75,008	47,671	31,535	25,131	20,333	51,003	38,436	40,019	23,060	90,687	431,536
Vaches et bœufs pour engrais.	9,054	12,908	11,434	4,872	4,042	1,057	6,380	9,747	7,070	910	1,611	61,187
Taureaux.	965	1,840	3,001	1,436	751	1,077	3,568	1,785	1,080	357	583	17,650
Bœufs de labour.	4,280	1,891	.	.	76	29	1	1,319	.	7	2,590	10,226
Vaches laitières.	102,951	95,040	142,870	104,583	37,456	50,591	115,712	83,793	51,955	39,502	47,011	900,433
TOTAL.	197,665	192,712	208,074	145,020	90,580	82,846	205,671	128,107	101,659	66,023	78,989	1,499,937
ESPÈCE OVINE.	48,147	71,114	57,190	229,257	32,255	51,130	121,517	30,595	88,902	147,706	58,193	903,715
ESPÈCE PORCINE. Cochons de lait.	42,499	68,310	18,901	10,000	10,806	11,300	13,831	21,784	13,381	11,131	38,681	263,746
Adultes.	52,181	85,010	31,143	15,457	21,248	23,276	11,422	28,691	19,601	22,681	37,075	332,255
TOTAL.	94,680	153,390	50,947	24,457	32,051	31,666	25,943	50,175	38,618	33,215	73,755	611,001
ESPÈCE CAPRINE.	30,756	44,400	11,023	6,871	5,310	7,641	1,672	9,452	3,456	5,768	11,466	116,160
RUCHES D'ABEILLES.	56,512	37,202	1,632	5,106	.	18,806	17,028	25,889	15,361	27,702	20,423	222,435

OUTILLAGE AGRICOLE.

	NOMBRE.	FORCE en chevaux.
Nombre et force en chevaux des machines à vapeur employées pour le desséchement des polders.	25	6,410
les exploitations agricoles.	73	324
dans les fabriques transformant des produits agricoles.	417	4,022
	515	11,895
Nombre de chaudières.	983	

ANIMAUX DE LABOUR.

Chevaux 108,000

Bœufs 10,500

NOTA. — L'assolement le plus répandu est le triennal.

III

DOCUMENTS AGRICOLES

RELATIFS AUX DIVERS

ÉTATS DE L'EUROPE

TABLEAU N° 1. — ÉTENDUE DU TERRITOIRE AGRICOLE, PAR NATURE DE CULTURE.

(EN HECTARES.)

DÉSIGNATION des ÉTATS.	TERRES LABOURABLES.						AUTRES TERRAINS PRODUCTIFS.				TOTAL du territoire productif.	TERRES incultes.	TOTAL du territoire agricole.	ÉTENDUE TOTALE du territoire de chaque État.
	Céréales et farineux.	Cultures potagères et maraîchères.	Cultures industrielles.	Prairies artificielles ou fourrages annuels.	Jachères mortes.	TOTAL.	Prairies naturelles et pacages, vergers, etc.	Vignes.	Bois et forêts.	TOTAL.				
Grande-Bretagne (et îles)..	4,039,600	15,300	31,900	3,026,500	285,800	7,412,600	5,299,000	·	885,100	6,184,100	13,596,700	5,476,483	19,008,183	23,069,876
Irlande............	1,147,000	—	52,400	938,500	5,300	2,138,290	4,217,300	·	180,090	4,317,380	6,485,670	1,000,000	7,485,670	8,121,900
Danemark..........	1,110,878	5,815	9,580	26,405	287,575	1,390,038	1,042,389	·	176,054	1,919,486	2,609,445	161,717	2,771,162	3,828,578
Norvège...........	213,600	2,000	—	400,000	20,000	635,600	600,000	·	7,500,000	8,100,000	8,735,600	22,600,000	31,335,600	31,665,000
Suède............	1,443,000	37,900	22,400	700,000	329,000	2,532,300	1,986,200	·	17,137,000	19,123,200	21,955,500	20,000,000	41,955,500	41,769,800
Finlande..........	492,400	15,000	14,300	10,000	250,000	781,700	1,880,000	·	20,700,000	22,580,000	23,361,700	10,400,000	33,761,700	36,871,700
Autriche*	7,507,706	126,608	32,348	1,300,507	46,202	9,013,521	8,112,867	223,909	9,325,335	17,762,111	26,775,932	2,000,000	28,775,932	30,019,000
Hongrie...........	8,369,530	—	334,929	318,453	2,294,364	11,317,270	8,005,647	425,109	8,539,483	18,970,232	23,287,503	8,225,421	31,512,920	32,385,400
Bavière...........	2,117,853	70,293	88,141	356,081	474,450	3,102,127	1,451,920	22,161	2,377,429	3,854,515	6,956,940	434,945	7,395,885	7,884,830
Saxe-Royale......	477,510	20,806	20,567	195,036	40,000	754,018	218,097	1,708	416,194	631,929	1,385,977	60,000	1,445,977	1,498,956
Wurtemberg.......	593,076	7,711	36,482	122,582	88,980	817,831	381,491	17,000	601,015	1,031,402	1,851,638	27,298	1,878,926	1,943,900
Bade.............	384,840	7,000	22,760	171,000	14,000	600,000	342,000	21,000	510,000	803,030	1,109,600	39,000	1,148,600 [1]	1,527,409
Hesse-Darmstadt....	261,292	8,407	30,867	107,103	10,561	422,330	110,000	9,775	289,989	359,761	782,004	31,360	816,454	818,700
Saxe-Weimar.......	132,244	395	2,170	27,549	30,011	201,790	33,908	163	92,317	126,387	328,186	22,383	350,569	356,400
Saxe-Altenbourg.....	57,286	3,080	3,643	11,045	1,460	77,122	10,692	·	37,967	48,659	125,782	2,606	128,258	138,151
Hollande..........	639,000	24,339	66,719	183,850	22,297	936,211	1,106,000	·	211,477	1,320,486	2,300,700	687,000	2,909,700 [2]	3,287,281
Belgique..........	1,162,797	52,176	115,017	125,100	53,802	1,580,061	865,801	290	410,130	817,734	2,101,375	262,177	2,363,752	2,948,600
France...........	16,007,752	474,061	872,678	3,080,061	4,863,929	25,297,677	7,955,340	2,682,718	8,357,066	18,295,123	44,592,603	4,423,603	49,016,603	59,904,974
Portugal*.........	1,056,842	50,000	75,000	10,000	650,000	1,841,832	1,776,000	204,000	630,000	2,610,000	4,451,832	3,380,148	7,832,000	8,903,320
Roumanie.........	3,025,078	182,197	97,930	—	200,000	3,505,205	2,515,211	132,981	2,014,023	4,661,221	8,161,426	3,787,183	11,951,609	12,097,300

NOTA. — Les États marqués d'un astérisque, dans ce tableau et ceux qui suivent, n'ont pas répondu au questionnaire international. On a dû y suppléer à l'aide de chiffres recueillis dans des publications officielles.

[1] Y compris 55,000 hectares ayant fourni deux récoltes dans l'année.
[2] Y compris 67,000 hectares ayant fourni deux récoltes dans l'année.

Tableau N° 2. — PRODUIT DES CULTURES.
I. CÉRÉALES ET FARINEUX ALIMENTAIRES. A) Étendue ensemencée.

DÉSIGNATION DES ÉTATS.	DATES des enquêtes	POPULATION	SUPERFICIE TOTALE du territoire.	FROMENT et épeautre.	MÉTEIL.	SEIGLE.	ORGE (ou OR.)	AVOINE.	MAÏS.	SARRASIN.	MILLET et menus grains.	TOTAL.	LÉGUMES SECS.	POMMES de terre.	TOTAL.
			hectares.	hectares.	hectares.	hectares.	hectares.	hectares.	hectares.	hectares.	hectares.	hectares.	hectares.	hectares.	hectares.
1. GRANDE-BRETAGNE	1873	20,787,537	23,318,000	1,117,300	.	20,090	948,400	1,058,000	.	.	.	3,474,500	388,700	311,400	574,100
2. IRLANDE	1873	5,337,201	8,121,000	68,200	.	8,401	98,500	611,100	.	.	.	779,200	5,200	365,000	370,800
3. DANEMARK	1871	1,784,741	3,923,078	55,466	.	247,837	301,578	579,927	.	15,020	52,620	1,032,407	55,405	42,946	78,411
4. NORVÈGE	1873	1,763,030	31,933,200	4,800	.	15,30.	60,000	69,000	.	.	26,000	178,100	3,800	31,700	35,500
5. SUÈDE	1872	4,267,973	41,769,300	—¹	—	—	—	—	—	—	—	1,915,800	61,000	145,930	197,200
6. RUSSIE	1870	71,759,080	313,492,300	—	—	—	—	—	—	—	—	—²	—	—	—²
7. FINLANDE	1870	1,832,000	97,735,300	2,000	.	265,000	110,000	90,000	.	400	5,000	472,400	.	20,000	20,000
8. AUTRICHE	1871	20,394,980	30,019,000	961,313	.	1,080,347	1,071,780	1,974,910	206,534	287,390	54,400	6,151,039	106,007	957,130	1,063,837
9. HONGRIE	1873	15,509,455	32,385,300	2,234,013	150,010	1,410,714	936,707	1,175,700	1,709,763	51,000	81,009	7,654,074	43,061	371,508	415,409
10. SUISSE	1868	2,580,147	4,141,800	—	—	—	—	—	—	—	—	—³	—	—	—³
11. PRUSSE (ALLEMAGNE)	1867	24,056,078	34,710,700	1,593,043	.	4,075,600	1,858,431	2,713,582	.	.	.	8,843,301	—	—	—³
12. BAVIÈRE	1863	4,852,098	7,931,880	Fr. 290,146 / Ép. 192,022	.	566,169	358,805	451,756	785	1,684	3,202	1,806,970	49,001	361,276	310,977
13. SAXE-ROYALE	1873	2,556,244	1,498,956	80,049	.	166,877	71,844	34,894	.	6,936	.	382,081	6,835	88,500	95,435
14. WURTEMBERG	1873	1,818,539	1,918,000	Fr. 19,013 / Ép. 197,000	19,413	49,871	97,838	130,130	1,781	186	31	507,051	10,017	74,095	85,012
15. BADE	1873	1,461,664	1,527,400	111,007	20,000	52,000	69,000	53,000	3,000	600	10,010	301,640	3,200	80,000	80,200
16. HESSE-DARMSTADT	1873	854,801	838,700	48,855	4,014	58,078	51,802	56,761	181	694	361	204,183	9,510	47,653	57,107
17. SAXE-WEIMAR	1873	286,183	350,400	18,019	.	34,897	27,511	29,820	.	.	.	110,417	4,949	16,855	21,797
18. SAXE-ALTENBOURG	1873	141,133	139,131	5,700	.	18,014	8,928	14,590	.	.	.	47,282	2,160	7,844	10,004
19. HOLLANDE	1873	3,715,002	3,287,981	96,910	.	187,102	45,501	104,168	.	66,208	.	500,810	55,158	133,510	198,600
20. BELGIQUE	1873	5,233,821	2,945,000	317,884	56,457	288,096	43,618	226,744	.	21,485	.	967,181	24,254	171,398	195,652
21. FRANCE	1873	36,102,921	52,804,074	6,996,410	503,178	1,912,001	7,118,071	3,192,450	605,995	677,020	49,084	15,010,325	322,681	1,176,496	1,499,177⁵
22. PORTUGAL	1863	4,011,008	9,108,700	250,353	.	380,815	69,907	11,091	311,356	.	.	1,015,015	.	13,357	13,357
23. ESPAGNE	1857	15,204,412	50,703,600	2,059,009	.	1,198,580	1,387,702	.	619,826⁴	.	.	6,005,020	.	205,001	205,001
24. ITALIE	—	20,801,154	25,882,000	—	—	—	—	—	—	—	—	—³	—	—	—³
25. GRÈCE ET ÎLES IONIENNES	1861	1,457,894	4,781,600	152,078	.	4,878	47,636	4,140	73,949	5,270	52,158	313,213	.	102	102
26. TURQUIE D'EUROPE	1869	8,700,000	56,403,700	—	—	—	—	—	—	—	—	—³	—	—	—³
27. SERBIE	1868	1,398,505	4,855,000	—	—	—	—	—	—	—	—	—³	—	—	—³
28. ROUMANIE	1873	4,000,000	12,007,800	698,106	.	103,723	354,028	88,242	1,278,092	4,801	90,030	8,022,108	100,000	670	100,670

¹ Le signe — indique que le renseignement n'a pas été fourni. — ² Répartition non indiquée. — ³ État n'ayant transmis aucun renseignement. — ⁴ Y compris les fèves et les pois. — ⁵ Non compris 482,247 hectares de chataigniers.

TABLEAU N° 2. (Suite.) — PRODUIT DES CULTURES.

I. — CÉRÉALES ET FARINEUX ALIMENTAIRES. — B) Semence et rendement moyen par hectare.

SEMENCE PAR HECTARE (année moyenne).

(Unités : hectol.)

DÉSIGNATION DES ÉTATS.	DATES des enquêtes	Froment et épeautre	Méteil	Seigle	Orge	Avoine	Riz	Sarrasin	Millet et menus grains	Légumes secs	Pommes de terre
1. GRANDE-BRETAGNE	1872	—	—	—	—	—	—	—	—	—	—
2. IRLANDE	1873	—	—	—	—	—	—	—	—	—	—
3. DANEMARK	1871	2,5	»	2,5	2,0	3,7	»	1,5	3,1	2,5	15,0
4. NORVÈGE	1873	2,8	»	2,1	3,8	6,0	»	»	4,5	3,2	31,0
5. SUÈDE	1872	—	—	—	—	—	—	—	—	—	—
6. RUSSIE*	1870	—	—	—	—	—	—	—	—	—	—
7. FINLANDE	1870	2,8	»	2,2	3,5	4,2	»	0,6	5,0	—	28,0
8. AUTRICHE*	1871	—	—	—	—	—	—	—	—	—	—
9. HONGRIE	1873	1,2	1,2	1,2	1,5	1,0	0,2	1,2	0,3	1,4	0,2
10. SUISSE*	1868	—	—	—	—	—	—	—	—	—	—
11. PRUSSE*	1867	—	—	—	—	—	—	—	—	—	—
12. BAVIÈRE	1863	fr. 2,06 / ép. 4,06	»	2,7	3,0	4,0	»	»	»	2,3	—
13. SAXE-ROYALE	1875	2,06	»	2,8	2,8	4,0	»	1,5	»	2,8	22,5
14. WURTEMBERG	1873	—	—	—	—	—	—	—	—	—	—
15. BADE	1873	—	—	—	—	—	—	—	—	—	—
16. HESSE-DARMSTADT	1873	—	—	—	—	—	—	—	—	—	—
17. SAXE-WEIMAR	1873	2,5	»	2,4	2,7	3,6	»	»	»	3,5	15,0
18. SAXE-ALTENBOURG	1873	2,3	»	2,0	2,0	3,5	»	»	»	2,3	12,0
19. HOLLANDE	1873	—	—	—	—	—	—	—	—	—	—
20. BELGIQUE	1875	—	—	—	—	—	—	—	—	—	—
21. FRANCE	1873	2,2	2,1	2,1	2,1	2,4	0,7	0,9	0,4	1,8	13,9
22. PORTUGAL*	1855	—	—	—	—	—	—	—	—	—	—
23. ESPAGNE*	1857	—	—	—	—	—	—	—	—	—	—
24. ITALIE*	—	—	—	—	—	—	—	—	—	—	—
25. GRÈCE ET ILES IONIENNES*	1867	—	—	—	—	—	—	—	—	—	—
26. TURQUIE D'EUROPE*	1869	—	—	—	—	—	—	—	—	—	—
27. SERBIE*	1855	—	—	—	—	—	—	—	—	—	—
28. ROUMANIE	1874	2,5	»	2,5	3,0	3,0	0,2	0,6	0,3	0,5	27,0

(États 11 à 18 : ALLEMAGNE.)

RENDEMENT MOYEN PAR HECTARE.

CÉRÉALES — FARINEUX ALIMENTAIRES. (Unités : hectol. ; enq. = année de l'enquête, moy. = année moyenne.)

DÉSIGNATION DES ÉTATS.	Froment et épeautre enq.	moy.	Méteil enq.	moy.	Seigle enq.	moy.	Orge enq.	moy.	Avoine enq.	moy.	Maïs enq.	moy.	Sarrasin enq.	moy.	Millet et menus grains enq.	moy.	Légumes secs enq.	moy.	Pommes de terre enq.	moy.
1. GRANDE-BRETAGNE	—	27,1	—	»	—	30,0	—	34,0	—	40,0	—	»	—	»	—	»	—	27,0	—	124,0
2. IRLANDE	20,0	—	»	—	16,5	—	31,5	—	32,5	—	»	—	»	—	»	—	24,0	—	120,0	—
3. DANEMARK	—	17,0	»	—	—	13,0	—	20,0	—	20,0	»	—	»	11,0	—	28,0	—	14,0	—	120,0
4. NORVÈGE	—	20,3	»	—	—	21,2	—	20,3	—	23,3	»	—	»	»	—	32,3	—	15,7	—	209,3
5. SUÈDE	—	—	—	—	—	—	—	—	—	—	—	—	—	—	—	»	10,3	17,3	101,8	110,0
6. RUSSIE*	—	—	—	—	—	—	—	—	—	—	—	—	—	—	—	—	—	—	—	—
7. FINLANDE	9,8	15,3	»	»	12,0	15,2	10,0	10,5	10,0	10,6	»	»	10,5	10,5	10,0	10,9	»	»	126,6	175,0
8. AUTRICHE*	15,0	—	»	—	13,2	—	15,2	—	17,2	—	13,0	—	12,1	—	12,0	—	16,0	—	73,3	—
9. HONGRIE	—	11,0	—	14,0	—	16,2	—	13,6	—	12,4	—	14,9	—	9,0	—	11,5	—	14,0	—	120,0
10. SUISSE*	—	—	—	—	—	—	—	—	—	—	—	—	—	—	—	—	—	—	—	—
11. PRUSSE*	15,3	—	»	13,0	—	22,5	—	29,5	»	»	»	»	»	»	»	»	15,7	—	—	—
12. BAVIÈRE	fr. 25,4 / ép. 14,7	—	»	14,7	—	16,2	—	20,9	—	31,1	—	10,8	—	15,0	—	13,5	93,1	—	—	—
13. SAXE-ROYALE	—	25,6	»	»	—	22,0	—	22,7	—	40,1	»	»	—	13,0	»	»	16,7	—	174,3	—
14. WURTEMBERG	fr. 10,0 / ép. 12,0	14,5 / 20,3	18,6	14,0	14,1	10,0	10,4	21,3	25,1	25,0	10,1	18,6	15,0	15,0	13,0	16,0	12,0	—	91,4	—
15. BADE	13,5	14,7	21,6	11,2	10,9	14,7	10,0	25,6	21,2	22,7	20,9	10,1	15,9	14,2	10,9	20,1	14,0	—	11,6	80,0
16. HESSE-DARMSTADT	17,0	34,0	17,0	25,4	13,6	15,7	20,0	23,4	20,9	27,0	15,9	17,7	11,4	12,3	28,1	19,6	14,0	—	113,0	—
17. SAXE-WEIMAR	13,0	15,9	»	»	16,9	18,0	20,0	25,5	27,5	30,0	»	»	»	»	»	»	12,0	12,5	110,0	180,0
18. SAXE-ALTENBOURG	2,3	25,6	»	»	22,0	22,0	35,0	33,0	40,0	40,0	»	»	»	»	»	»	19,0	15,0	130,0	180,0
19. HOLLANDE	21,2	21,6	»	»	14,6	16,7	30,4	37,0	37,6	39,2	»	»	14,5	17,0	»	»	24,7	24,3	132,5	140,7
20. BELGIQUE	26,0	21,3	20,7	20,2	15,3	22,1	26,3	30,0	38,4	37,0	»	»	17,6	21,7	»	»	21,1	21,3	167,0	185,0
21. FRANCE	12,5	15,4	12,0	15,4	13,0	13,8	16,7	18,1	21,5	27,1	14,7	16,0	14,4	16,0	12,3	13,7	15,7	15,0	102,5	111,9
22. PORTUGAL*	8,3	11,3	»	»	6,0	7,4	10,0	14,8	16,7	19,0	17,9	18,6	»	»	»	»	»	»	»	100,0
23. ESPAGNE*	14,0	—	»	—	7,8	—	16,0	—	»	»	—	14,0	—	»	—	»	»	—	110,0	—
24. ITALIE*	—	—	—	—	—	—	—	—	—	—	—	—	—	—	—	—	—	—	—	—
25. GRÈCE ET ILES IONIENNES*	11,6	—	»	10,0	—	16,9	—	17,0	—	15,6	—	10,0	—	15,0	»	»	»	—	40,0	—
26. TURQUIE D'EUROPE*	—	—	—	—	—	—	—	—	—	—	—	—	—	—	—	—	—	—	—	—
27. SERBIE*	—	—	—	—	—	—	—	—	—	—	—	—	—	—	—	—	—	—	—	—
28. ROUMANIE	—	17,0	»	»	—	20,0	—	20,0	—	30,0	»	29,0	—	17,0	»	28,0	—	28,0	—	200,0

TABLEAU N° 2. (Suite.) — PRODUIT DES CULTURES.

CÉRÉALES. — Production totale.

DÉSIGNATION des ÉTATS	DATES des ENQUÊTES	FROMENT ET ÉPEAUTRE		MÉTEIL		SEIGLE		ORGE		AVOINE		MAÏS		SARRASIN		MILLET ET MENUS GRAINS		TOTAL	
		Année de l'enquête	Année moyenne	Année de l'enquête	Année moyenne	Année de l'enquête	Année moyenne	Année de l'enquête	Année moyenne	Année de l'enquête	Année moyenne	Année de l'enquête	Année moyenne	Année de l'enquête	Année moyenne	Année de l'enquête	Année moyenne	Année de l'enquête	Année moyenne
		hectol.	hectol.	hectol.	hectol.	hectol.	hectol.	hectol.	hectol.	hectol.	hectol.	hectol.	hectol.	hectol.	hectol.	hectol.	hectol.	hectol.	hectol.
1. GRANDE-BRETAGNE	1873	—	36,847,200	—			027,90?	—	32,215,600	—	43,520,000	—		—		—		—	113,23?
2. IRLANDE	1873	1,361,000	—		—	62,000	—	2,954,600	—	29,105,100	—					—		24,180,090	—
3. DANEMARK	1871	—	966,722	—		—	3,231,881	—	6,087,560	—	9,641,502	—		—	219,379	—	918,360	21,69?	—
4. NORVÈGE	1873	—	97,140	—		—	291,270	—	1,313,000	—	3,042,000	—		—		—	650,000	8,39?	—
5. SUÈDE	1872	865,187	—		—	5,250,453	—	4,430,722		11,256,343	—			3,437	—	1,685,154		23,621,311	—
6. RUSSIE*	1870	79,127,650	—		—	217,742,877	—	43,782,610	—	203,155,747	—				—	36,319,094	—	584,121,678	—
7. FINLANDE	1870	19,000	31,000		—	3,189,000	4,025,004	1,780,000	2,189,000	1,710,000	1,764,000			6,600	6,600	50,000	50,000	6,725,600	8,0?
8. AUTRICHE*	1871	12,065,856	—		—	29,915,26?	—	18,291,056	—	32,236,412	—	4,032,726	—	2,879,419	—	651,880	—	94,870,611	—
9. HONGRIE	1873	—	24,574,253	—	3,581,221	—	22,909,306	—	11,902,508	—	14,578,731	—	26,816,463	—	450,510	—	1,188,900	—	105,99?
10. SUISSE*	1868	786,000	—		—	3,060,000	—	501,000	—	1,872,000	—		—		—		—	9,192,000	—
11. PRUSSE*	1867	25,980,058	—		—	61,129,875	—	30,504,697	—	80,139,169	—		—		—		—	197,813,498	—
12. BAVIÈRE	1863	fr. 4,256,748 ép. 3,353,612	—		—	8,636,656	—	9,187,900	—	9,195,410	—	17,908		17,528	—	48,080	—	31,646,493	—
13. SAXE-ROYALE	1872	—	1,681,151	—		—	4,325,168	—	9,047,573	—	1,393,818	—		—	104,025	—		—	9,75?
14. WURTEMBERG	1873	fr. 199,120 ép. 2,361,060	fr. 288,724 ép. 7,929,800	250,000	277,788	876,981	853,532	1,889,188	2,073,107	3,206,414	3,370,522	28,722	31,966	2,037	2,385	405	435	8,575,199	13,97?
15. BADE	1873	1,521,800	1,621,700	239,000	285,000	445,290	617,164	1,178,000	1,467,000	1,123,600	1,176,600	57,300	57,900	8,520	9,720	201,804	140,560	4,778,994	5,57?
16. HESSE-DARMSTADT	1873	974,617	1,661,312	68,238	92,827	786,215	1,102,309	1,129,475	1,272,773	961,614	991,008	9,878	22,937	7,811	8,596	10,144	6,714	3,842,155	5,16?
17. SAXE-WEIMAR	1873	379,785	212,047		—	619,148	550,232	704,080	552,920	894,600	670,060							2,497,111	2,01?
18. SAXE-ALTENBOURG	1873	119,760	141,000		—	414,322	414,332	312,480	294,624	670,089	656,100							1,547,342	1,60?
19. HOLLANDE	1873	1,845,825	1,874,156		—	2,567,316	2,500,202	1,655,930	1,681,681	3,017,132	3,081,368			989,144	1,127,595			11,345,428	11,07?
20. BELGIQUE	1873	5,897,100	3,455,581	716,857	716,957	4,710,145	6,386,148	1,256,198	1,331,711	7,673,449	6,500,628			575,112	465,139			28,428,541	23,85?
21. FRANCE	1875	56,961,195	104,177,048	6,227,301	7,751,190	20,779,307	26,810,016	18,739,827	20,251,691	67,801,996	70,328,495	9,013,852	9,676,825	9,729,957	11,448,980	812,031	687,717	210,895,383	250,03?
22. PORTUGAL*	1865	2,003,681	2,970,401		—	2,198,590	2,958,631	809,670	1,000,528	200,299	191,904	5,573,272	4,208,306					10,675,196	11,28?
23. ESPAGNE*	1857	41,425,726	—		—	8,589,850	—	29,803,939	—		—	8,077,695	—		—		—	79,594,914	—
24. ITALIE*	1855	37,836,885	—		—	2,079,016	—	5,213,900 ¹	—		—	17,987,853	—		—	7,193,290	—	74,518,440	—
25. GRÈCE ET ÎLES IONIENNES*	1857	1,758,060	—		—	43,760	—	805,048	—	70,482	—	1,142,584	—	92,700	—	521,380	—	4,474,314	—
26. TURQUIE D'EUROPE*	1868	14,100,000	—		—	3,600,000	—	6,000,000	—	1,080,000	—	10,800,000	—		—	rin 720,000	—	39,600,000	—
27. SERBIE*	1863	1,410,000	—		—	180,000	—	1,520,000	—	180,000	—	1,806,000	—	360,000	—		—	5,0?0,000	—
28. ROUMANIE	1873	—	11,903,972	—		—	2,074,421	—	7,080,160	—	2,977,280	—	28,312,760	—	80,003	—	2,937,610	—	6?,99?

¹ Y compris l'avoine.

Tableau N° 2. *(Suite.)* — PRODUIT DES CULTURES.

FARINEUX ALIMENTAIRES. — C) Production totale.

DÉSIGNATION des ÉTATS	DATES des enquêtes	LÉGUMES SECS		POMMES DE TERRE		TOTAL	
		Année de l'enquête	Année moyenne	Année de l'enquête	Année moyenne	Année de l'enquête	Année moyenne
		hectol.	hectol.	hectol.	hectol.	hectol.	hectol.
1. Grande-Bretagne	1873	—	9,500,900	—	30,441,000	—	40,349,500
2. Irlande	1873	124,800	—	43,872,000	—	43,996,800	—
3. Danemark	1871	—	496,510	—	5,153,520	—	5,650,030
4. Norvége	1873	—	63,460	—	6,641,150	—	6,704,610
5. Suède	1879	539,453	918,000	14,512,947	15,752,000	15,071,600	16,670,000
6. Russie*	1870	·	—	115,189,048	—	115,189,048	—
7. Finlande	1870	·	·	2,589,000	3,500,000	2,590,000	3,500,000
8. Autriche*	1871	1,979,029	—	62,871,009	—	64,850,038	—
9. Hongrie	1873	—	645,314	—	44,580,960	—	45,196,274
10. Suisse*	1868	—	—	—	—	—	—
11. Prusse*	1871	6,035,414	—	200,717,171	—	206,772,585	—
12. Bavière	1869	681,498	—	21,063,620	—	21,743,013	—
13. Saxe-Royale	1873	··	113,814	—	11,551,050	—	11,666,854
14. Wurtemberg	1873	131,091	—	6,994,568	—	7,125,572	—
15. Bade	1873	—	38,400	—	7,201,050	—	7,738,400
16. Hesse-Darmstadt	1873	132,944	—	5,374,651	—	5,507,628	—
17. Saxe-Weimar	1873	65,717	59,804	2,628,250	1,854,000	2,504,967	1,913,854
18. Saxe-Altenbourg	1873	52,400	23,080	1,176,620	941,280	1,229,090	969,360
19. Hollande	1875	1,309,337	1,342,015	17,089,127	18,781,163	19,051,760	20,123,778
20. Belgique	1873	618,250	816,820	28,693,436	31,124,730	29,122,716	31,941,573
21. France	1873	4,431,107	4,950,310	130,416,829	181,859,139	134,845,036	186,709,455
22. Portugal*	1865	·	·	—	1,323,700	—	1,838,700
23. Espagne*	1857	—	—	2,339,611	—	2,339,611	—
24. Italie*	1865	4,351,468	—	10,461,315	—	14,815,836	—
25. Grèce et Îles Ioniennes*	1867	·	—	6,480	—	6,496	—
26. Turquie d'Europe*	1868	—	—	—	—	—	—
27. Serbie*	1866	—	—	...	—	—	—
28. Roumanie	1873	—	2,503,080	—	131,090	—	2,634,090

Tableau N° 2. *(Suite.)* — PRODUIT DES CULTURES.

II. — CULTURES INDUSTRIELLES. — A) Superficie en hectares.

DÉSIGNATION des ÉTATS	CULTURES OLÉAGINEUSES				PLANTES TEXTILES		AUTRES CULTURES INDUSTRIELLES			
	COLZA	OEILLETTE, navette, cameline, etc.	CHÉNEVIS	LIN	CHANVRE	LIN	BETTERAVES	HOUBLON	TABAC	AUTRES (garance, chicorée, etc.)
Grande-Bretagne	·	·	·	5,900	·	5,000	220	25,600	·	190
Irlande	·	·	·	52,400	·	52,100	·	·	·	·
Danemark	1,738	·	45	4,788	45	4,756	·	351	136	2,545
Norvège	—	—	—	—	—	—	—	—	—	—
Suède	·	·	16,400	·	16,400	·	·	2,000	2,000	2,000
Finlande	·	·	8,620	5,530	8,800	5,300	·	·	200	·
Bavière	11,741	44,765				44,765		·	17,657	5,440	3,589
Saxe-Royale	14,432	·	·	6,133	·	6,135	·	·	·	·
Wurtemberg	9,420	2,834	7,455	6,542	7,455	6,542	4,137	4,900	870	805
Bade	6,900	1,060	6,800	1,060	6,900	1,090	2,250	1,790	9,030	1,800
Hesse-Darmstadt	3,479	509	692	3,192	692	5,162	33,077	33	1,329	4
Saxe-Weimar	1,705	·	·	265	·	265	503	·	·	·
Saxe-Altenbourg	2,933	·	·	·	·	·	1,440	·	·	·
Hollande	17,270	3,150	1,119	21,874	1,119	21,874	14,030	211	1,590	9,175
Belgique	20,413	·	2,517	57,045	2,517	57,045	18,074	3,961	1,694	4,914
France¹	108,215	46,593	95,521	87,671	95,521	37,671	253,383	3,524	14,853	16,960
Hongrie	61,150	866	97,876	14,189	97,876	14,165	62,527	2,011	48,099	·
Roumanie	85,180	·	3,287	2,504	5,287	2,504	·	·	2,000	·

¹ Non compris les oliviers, 148,626 hectares.

TABLEAU N° 2. (Suite.) — PRODUIT DES CULTURES.

II. — CULTURES INDUSTRIELLES. — Rendement moyen par hectare.

CULTURES OLÉAGINEUSES.

DÉSIGNATION des PAYS	COLZA.		ŒILLETTE, RAVETTE, ETC.		CHÈNEVIS.		LIN.	
	1873.	Année moyenne.	1873.	Année moyenne.	1873.	Année moyenne.	1873.	Année moyenne.
	hectol.	hectol.	hectol.	hectol.	hectol.	hectol.	hectol.	hectol.
GRANDE-BRETAGNE (et Iles)[1]	»	»	»	»	»	»	—	17,0
IRLANDE[1]	»	»	»	»	»	»	—	16,0
DANEMARK[1]	—	17,0	—	»	—	10,0	—	10,4
NORVÈGE	»	»	»	»	»	»	»	»
SUÈDE	»	»	»	»	—	5,0	»	»
FINLANDE	»	»	»	»	4,0	5,0	3,0	6,0
BAVIÈRE	—	14,7	»	»	—	7,0	»	»
SAXE-ROYALE	—	18,9	»	»	»	»	—	11,2
WURTEMBERG	15,0	11,0	8,5	10,0	6,0	7,0	6,0	6,0
BADE	18,4	16,6	15,2	15,2	7,6	7,6	8,6	8,1
HESSE-DARMSTADT	34,0	16,0	12,0	12,0	6,0	8,0	6,0	7,0
SAXE-WEIMAR	15,0	16,5	»	»	»	»	6,6	7,0
SAXE-ALTENBOURG	16,0	16,0	»	»	»	»	»	»
HOLLANDE	21,0	20,6	17,8	17,2	13,4	13,6	9,1	9,7
BELGIQUE	20,6	24,3	—	—	—	8,2	7,2	7,6
FRANCE	14,1	16,0	12,5	14,0	8,2	9,2	8,7	9,6
HONGRIE	8,0	18,5	10,7	10,7	1,8	8,8	9,0	4,3
ROUMANIE	—	16,0	»	»	—	7,5	—	8,0

PLANTES TEXTILES. — AUTRES CULTURES INDUSTRIELLES.

DÉSIGNATION des PAYS	CHANVRE.		LIN.		BETTERAVES.		HOUBLON.		TABAC.		AUTRES (garance, chicorée, etc.).	
	1873.	Année moyenne.	1873.	Année moyenne.	1873.	Année moyenne.	1873.	Année moyenne.	1873.	Année moyenne.	1873.	Année moyenne.
	quint. mét.	quint. mét.	quint. mét.	quint. mét.	quint. mét.	quint. mét.	quint. mét.	quint. mét.	quint. mét.	quint. mét.	quint. mét.	quint. mét.
GRANDE-BRETAGNE (et Iles)[1]	»	»	—	7,0	—	250	—	20,0	»	»	»	80,0
IRLANDE[1]	»	»	—	6,5	»	»	»	»	»	»	»	»
DANEMARK[1]	—	8,0	—	6,0	»	»	—	15,0	—	10,0	—	50,0
NORVÈGE	»	»	»	»	»	»	»	»	»	»	»	»
SUÈDE	—	2,0	»	»	»	»	—	16,0	—	10,0	—	50,0
FINLANDE	2,0	4,0	3,0	8,0	»	»	—	»	5,0	10,0	»	»
BAVIÈRE	—	6,0	»	»	»	»	—	19,0	—	15,6	—	90,0
SAXE-ROYALE	»	»	—	0,7	»	»	»	»	»	»	»	»
WURTEMBERG	7,4	7,0	6,5	6,5	150	250	15,0	15,8	12,0	13,0	85,0	46,0
BADE	4,0	7,0	4,5	4,0	186	160	20,0	19,0	20,0	21,0	91,0	93,0
HESSE-DARMSTADT	5,0	8,0	5,0	6,0	166	133	15,5	13,4	18,6	11,2	187,1	91,4
SAXE-WEIMAR	»	»	5,0	6,0	200	240	»	»	»	»	»	»
SAXE-ALTENBOURG	»	»	»	»	190	140	»	»	»	»	»	»
HOLLANDE	8,0	8,5	6,0	5,0	202	206	14,5	10,4	21,6	22,6	27,6	82,6
BELGIQUE	—	7,3	5,6	4,2	200	208	—	13,4	»	13,2	98,0	90,0
FRANCE	5,3	6,6	5,7	5,0	306	344	14,8	13,1	11,6	10,0	29,3	80,8
HONGRIE	5,2	4,4	3,7	3,0	107	99	3,0	3,0	7,6	7,8	9,9	11,1
ROUMANIE	—	5,0	—	4,0	»	»	»	»	—	15,0	»	»

[1] Ces moyennes ont été recueillies dans divers rapports de Consuls.

TABLEAU N° 2. (Suite.) — **PRODUIT DES CULTURES.**

II. CULTURES INDUSTRIELLES. — Production totale.

DÉSIGNATION DES ÉTATS	CULTURES OLÉAGINEUSES (Hectolitres)								PLANTES TEXTILES			
	COLZA		ŒILLETTE, navette, cameline, etc.		CHÈNEVIS		GRAINE DE LIN		CHANVRE (Filasse.)		LIN (Filasse.)	
	1873.	Année moyenne.	1873.	Année moyenne.	1873.	Année moyenne.	1873.	Année moyenne.	1873.	Année moyenne.	1873.	Année moyenne.
	hectol.	hectol.	hectol.	hectol.	hectol.	hectol.	hectol.	hectol.	quint. mét.	quint. mét.	quint. mét.	quint. mét.
GRANDE-BRETAGNE	»	»	»	»	»	»	—	100,38	»	»	—	41,390
IRLANDE	»	»	»	»	»	»	—	838,18	»	»	—	310,600
DANEMARK	—	20,516	»	»	—	450	—	47,58	—	360	—	23,790
NORVÈGE	»	»	»	»	»	»	»	»	»	»	»	»
SUÈDE	»	»	»	»	—	82,000	»	»	—	67,640	»	»
FINLANDE	»	»	»	»	34,000	43,000	16,500	27,58	17,200	34,400	11,000	16,530
BAVIÈRE	—	172,593[1]	»	»	—	318,365[2]	»	»	—	268,590[2]	»	»
SAXE-ROYALE	—	287,197	»	»	»	»	—	68,71	»	»	—	41,101
WURTEMBERG	141,535	138,115	93,522	26,310	44,780	52,185	39,252	28,34[illegible]	55,167	52,185	41,215	42,523
BADE	110,400	22,600	13,807	13,800	51,080	51,690	9,288	[illegible]	31,000	47,600	4,860	4,880
HESSE-DARMSTADT	76,706	82,185	6,000	6,000	4,152	5,836	18,972	22,1[illegible]	2,400	4,152	15,810	18,072
SAXE-WEIMAR	25,575	28,132	»	»	»	»	1,722	1,88	»	»	*1,325	1,500
SAXE-ALTENBOURG	35,218	35,848	»	»	»	»	»	»	»	»	»	»
HOLLANDE	433,001	355,782	51,350	51,180	18,011	15,106	108,837	212,12[illegible]	8,972	9,511	108,151	122,194
BELGIQUE	649,300[1]	611,836[1]	»	»	—	83,010	410,724	427,4[illegible]	—	21,294	359,861	939,589
FRANCE	7,378,907	7,849,908	584,031	653,542	778,800	860,515	765,153	734,4[illegible]	523,041	581,366	503,917	519,976
HONGRIE	421,618	1,136,935	7,003	7,002	176,171	322,991	41,081	67,3[illegible]	508,955	430,651	88,318	36,832
ROUMANIE	—	1,411,021	»	»	—	28,277	—	26,6[illegible]	—	28,185	—	10,018

DÉSIGNATION DES ÉTATS	AUTRES CULTURES INDUSTRIELLES							
	BETTERAVES		HOUBLON		TABAC		AUTRES (garance, chicorée, etc.)	
	1873.	Année moyenne.	1873.	Année moyenne.	1873.	Année moyenne.	1873.	Année moyenne.
	quint. mét.	quint. mét.	quint. mét.	quint. mét.	quint. mét.	quint. mét.	quint. mét.	quint. mét.
GRANDE-BRETAGNE	—	55,000	—	512,000	»	»	—	14,400
IRLANDE	»	»	»	»	»	»	»	»
DANEMARK	»	»	—	5,310	—	1,260	—	127,250
NORVÈGE	»	»	»	»	»	»	»	»
SUÈDE	»	»	—	20,000	—	20,000	—	100,000
FINLANDE	»	»	»	»	»	2,000	»	»
BAVIÈRE	»	»	—	211,831	—	90,453	—	170,450
SAXE-ROYALE	»	»	»	»	»	»	»	»
WURTEMBERG	620,550	1,011,250	73,500	77,120	4,140	5,560	29,175	37,030
BADE	415,520	860,000	36,600	25,483	231,090	215,000	169,803	167,100
HESSE-DARMSTADT	4,790,392	3,514,011	511	501	21,816	18,744	698	360
SAXE-WEIMAR	100,000	120,000	»	»	»	»	»	»
SAXE-ALTENBOURG	230,400	201,000	»	»	»	»	»	»
HOLLANDE	4,272,988	4,315,853	3,071	2,191	36,830	32,071	501,456	427,063
BELGIQUE	5,422,200	5,566,792	—	49,116	—	22,331	481,572	442,960
FRANCE	77,135,100	87,075,052	50,224	46,262	172,521	191,175	310,808	330,470
HONGRIE	6,735,189	6,339,779	7,843	7,813	375,054	365,475	»	»
ROUMANIE	»	»	»	»	—	30,000	»	»

[1] Y compris l'œillette, etc. — [2] Y compris le lin.

Tableau N° 8. — Animaux domestiques.
Nombre de têtes.

Colonnes regroupées sous : **ESPÈCE CHEVALINE** (Poulains et pouliches ; Étalons pour la reproduction ; Chevaux entiers ; Chevaux hongres ; Juments ; Total), **ESPÈCE ASINE**, **ESPÈCE MULASSIÈRE**, et **ESPÈCE BOVINE** (Veaux de 0 à 3 mois ; Bouvillons et taurillons ; Génisses ; Taureaux ; Bœufs ; Vaches laitières ; Autres vaches ; Total).

DÉSIGNATION des États.	DATES des enquêtes.	Poulains et pouliches (de moins de 3 ans).	Étalons pour la reproduction.	Chevaux entiers.	Chevaux hongres.	Juments.	Total.	Espèce asine.	Espèce mulassière.	Veaux de 0 à 3 mois.	Bouvillons et taurillons.	Génisses.	Taureaux.	Bœufs.	Vaches laitières.	Autres vaches.	Total.
1. Grande-Bretagne	1875	—	—	—	—	—	2,201,100	—	—	3,745,300					2,253,405[2]		6,002,100
2. Irlande	1875	—	—	—	—	—	532,100	—	—	2,615,900					1,526,500		4,142,400
3. Danemark	1871	80,708[1]	8,090	111,041	170,836	—	310,570	—	—	345,353			14,699	71,613	807,513		1,234,899
4. Norvège	1870	20,000	180,107				140,107	—	—	190,000			88,000[5]		675,096	—	853,090
5. Suède	1871	48,780	392,351				488,406	—	—	417,401			11,734	271,381	1,205,487	—	2,036,330
6. Russie[9]	1870	—	—	—	—	—	16,100,000	—	—	—			—	—	—	—	22,770,000
7. Finlande	1870	—	—	—	—	—	451,820	—	—	236,004		71,109			686,890		997,900[3]
8. Autriche	1871	165,930	617,504			543,490	1,367,030	27,951	11,495	2,358,702[1]			1,235,314[4]		3,831,136		7,425,217
9. Hongrie	1870	382,949	58,901	630,158	898,131		2,188,810	80,130	2,200	1,729,112	73,313		32,583	1,301,007	2,053,488		5,279,193
10. Suisse[9]	1866	—	—	—	—	—	105,702	—	—	—	—	—	—	—	—	—	992,595
11. Prusse[9]	1873	330,307	8,055	1,039,502			2,078,721	5,771	931	742,331	1,987,451		821,905[4]		4,408,620	618,820	8,619,150
12. Bavière	1873	46,005	809	19,440	120,791	161,101	351,608	158	90	308,191	781,602	21,961		287,169	1,557,296		3,006,263
13. Saxe-Royale	1873	5,005	100,687				115,770	33	23	56,533	121,272		5,939	49,113	421,785		617,073
14. Wurtemberg	1873	8,100	447	84,051			96,970	171	26	—	—	—	10,813	475,261[1]	460,089		946,226
15. Bade	1873	4,631	1,837	31,680	31,038		70,930	110	27	44,184	61,661	101,168	5,170	68,091	370,531		699,105
16. Hesse-Darmstadt	1873	2,510	52	98,471			49,813	456	14	35,870	1,810	61,190	3,083	13,037	160,849		231,013
17. Saxe-Weimar	1873	1,517	48	11	6,860	5,617	13,197	20	0	7,095	10,581	10,810	1,143	13,071	80,217	60	117,296
18. Saxe-Altenbourg	1873	603	11	4,100		4,085	8,912	1	3	6,072	824	13,381	622	1,073	34,108		57,123
19. Hollande	1873	40,820	700	143,810		20,009	255,093	3,406		37,810	181,681		17,050	7,113[5]	908,438	—	1,100,037
20. Belgique	1866	50,727	—	5,075	87,100	181,073	285,103	11,519		115,165	61,950	211,731	9,114	39,388	708,732		1,242,476
21. France	1873	484,145	11,959	518,676	761,011	1,199,548	2,742,700	402,163	303,775	1,953,477	617,341	1,170,640	319,084	1,702,870	4,899,901	1,049,857	11,781,459
22. Portugal[9]	1870	7,050	29,861			42,790	79,710	137,950	50,890	45,007	47,656		8,000	256,081	162,595		520,474
23. Espagne[9]	1865	—	—	—	—	—	690,070	1,105,881	1,021,512	—	—	—	—	—	—	—	2,987,303
24. Italie[9]	1868	71,274	8,745	30,785	141,600	201,474	477,902	408,706	910,480	663,600	281,107		33,795	1,115,737	1,874,006		3,478,984[10]
25. Grèce et Îles Ioniennes[9]	1867	—	—	—	—	—	63,787	61,051	28,637	—	—	—	—	—	—	—	100,901
26. Turquie d'Europe[9]		—	—	—	—	—	—	—	—	—	—	—	—	—	—	—	—
27. Serbie[9]		—	—	—	—	—	—	—	—	—	—	—	—	—	—	—	—
28. Roumanie	1873	78,484	8,737	18,863	177,005	158,920	430,450	6,128	608	17,045	183,703	100,806	81,905	535,735	665,009		1,412,780[11]

[1] De moins de 2 ans. — [2] Y compris les génisses. — [3] Y compris les vaches non laitières. — [4] Veaux et élèves au-dessous de 3 ans. — [5] Y compris [les] buffles. — [6] Y compris 60,067 taureaux reproducteurs. — [7] Y compris les jeunes. — [8] Y compris les vaches non laitières. — [9] Bêtes domestiques (en Laponie) 50,093. — [10] Buffles { mâles 18,871 ; femelles 23,099 } 44,904. — [11] Non compris 15,191 b. Bles.

TABLEAU N° 3. (Suite.) — ANIMAUX DOMESTIQUES.
NOMBRE DE TÊTES.

DÉSIGNATION DES ÉTATS.	DATES des enquêtes.	ESPÈCE OVINE — AGNEAUX Races perfectionnées (Métis compris.)	Races communes.	TOTAL.	BÉLIERS Races perfectionnées (Métis compris.)	Races communes.	TOTAL.	MOUTONS Races perfectionnées (Métis compris.)	Races communes.	TOTAL.	BREBIS Races perfectionnées (Métis compris.)	Races communes.	TOTAL.	TOTAL Races perfectionnées (Métis compris.)	Races communes.	TOTAL.	ESPÈCE PORCINE — COCHONS DE LAIT.	VERRATS.	COCHONS.	TRUIES.	TOTAL.	ESPÈCE CAPRINE — CHEVREAUX.	BOUCS.	CHÈVRES.	TOTAL.
...-Bretagne	1875	—	—	10,678,000 [1]	—	—	—	—	—	15,817,000 [2]	—	—	—	—	—	19,495,900	—	—	—	—	9,512,300	—	—	—	—
...on	1873	—	—	1,309,500	—	—	—	—	—	2,889,400 [3]	—	—	—	—	—	4,452,000	—	—	—	—	1,642,244	—	—	—	—
...mark	1871	—	—	791,297 [1]	—	—	79,045	—	—	1,010,922 [3]	—	—	—	—	—	1,842,481	320,902 [1]	8,120	50,055		442,421	—	—	—	—
...gon	1865	—	—	—	—	—	—	—	—	—	—	—	—	—	—	1,705,894 [7]	—	—	—	—	90,166 [8]	—	—	—	293,585 [7]
...	1871	—	—	—	—	—	—	—	—	—	—	—	—	—	—	1,650,201	—	—	—	—	382,511	—	—	—	194,678
...la*	1870	—	—	—	—	—	—	—	—	—	—	—	—	—	—	16,432,000	—	—	—	—	8,800,000	—	—	—	1,700,000
...nde	1870	—	—	—	—	—	—	—	—	—	—	—	—	—	—	921,745	—	—	—	—	190,526	—	—	—	80,639
...che*	1871	—	—	—	—	—	—	—	—	—	—	—	—	—	—	5,090,393	—	—	—	—	5,561,473	—	—	—	879,104
...rie...*	1873	—	—	—	—	—	—	—	—	—	—	—	—	4,589,375	10,404,632	15,076,007	—	—	—	—	4,445,979	—	—	—	672,031
...m*	1860	—	—	—	—	—	—	—	—	—	—	—	—	—	—	445,400	—	—	—	—	364,191	—	—	—	374,481
...Prusse*	1873	—	—	—	—	—	—	—	—	—	—	—	—	9,986,108	9,696,060 [5]	19,684,768	—	—	—	—	4,878,531	—	—	—	1,477,395
...Bavière	1873	—	—	—	—	—	—	—	—	—	—	—	—	861,443	977,747 [6]	1,818,190	—	—	—	—	672,008	—	—	—	193,581
...Saxe-Royale	1873	—	—	—	—	—	—	—	—	—	—	—	—	—	—	500,833	—	—	—	—	501,805	—	—	—	103,847
...Wurtemberg	1873	—	—	—	—	—	—	—	—	—	—	—	—	457,432	118,858	577,290	103,104	1,336	182,452	80,458	367,680	—	—	—	36,505
...Bade	1873	—	—	56,931	—	—	2,783	—	—	51,911	—	—	—	—	—	170,566	28,801	1,009	309,431	31,105	371,380	5,504	2,188	74,382	82,074
...Hesse-Darmstadt	1873	—	—	—	—	—	—	—	—	—	—	—	—	15,730	114,071	180,418	—	—	—	—	135,267	—	—	—	78,670
...Saxe-Weimar	1876	8,850	50,876	59,326	657	1,865	2,422	79,112	44,631	97,700	28,891	—	—	103,623	159,641	212,874	—	—	—	—	78,141	—	—	—	40,982
...Saxe-Altenbourg	1873	—	—	—	—	—	—	—	—	—	—	—	—	—	—	50,771	—	—	—	—	27,550	—	—	—	11,862
...lande	1873	—	—	—	—	—	—	—	—	—	—	—	—	—	—	808,713	380,740		350,258		611,004	—	—	—	146,109
...ique	1860	—	118,058	118,058	—	—	—	—	404,080	408,080 [?]	—	—	—	—	680,007	680,097	145,898		480,703		693,801	24,862		178,856	197,138
...non	1873	—	—	6,833,790	—	—	510,749	—	—	7,147,844	—	—	—	12,187,855	4,427,262	20,607,262	25,035,114	1,081,580	54,581	3,507,585	571,978	5,755,656	435,897	50,641	1,308,209	1,794,837
...tugal*	1870	—	—	796,082	—	—	—	—	—	565,083 [4]	—	—	—	1,821,712	—	2,706,777	805,040	6,979	277,985	94,504	776,808	191,734 [10]	36,985	708,200	986,860
...agne*	1865	—	—	—	—	—	—	—	—	—	—	—	—	—	—	22,106,069	—	—	—	—	4,351,726	—	—	—	4,381,828
...lie*	1866	—	—	—	—	—	—	—	—	—	—	—	—	—	—	6,081,040	—	—	—	—	1,058,588	—	—	—	1,600,478
...on Mt Îles Ioniennes*	1867	—	—	—	—	—	—	—	—	—	—	—	—	—	—	1,900,000	—	—	—	—	55,776	—	—	—	1,380,636
...ique d'Europe*		—	—	—	—	—	—	—	—	—	—	—	—	—	—	—	—	—	—	—	—	—	—	—	—
...rin*	—	—	—	—	—	—	—	—	—	—	—	—	—	—	—	—	—	—	—	—	—	—	—	—	—
...manie	1873	4,052	753,430	758,102	2,093	294,687	307,610	1,730	180,171	187,001	84,501		9,502,404	91,199	4,752,118	4,786,317	812,908	60,147	884,415	979,481	336,944	42,302	76,974	125,929	104,185

[1] ...aux de moins d'un an. — [2] Y compris les béliers et les brebis. — [3] Y compris les brebis. — [4] Y compris les béliers. — [5] Y compris 767,808 béliers. — [6] Y compris ...913 béliers. — [7] Dont 920,000 au-dessous d'un an. — [8] Dont 60,000 au-dessous d'un an. — [9] Dont 85,000 au-dessous d'un an. — [10] Y compris 64,935 jeunes boucs...

IV

DOCUMENTS RELATIFS

AUX

ÉTATS-UNIS

DE L'AMÉRIQUE DU NORD

TABLEAU N° 1. — SUPERFICIE DES PRINCIPALES CULTURES.

(ANNÉE 1873.)

NOMS DES ÉTATS.	MAÏS.	FROMENT.	SEIGLE.	AVOINE.	ORGE.	SARRASIN.	TOTAL.	POMMES DE TERRE.	FOIN (superficie consacrée à la récolte du).	TABAC.
	hectares.	hectares.	hectares.	hectares.	hectares.	hectares.	hectares.	hectares.	hectares.	hectares.
1. Maine	11,300	5,031	780	25,100	9,070	8,000	95,081	10,850	525,110	—
2. New-Hampshire	14,100	4,550	910	11,230	1,530	1,910	31,073	8,700	275,600	140
3. Vermont	27,900	10,070	1,810	44,530	1,810	7,191	87,031	14,640	324,050	110
4. Massachusetts	16,700	610	5,660	8,070	2,690	1,290	31,529	7,840	155,000	2,270
5. Rhode-Island	4,700	—	600	1,680	530	·	7,150	2,310	82,530	—
6. Connecticut	20,050	800	8,150	12,010	400	7,510	44,124	9,470	190,000	2,110
7. New-York	230,000	210,500	61,500	528,000	111,810	64,150	1,040,581	97,700	1,505,490	1,300
8. New-Jersey	117,900	48,600	18,000	41,730	121	7,000	228,600	16,010	102,300	—
9. Pensylvanie	425,100	452,100	94,600	417,630	7,800	41,990	1,425,001	41,040	850,180	8,100
10. Delaware	64,000	21,500	400	8,300	40	20	95,361	920	15,400	—
11. Maryland	107,900	188,100	10,900	90,130	210	1,120	407,191	6,700	65,440	8,700
12. Virginie	480,100	511,401	19,501	105,770	100	690	875,710	7,170	61,540	30,910
13. Caroline du Nord	601,900	182,100	15,800	77,060	80	480	877,118	5,850	51,810	8,000
14. — du Sud	395,900	33,320	2,403	17,400	100	—	454,629	435	8,230	44
15. Géorgie	780,900	195,605	7,100	144,700	370	—	1,036,976	1,010	7,500	180
16. Floride	82,100	—	—	3,400	—	—	88,601	—	—	53
17. Alabama	630,105	48,600	800	21,200	—	—	677,961	840	5,780	110
18. Mississipi	489,600	7,300	610	15,601	—	—	505,313	400	4,185	65
19. Louisiane	223,100	—	—	870	—	—	963,070	905	4,410	18
20. Texas	565,030	33,100	1,180	12,700	173	—	451,050	1,110	14,830	73
21. Arkansas	278,803	31,700	1,400	13,570	—	—	325,580	2,095	4,880	880
22. Tennessee	703,801	416,090	8,130	110,040	1,760	2,851	1,261,404	5,100	45,170	14,810
23. Virginie de l'Ouest	130,809	111,800	8,390	41,310	910	1,300	303,919	4,750	75,510	1,560
24. Kentucky	830,500	321,800	52,000	114,100	4,400	50	1,303,281	12,700	111,000	88,050
25. Ohio	1,030,200	625,900	14,750	515,600	29,900	6,770	2,611,920	29,730	702,900	11,110
26. Michigan	183,700	476,700	6,900	118,170	11,000	10,700	801,973	37,200	267,800	—
27. Indiana	1,071,100	751,400	11,500	230,500	19,830	4,040	2,079,910	18,150	988,700	7,183
28. Illinois	2,763,800	853,100	51,100	476,700	46,050	4,870	4,194,281	55,650	768,500	3,000
29. Wisconsin	219,000	611,600	51,940	417,720	28,010	10,040	1,147,341	28,210	495,700	1,410
30. Minnesota	93,201	639,401	3,900	116,410	16,100	1,450	878,773	11,430	246,800	—
31. Iowa	1,465,000	1,070,900	11,900	964,090	53,600	3,270	2,049,037	30,440	564,700	—
32. Missouri	1,218,100	370,100	12,400	128,100	5,110	810	1,833,940	10,550	191,210	6,670
33. Kansas	485,030	191,600	11,410	111,500	7,370	3,510	736,940	12,180	263,110	140
34. Nebraska	80,900	93,400	700	52,320	4,780	70	212,131	5,520	57,950	—
35. Californie	18,174	615,520	590	210,840	155,700	310	816,021	10,290	210,800	—
36. Orégon	1,865	66,600	60	25,020	5,290	13	90,121	2,250	20,000	—
37. Nevada	161	7,020	—	920	6,000	—	11,111	610	17,000	—
Les Territoires	17,502	41,900	950	15,420	5,920	—	80,061	2,750	43,090	—
TOTAUX	15,835,000	8,957,401	464,740	9,939,700	509,100	181,160	29,541,991	623,000	8,515,900	101,980

TABLEAU N° 2. — PRODUCTION.

A) CÉRÉALES.

NOMS DES ÉTATS.	MAÏS.		FROMENT.		SEIGLE.		AVOINE.		ORGE.		SARRASIN.		TOTAL.
	PRODUIT moyen par hectare.	PRODUCTION totale.	PRODUIT moyen par hectare.	PRODUCTION totale.	PRODUIT moyen par hectare.	PRODUCTION totale.	PRODUIT moyen par hectare.	PRODUCTION totale.	PRODUIT moyen par hectare.	PRODUCTION totale.	PRODUIT moyen par hectare.	PRODUCTION totale.	
	hectolitres.	hectolitres.	hectolitres.	hectolitres.	hectolitres.	hectolitres.	hectolitres.	hectolitres.	hectolitres.	hectolitres.	hectolitres.	hectolitres.	hectolitres.
1. Maine	21,6	305,890	9,9	79,700	13,0	9,360	18,9	474,400	15,0	148,807	15,7	135,000	1,156,140
2. New-Hampshire	33,7	475,200	13,5	61,420	15,5	14,570	22,4	361,500	18,0	27,903	16,9	28,060	971,610
3. Vermont	27,0	685,100	11,4	115,010	14,5	21,750	29,3	1,299,450	27,4	36,100	18,1	132,300	2,869,710
4. Massachusetts	31,5	526,050	17,1	10,914	15,3	89,500	29,0	941,300	19,8	40,000	14,0	18,060	925,850
5. Rhode-Island	25,5	108,360	—	—	14,6	7,300	28,1	51,230	22,9	11,800	—	—	181,790
6. Connecticut	27,6	556,200	16,2	14,420	14,4	117,400	25,6	317,600	21,1	8,440	16,1	37,900	1,081,060
7. New-York	27,2	6,488,800	12,1	2,551,900	12,6	674,100	27,9	10,016,100	19,1	2,138,800	17,7	1,060,900	22,881,600
8. New-Jersey	32,4	3,797,300	14,5	704,700	14,7	176,330	23,8	903,290	21,6	2,800	11,8	104,340	5,778,670
9. Pensylvanie	31,6	12,393,200	12,7	5,618,440	13,5	1,189,600	27,3	11,364,030	18,5	141,970	17,5	733,250	32,442,733
10. Delaware	17,1	1,077,300	9,9	213,740	9,9	4,000	17,3	148,670	15,3	803	20,7	410	1,439,910
11. Maryland	19,2	3,788,200	10,1	1,899,810	11,2	112,000	16,0	1,016,290	10,2	3,900	15,3	21,720	6,841,880
12. Virginie	17,1	6,595,600	6,7	2,089,060	8,7	168,350	11,6	1,958,083	16,6	2,530	16,1	14,490	11,228,030
13. Caroline du Nord	12,6	7,695,000	5,5	1,001,550	7,3	121,680	11,6	1,138,500	14,8	7,190	14,9	7,160	9,955,080
14. Caroline du Sud	8,1	3,184,900	4,9	187,670	6,3	16,910	12,6	224,980	18,0	2,310	—	—	3,615,600
15. Géorgie	11,0	8,679,000	6,3	791,900	5,4	39,900	12,1	1,750,870	11,9	3,210	—	—	11,264,340
16. Floride	9,3	763,530	—	—	—	—	11,7	30,630	—	—	—	—	863,180
17. Alabama	13,0	7,870,300	6,5	317,850	8,4	7,920	13,9	291,690	—	—	—	—	8,499,050
18. Mississipi	13,9	6,713,700	8,6	67,949	9,9	5,490	13,0	179,403	—	—	—	—	6,906,580
19. Louisiane	14,8	3,301,900	—	—	—	—	14,7	12,800	—	—	—	—	3,311,700
20. Texas	17,1	8,635,500	15,3	511,020	15,3	18,050	27,0	369,900	27,0	20,900	—	—	9,555,270
21. Arkansas	21,1	5,882,700	9,0	285,300	11,5	14,050	21,1	286,303	—	—	—	—	6,469,250
22. Tennessee	20,2	13,453,000	6,5	2,704,980	8,1	74,110	18,5	2,006,500	17,3	80,280	9,4	26,800	20,324,890
23. Virginie de l'Ouest	26,1	3,655,730	8,7	972,660	11,5	91,900	21,0	1,001,800	21,6	26,300	15,4	21,400	5,749,300
24. Kentucky	26,5	21,213,200	8,1	2,680,500	7,6	380,700	21,6	2,557,400	18,0	79,200	13,9	1,810	26,877,670
25. Ohio	31,5	32,136,200	10,3	6,739,160	9,9	140,020	21,3	6,305,690	19,6	572,320	13,3	65,730	48,072,083
26. Michigan	27,9	5,125,200	11,0	5,177,700	17,1	78,633	27,2	5,130,500	10,2	187,923	12,3	133,630	15,534,000
27. Indiana	23,7	21,635,800	10,1	7,530,100	12,9	110,040	14,7	4,115,400	20,0	206,603	10,9	50,540	35,771,080
28. Illinois	19,0	52,426,400	12,1	10,260,800	18,9	751,900	27,8	12,657,403	20,7	829,600	7,6	32,530	77,157,000
29. Wisconsin	27,0	5,929,200	11,8	9,538,600	11,1	450,350	31,5	6,855,200	23,9	510,900	9,9	105,010	28,431,890
30. Minnesota	28,3	2,600,300	16,1	10,156,200	18,2	58,240	32,5	4,750,500	23,9	384,800	11,4	16,300	17,086,100
31. Iowa	20,1	82,249,500	11,7	12,581,000	16,2	187,020	28,7	7,082,800	17,1	1,656,330	9,4	30,740	60,304,260
32. Missouri	31,1	25,701,000	11,5	4,328,600	15,0	101,230	25,2	5,007,700	18,9	96,770	11,2	9,410	35,965,580
33. Kansas	35,2	17,093,100	12,6	1,573,700	9,0	112,900	29,7	3,403,800	21,7	186,080	11,2	32,600	22,403,080
34. Nébraska	31,5	2,515,300	13,9	1,208,300	14,4	10,900	27,0	872,600	27,0	120,060	13,0	910	4,550,970
35. Californie	26,9	559,200	12,1	7,730,300	18,0	16,740	27,0	793,300	23,8	3,705,700	21,1	7,170	12,809,110
36. Orégon	27,0	31,100	17,1	1,137,150	22,5	1,350	33,7	877,200	25,2	132,300	18,3	270	2,182,420
37. Névada	27,0	4,350	18,0	126,009	—	—	25,7	27,320	25,2	152,700	—	—	310,370
Les Territoires	25,6	450,360	20,7	852,340	21,1	5,270	31,6	518,870	28,3	150,340	—	—	1,077,580
Totaux	21,4	334,023,870	11,1	102,044,830	11,8	6,403,037	21,9	98,282,100	20,9	11,649,850	15,5	3,845,360	659,943,120

TABLEAU N° 2. (*Suite.*) — **PRODUCTION**

B) CULTURES DIVERSES.

NOMS DES ÉTATS.	POMMES DE TERRE.		FOIN.		TABAC.	
	Produit moyen par hectare.	Production totale.	Produit moyen par hectare.	Production totale.	Produit moyen par hectare.	Production totale.
	hectolitres.	hectolitres.	quint. mét.	quint. mét.	quint. mét.	quint. mét.
1. Maine	135	1,046,750	20,5	14,808,100	—	—
2. New-Hampshire	135	1,150,650	20,5	7,050,000	11,4	2,010
3. Vermont	125	1,840,700	27,5	8,081,400	11,5	1,572
4. Massachusetts	118	878,100	20,4	4,172,700	10,4	27,735
5. Rhode-Island	70	108,600	21,0	780,700	—	—
6. Connecticut	87	823,000	27,5	5,995,000	10,5	49,11?
7. New-York	83	6,021,700	20,7	49,585,000	11,2	13,50?
8. New-Jersey	81	1,203,000	20,0	4,215,800	—	—
9. Pensylvanie	85	5,806,5?0	20,5	21,028,000	13,7	61,045
10. Delaware	87	80,5?0	21,5	816,000	—	—
11. Maryland	78	410,090	25,0	1,711,000	7,8	87,631
12. Virginie	64	454,710	25,0	1,010,000	6,8	226,050
13. Caroline du Nord	54	241,101	20,0	564,900	5,5	61,540
14. Caroline du Sud	68	27,000	27,5	810,3?0	6,1	260
15. Géorgie	70	72,8??	20,5	104,750	8,4	1,518
16. Floride	—	—	—	—	6,7	855
17. Alabama	72	61,?2?	19,0	171,0?0	7,4	817
18. Mississipi	79	31,900	29,0	1?2,150	8,5	873
19. Louisiane	81	51,810	53,5	182,800	8,7	167
20. Texas	81	80,010	31,5	650,100	8,5	099
21. Arkansas	79	148,300	30,7	136,000	7,5	4,910
22. Tennessee	107	301,910	31,5	1,500,500	7,5	107,610
23. Virginie de l'Ouest	5?	259,250	27,5	1,094,800	8,7	18,180
24. Kentucky	40	685,9?0	31,0	3,441,000	8,2	640,000
25. Ohio	70	8,183,490	2?,5	10,405,000	18,2	117,490
26. Michigan	87	2,479,740	29,0	10,970,900	—	—
27. Indiana	50	809,000	31,5	6,004,030	9,0	79,920
28. Illinois	56	2,098,401	31,5	22,925,000	9,5	51,590
29. Wisconsin	61	1,807,800	29,5	15,951,000	11,8	16,090
30. Minnesota	70	1,061,700	34,7	8,810,000	—	—
31. Iowa	30	1,187,160	31,5	17,788,000	—	—
32. Missouri	31	061,700	31,5	6,118,000	9,0	61,700
33. Kansas	60	1,080,805	27,5	6,907,700	8,4	957
34. Nebraska	28	195,000	35,5	2,003,7?0	—	—
35. Californie	60	1,017,729	34,5	7,245,000	—	—
36. Orégon	117	203,2?3	25,0	1,010,650	..	—
37. Névada	50	08,800	32,5	556,400	—	—
Les Territoires	108	818,000	55,0	1,820,800	—	—
Totaux et moyennes	71	58,489,700	28,7	255,151,600	8,7	1,628,154

TABLEAU N° 3. — **RECENSEMENT DU BÉTAIL**

EN JANVIER 1874.

NOMS DES ÉTATS.	CHEVAUX.	MULETS.	Bœufs et autre bétail à cornes.	VACHES laitières.	MOUTONS.	PORCS.
1. Maine	78,000	·	196,000	153,800	410,000	6?,900
2. New-Hampshire	47,600	—	114,100	92,700	287,700	87,600
3. Vermont	71,000	·	1?4,000	195,700	543,600	53,600
4. Massachusetts	102,80?	·	125,4??	180,300	70,30?	78,000
5. Rhode-Island	11,70?	·	19,00?	28,400	25,600	17,100
6. Connecticut	49,7?0	·	107,800	166,80?	85,000	61,700
7. New-York	688,900	18,0??	688,000	1,410,0??	2,037,900	651,500
8. New-Jersey	115,70?	15,000	89,900	117,800	125,900	169,000
9. Pensylvanie	557,000	21,0??	722,600	812,800	1,674,000	1,004,400
10. Delaware	21,020	4,0?0	31,703	21,900	23,200	48,500
11. Maryland	101,500	19,700	125,800	96,950	187,900	255,200
12. Virginie	180,800	20,0?0	403,7?0	2??,000	867,530	783,100
13. Caroline du Nord	181,800	48,430	310,900	100,100	274,600	823,800
14. Caroline du Sud	86,400	43,900	181,0?0	137,610	163,300	342,000
15. Géorgie	110,100	89,700	465,800	167,400	236,700	1,167,000
16. Floride	16,670	10,000	386,000	40,000	51,030	183,400
17. Alabama	108,000	107,530	331,100	173,100	189,800	990,100
18. Mississipi	88,800	89,100	340,800	180,100	143,600	815,100
19. Louisiane	76,70?	78,4?0	178,900	90,700	61,000	217,100
20. Texas	608,1?0	97,700	3,115,900	526,600	1,357,700	1,117,400
21. Arkansas	108,000	88,630	181,000	161,800	170,000	940,600
22. Tennessee	242,000	104,800	355,100	247,700	860,000	1,120,000
23. Virginie de l'Ouest	101,600	2,800	242,630	121,800	665,001	321,000
24. Kentucky	319,000	84,000	340,100	249,400	804,100	2,098,000
25. Ohio	738,000	21,900	887,000	778,500	4,620,001	2,917,100
26. Michigan	299,800	5,0?0	406,100	350,600	3,146,5?0	510,800
27. Indiana	610,070	68,500	780,300	446,400	1,79?,500	2,106,700
28. Illinois	1,080,800	96,80?	1,273,500	785,100	1,108,10?	3,499,700
29. Wisconsin	345,800	1,600	611,800	442,780	1,187,070	618,800
30. Minnesota	150,700	3,000	252,700	190,070	187,100	201,200
31. Iowa	617,000	85,800	859,000	530,500	3,702,630	3,093,700
32. Missouri	518,000	80,200	800,800	421,400	1,198,500	2,903,500
33. Kansas	220,700	10,100	507,900	281,100	141,000	481,000
34. Nebraska	86,700	4,400	87,800	49,000	80,120	128,600
35. Californie	279,800	23,000	443,000	319,530	4,083,930	448,800
36. Orégon	88,400	3,700	183,700	73,800	601,000	171,800
37. Névada	49,100	1,000	41,000	6,703	18,000	4,900
Les Territoires	80,700	21,400	713,000	286,700	2,610,100	122,800
Totaux	9,035,800	1,330,350	19,917,300	10,705,900	33,034,900	30,900,900

132,074,940

TROISIÈME PARTIE

—

NOTICES AGRICOLES

I

FRANCE

FRANCE

Nous nous proposons de compléter les informations que nous avons recueillies directement, en réponse au Questionnaire général de l'agriculture française, par certains renseignements complémentaires, lesquels comprennent les trois articles ci-après :

1° Production des céréales depuis 1815 ;

2° Répartition géographique des principales espèces domestiques ;

3° Commerce des produits agricoles.

Cette notice est suivie d'un grand nombre de notes et d'observations qui nous ont été transmises par les divers départements.

CHAPITRE Ier.

RENSEIGNEMENTS GÉNÉRAUX.

§ Ier. — PRODUCTION GÉNÉRALE DES CÉRÉALES DEPUIS 1815.

(D'après les informations du Bureau des subsistances.)

Depuis 60 ans, la superficie cultivée en céréales a augmenté en France de près d'un cinquième, — 19 p. 100, — mais la mesure de cette augmentation est loin d'être la même suivant les espèces, et l'on peut voir, par le tableau suivant, que certaines superficies ont même diminué.

SUPERFICIE CULTIVÉE. (Résultats moyens annuels en hectares.)

PÉRIODES.	FROMENT.	MÉTEIL.	SEIGLE.	ORGE.	AVOINE.	SARRASIN.	MAÏS et MILLET.
1815-1820	4,608,653	804,571	2,591,203	1,170,225	2,913,030	666,467	563,030
1821-1830	4,892,650	885,111	2,751,710	1,204,585	2,575,893	648,780	560,071
1831-1840	5,322,893	888,628	2,654,845	1,202,918	2,830,479	602,314	594,449
1841-1850	5,803,240	852,185	2,611,616	1,229,900	3,001,657	686,145	643,053
1851-1860	6,424,963	639,711	2,185,951	1,106,076	3,063,305	727,647	653,893
1861-1870	6,923,605	591,103	2,003,946	1,116,219	3,274,709	735,678	658,788
1871-1874	6,765,235	505,018	1,895,936	1,136,264	3,240,206	688,158	677,274

On remarquera la continuité des mouvements d'augmentation et de diminution qui se sont produits dans les superficies cultivées. Cette continuité s'explique par la constance des divers besoins auxquels répond la culture des céréales, et doit être, par cela même, en raison de l'augmentation de la population. Toutefois, l'examen des chiffres ci-dessus révèle certaines modifications dans le mode d'alimentation des hommes et des animaux. C'est ainsi que les superficies cultivées en froment, avoine, maïs et millet, ont augmenté[1], tandis que les superficies cultivées en orge et sarrasin restent à l'état stationnaire, et que celles du méteil et du seigle sont depuis longtemps en voie de diminution.

Voici dans quelle mesure ont eu lieu ces mouvements :

ACCROISSEMENT P. 100 DE LA SUPERFICIE CULTIVÉE.

AUGMENTATION.		DIMINUTION.	
Froment	47 p. 100	Méteil	43 p. 100
Avoine	10 —	Seigle	27 —
Sarrasin	3 —	Orge	3 —
Maïs et millet	20 —		

La diminution des superficies cultivées en méteil (mélange de froment et de seigle) et en seigle a été, pendant la période entière, de 31 p. 100 ; elle a été plus que compensée par l'augmentation de la superficie affectée au froment, dont la consommation ne cesse de s'accroître.

RENDEMENT BRUT MOYEN ANNUEL PAR HECTARE EN HECTOLITRES.

PÉRIODES.	FROMENT.	MÉTEIL.	SEIGLE.	ORGE.	AVOINE.	SARRASIN.	MAÏS et MILLET.
1815-1820	10,4	11,1	9,2	13,2	12,8	8,4	10,8
1821-1830	12,1	12,4	10,6	13,3	16,2	11,7	11,0
1831-1840	12,8	13,4	11,8	14,0	17,5	12,0	11,5
1841-1850	13,7	14,5	11,8	15,4	20,1	14,5	14,6
1851-1860	14,0	14,8	12,2	18,0	21,9	14,7	14,7
1861-1870	14,3	14,7	13,1	18,2	22,2	16,0	15,0
1871-1874	14,9	15,4	13,0	18,7	24,3	15,1	15,9

En général, ces chiffres démontrent que, quelle que soit la nature des céréales, le produit moyen a constamment augmenté sous l'influence de l'amélioration des cultures.

Voici dans quelles proportions ont eu lieu ces accroissements :

Froment . . . . 43 p. 100 Avoine . . . . 89 p. 100
Méteil . . . . 38 —   Sarrasin . . . . 79 —
Seigle . . . . 54 —
Orge . . . . 44 —   Maïs et millet . . 37 —

---

1. Nous ne tenons pas compte de la diminution résultant, depuis 1871, de notre perte en territoire.

Il y a donc eu augmentation de produit même dans les superficies qui ont diminué ou ne se sont que faiblement accrues. Mais, c'est surtout pour l'avoine et le froment que les exigences de la consommation ont amené un accroissement considérable à la fois dans les superficies et dans le rendement à l'hectare.

Sous cette double influence, la production totale a suivi la marche ci-après :

PRODUCTION TOTALE EN HECTOLITRES.

PÉRIODES.	FROMENT.	MÉTEIL.	SEIGLE.	ORGE.	AVOINE.	SARRASIN.	MAÏS et MILLET.
1815-1820	47,941,417	9,973,327	24,013,886	15,436,522	37,769,244	5,526,298	6,107,811
1821-1830	59,288,589	11,013,415	29,077,573	16,354,007	41,804,977	7,602,732	6,256,367
1831-1840	68,047,325	11,878,581	31,501,164	18,056,326	49,569,416	8,314,574	6,841,838
1841-1850	79,589,759	12,375,655	31,355,602	19,029,026	60,360,256	9,962,067	9,401,395
1851-1860	90,073,640	9,484,448	26,804,749	19,423,202	67,300,279	10,736,951	9,697,242
1861-1870	93,988,631	8,666,261	26,325,051	20,328,332	72,702,661	11,800,131	9,819,571
1871-1874	101,275,677	7,783,153	26,255,260	21,280,288	78,082,459	10,385,200	10,740,003

C'est sur le froment et l'avoine qu'ont porté de 1815 à 1874 les plus fortes augmentations, ainsi que le démontrent les rapports décroissants ci-dessous :

Froment....... 111 p. 100   Orge......... 38 p. 100

Avoine........ 106 —   Seigle.......... 9 —

Sarrasin...... 87 —

Maïs et millet.. 75 —   Méteil......... 29 — (Diminution).

La production du méteil aurait donc seule diminué ; on peut en dire autant de celle du seigle, au moins depuis 1841 ; toutes les autres productions ont régulièrement progressé.

LÉGUMES SECS ET POMMES DE TERRE.

PÉRIODES.	SUPERFICIE en hectares.		PRODUIT MOYEN par hectare.		PRODUCTION en hectolitres.	
	Légumes secs.	Pommes de terre.	Légumes secs.	Pommes de terre.	Légumes secs.	Pommes de terre.
			hectol.	hectol.		
1815-1820	215,223	566,933	8,4	59,6	2,075,821	33,826,615
1821-1830	283,950	590,980	9,7	80,3	2,759,733	47,456,401
1831-1840	314,800	805,453	10,6	96,2	3,350,212	77,460,712
1841-1850	322,451	936,489	12,7	95,2	4,101,153	93,943,446
1851-1860	349,500	941,283	12,8	88,3	4,458,691	83,109,934
1861-1870.	339,480	1,146,149	12,6	99,7	4,274,125	114,262,269
1871-1874	323,471	1,261,976	14,6	103,5	4,738,195	130,671,746

D'après ces chiffres, la production des pommes de terre aurait presque quadruplé depuis soixante ans. Voici du reste l'accroissement comparatif, pour cette période, des surfaces, produits moyens et produits totaux des légumes secs et des pommes de terre.

CULTURES.	ACCROISSEMENT P. 100 de 1815 à 1874		
	de la superficie.	du produit moyen par hectare.	du produit total.
Légumes secs.	32 p. 100	74 p. 100.	127 p. 100.
Pommes de terre	122 —	73 —	236 —

Comme pour les céréales, le mouvement d'augmentation est constant pour les pommes de terre. Il faut excepter, toutefois, la période de 1851 à 1860, marquée par les trois mauvaises récoltes de 1852, 1853 et 1854. On constate de même, dans la superficie cultivée en légumes secs, une diminution assez considérable en 1866, suffisante pour affecter la production totale de la période.

CONSOMMATION DU FROMENT.

Les documents officiels auxquels nous avons emprunté les chiffres qui précèdent renferment, sur la récolte du froment, à partir de 1821, des renseignements intéressants que nous résumons par périodes dans le tableau suivant :

FROMENT. (Moyennes annuelles.)

PÉRIODES.	PRODUCTION totale en hectolitres.	POIDS de l'hectolitre.	PRODUCTION en quintaux.	SEMENCE par hectare.	QUANTITÉ employée pour la semence.	PRODUCTION (semence déduite).
		kilogr.		hectolitres.	hectolitres.	hectolitres.
1821-1830.	59,283,589	75,6	41,822,173	2,30	11,251,095	48,034,494
1831-1840.	68,047,325	75,7	51,598,835	2,25	11,975,395	56,071,930
1841-1850.	79,589,759	75,6	60,169,856	2,20	12,767,118	66,822,611
1851-1860.	90,073,640	75,7	68,185,745	2,15	13,813,670	76,259,970
1861-1870.	98,988,631	75,9	78,599,191	2,10	14,539,570	84,449,061
1871-1874.	101,275,677	76,0	76,969,515	2,15	14,515,525	86,730,152

De 1821 à 1874, c'est-à-dire depuis 54 ans, le poids et le volume du froment récolté se sont accrus dans la même proportion, 71 p. 100. Le poids moyen de l'hectolitre a, en effet, très-peu varié, puisque son augmentation dans un si long espace de temps n'est que de 0,5 p. 100.

Il n'en est pas de même de la quantité de semence nécessaire pour un hectare, qui, grâce au perfectionnement des procédés, a diminué de 6,5 p. 100. Il en résulte que la quantité totale de semence employée, malgré l'accroissement considérable de la superficie cultivée, n'a augmenté en 54 ans que de 29 p. 100, soit un peu plus du quart. Ce résultat est intéressant à rapprocher de l'accroissement de la production et peut se traduire ainsi : Il y a 50 ans, 100 hectares exigeaient 230 hectolitres de froment, pour produire 1,210 hectolitres ; actuellement il n'en faut plus que 175 pour obtenir la même quantité de produits ; ou encore : Vers 1825, l'hectolitre de semence donnait 5 hectolitres de froment, tandis que de 1871 à 1874, le même hectolitre a donné, année moyenne, 6,9 hectolitres.

Quant à la consommation, sur laquelle la production doit nécessairement se régler, on peut l'établir à l'aide de la production et des excédants définitifs d'importation sur l'exportation.

C'est ce que nous avons fait dans le tableau suivant, qui résume les mouvements annuels par périodes, à partir de 1828 :

FROMENT. (Résultats moyens annuels.)

PÉRIODES.	PRODUCTION (semence déduite).	EXCÉDANTS définitifs d'importation.	CONSOMMATION (semence déduite).
	hectolitres.	hectolitres.	hectolitres.
1828-1830.	50,700,535	1,451,814	52,161,429
1831-1840.	56,071,040	644,809	56,716,809
1841-1850.	66,822,611	1,089,428	67,912,039
1851-1860.	76,259,070	112,984	76,402,954
1861-1870[1]	84,449,061	8,089,615[1]	87,533,676
1871-1875.	86,730,152	9,296,321	96,026,473

Ce tableau montre que, malgré certaines années prospères, la production du pays n'a pu suffire à sa consommation. Dans toutes les périodes, en effet, il y a eu un excédant définitif d'importation. On calcule que, depuis 47 ans, la production ne s'est accrue que de 71, tandis que l'accroissement de la consommation a été de 84 p. 100. Pour chaque période le déficit est constant, mais on remarquera combien il s'est aggravé dans la dernière période.

§ 2. — DISTRIBUTION GÉOGRAPHIQUE DES ANIMAUX DOMESTIQUES.

Indépendamment de leur valeur intrinsèque comme animaux de luxe ou de travail, les quarante-huit millions de têtes de bétail relevés en 1873 constituent une source de produits d'une haute importance pour l'alimentation du commerce et de l'industrie. Ajoutons que les mélanges continus auxquels donnent lieu les croisements des races françaises et des races étrangères ont singulièrement amélioré la qualité et augmenté la quantité de ces produits (viande, lait, laine, etc.).

Il est résulté de ces mélanges que les caractères distinctifs des races vont en s'atténuant de plus en plus. Toutefois, leur distribution sur le sol français offre des différences assez marquées pour que l'on puisse donner une idée générale de la répartition géographique des diverses races qui constituent les quatre principales espèces de nos animaux domestiques : espèces chevaline, bovine, ovine et porcine.

On se bornera, d'ailleurs, à ne signaler que les principales races, en caractérisant d'un mot les qualités diverses propres aux plus remarquables d'entre elles.

---

1. On n'a pas tenu compte de l'année 1870, la production n'ayant pas été relevée pour cette année.

ESPÈCE CHEVALINE.

Dans le Nord, il n'existe que des races communes, les races *boulonnaise*, *flamande*, *picarde* et *ardennaise*.

Dans le Centre, on trouve dans les parties nord-ouest et ouest les races suivantes, d'origine anglaise : *normande* (Cotentin, du Merlerault, etc.), *anglo-normande* et *vendéenne*. Les autres races du Centre sont dites communes; mais il faut distinguer entre toutes la race *percheronne*, produit français par excellence, qui fournit les meilleurs chevaux de trait. A l'extrême Est, on rencontre les races *lorraine* et *comtoise*, et à l'Ouest la race *poitevine*, dont les juments servent surtout à produire des mules et des mulets.

Au Sud, indépendamment des races *landaise*, *navarrine*, *limousine* et de celles de *la Camargue* et de *la Corse*, toutes d'origine anglaise ou arabe, on trouve les races communes suivantes : *du Médoc*, *ariégeoise* et *du Rouergue*.

ESPÈCE BOVINE.

On ne relève dans le nord de la France que deux races distinctes, la *flamande* et l'*ardennaise*. La première donne de bonnes vaches laitières.

Dans le Centre, on trouve au nord-ouest et à l'ouest les races *normande*, *mancelle*, *bretonne* et *parthenaise*. Les vaches normandes et mancelles sont très-laitières. Il en est de même des bretonnes, malgré la petitesse de leur taille. La race parthenaise est surtout propre au travail. Puis vient la race *charolaise*, que son croisement avec le Durham a perfectionnée considérablement et qui est destinée à l'engraissement. A l'extrême Est, on trouve les races *lorraine* et *fémeline* (ou *comtoise*). Cette dernière, tout en fournissant de bons animaux de travail, donne du lait pour la fabrication des fromages de Gruyère. On peut encore citer comme variétés les races *berrichonne*, *morvandelle*, etc.

C'est dans le Sud qu'existe la plus grande diversité de races. Entre la race *maraichine*, que l'on trouve dans les marais de la Saintonge, et la race *pyrénéenne* (races de Lourdes, basquaise, tarbaise, etc.), viennent se placer les races *garonnaise* (bazadaise, qui est très-propre à l'engraissement, agenaise, etc.), *ariégeoise*, *limousine*, de *Salers*, d'*Aubrac*, du *Mezenc*, *bressane* et *tarentaise*. Les races de Salers et d'Aubrac sont spécialement renommées pour leur aptitude au travail. Enfin, la race tarentaise (Savoie) fournit de bonnes vaches laitières. Beaucoup de sous-races, telles que la *landaise*, la *gasconne*, la *dauphinoise*, ne sont que des variétés des races ci-dessus indiquées.

ESPÈCE OVINE.

Dans le Nord, on trouve la race de *Mauchamps*, race mérinos à laine fine, et la race *flamande*, à laine longue et grossière, mais que l'on croise avantageusement avec le dishley. On citera également la variété *ardennaise*.

Dans le Centre, l'espèce ovine est caractérisée par les races *mérinos* et *métis-mérinos* (moutons cauchois, beaucerons, briards, champenois, bourguignons). Viennent ensuite les races de *la Charmoise* et *solognote* : la première est le produit de nombreux croisements ; la seconde, très-rustique, s'allie souvent avec le southdown.

Dans le Sud, en dehors des variétés de la race mérinos (moutons arlésiens, roussillonnais, de Naz, etc.), on rencontre au premier rang les races *du Larzac, lauraguaise, barbarine, puyricarde* (race de Venz, etc.) et *des bruyères*. Les races du Larzac et des bruyères fournissent des viandes estimées. La race lauraguaise, à laine courte, est très-rustique et a été croisée avec le dishley mérinos. Les brebis sont laitières. On peut citer encore, mais à titre de variétés, les sous-races *brianconnaise, limousine, landaise, ariégeoise*.

ESPÈCE PORCINE.

Les porcs n'offrent pas de races distinctes dans le Nord.

Ces races distinctes se trouvent dans les parties nord-ouest et ouest de la région du Centre, c'est-à-dire dans la Normandie et le Maine, et sont désignées sous le nom de races *augeronne* et *craonnaise*. Dans la partie Est, on remarque la race *lorraine*. La race augeronne, dont on rencontre encore des spécimens à l'Est et à proximité de Paris, a été singulièrement améliorée par le croisement avec les races anglaises.

Trois races se partagent le Sud. Ce sont les races *bressane*, dans la partie Est, *périgourdine* et *béarnaise*, dans la partie ouest. Elles se distinguent des races du Centre en ce qu'elles ont toutes une robe semi-noire ou entièrement noire.

§ 3. — COMMERCE DES PRODUITS AGRICOLES.

Nous donnons à la page suivante l'énumération des principaux produits agricoles, d'après la nomenclature adoptée dans les tableaux de douanes.

Les chiffres des importations et des exportations sont ceux du commerce spécial.

Nos recherches ont porté sur les quatre dernières années (1871 à 1874 inclusivement).

Il devient possible, grâce à ces tableaux, d'évaluer, quand on connaît la production, la consommation totale du pays en ce qui concerne ces divers produits.

Le premier de ces tableaux comprend les denrées végétales, le second les produits animaux.

COMMERCE DES PRODUITS AGRICOLES.

DENRÉES AGRICOLES DIVERSES.	UNITÉS.	IMPORTATIONS (Quantités). 1871.	1872.	1873.	1874.	EXPORTATIONS (Quantités). 1871.	1872.	1873.	1874.
Engrais de toutes sortes	Kilogr.	106,810,121	60,353,598	187,048,060	155,878,080	19,136,047	43,092,401	44,700,847	66,510,075
Froment, épeautre et méteil (grains)	Quint. métr.	9,455,322	4,645,181	4,953,837	7,900,873	50,969	2,341,524	1,905,870	782,067
Seigle (grains)	—	52,069	19,110	20,051	195,800	584,750	3,365,157	1,351,701	913,916
Maïs (grains)	—	289,088	223,907	811,149	437,850	62,585	105,876	87,050	128,918
Orge (grains)	—	804,535	807,021	986,204	1,172,714	1,079,440	4,149,005	2,036,780	1,087,738
Sarrasin (grains)	—	111	102	49	620	61,924	105,097	78,101	67,805
Avoine (grains)	—	9,184,807	455,783	768,178	1,957,191	276,909	516,168	517,571	428,036
Graines à ensemencer	—	21,040,061	18,385,000	9,755,010	5,512,900	7,051,518	15,130,460	17,051,901	11,400,402
Grains perlés ou moudés	Kilogr.	861,878	45,133	50,785	23,934	90,872	170,609	349,481	273,619
Riz { Grains	—	31,331,704	17,161,181	29,850,601	25,113,610	4,886,140	2,121,175	1,020,972	3,905,081
Riz { Paille	—	15,965,402	6,011,712	10,795,981	17,850,754	101,050	5,011	1,764	142
Millet	—	1,397,111	618,707	1,957,385	260,530	181,867	480,167	112,909	947,425
Pommes de terre	—	91,810,074	11,203,275	90,700,505	9,008,779	85,809,578	155,308,148	158,060,006	179,008,300
Farines de céréales	Quint. métr.	674,307	152,870	179,578	229,527	68,994	808,809	999,661	772,054
Marrons, châtaignes et leurs farines	Kilogr.	3,088,605	2,007,837	3,930,139	2,049,140	3,019,510	4,178,039	5,492,700	6,447,809
Légumes secs et leurs farines	—	59,000,089	20,021,021	50,519,500	21,148,810	12,138,068	25,344,731	19,907,002	21,139,161
Légumes verts	—	8,578,697	6,787,016	7,973,510	7,888,241	6,510,000	9,796,781	13,706,779	16,203,491
Graines oléagineuses	—	176,085,190	146,659,598	230,016,901	191,813,501	4,749,170	5,027,278	2,069,961	3,202,674
Tourteaux de graines oléagineuses	—	16,136,616	13,195,912	12,213,585	10,603,001	23,580,916	52,423,441	56,566,257	78,245,092
Fruits { oléagineux	—	81,177,810	80,632,528	80,300,550	194,763,033	10,107,237	4,670,735	9,017,910	15,013,830
Fruits { de table	—	52,182,127	63,385,691	71,101,077	61,823,679	36,509,019	45,000,955	20,215,541	65,743,510
Fruits { à distiller	—	650,078	796,166	805,600	784,351	77,214	91,700	107,100	82,009
Betteraves	—	91,921,948	27,928,001	20,000,981	21,113,560	48,150,134	64,389,701	50,137,807	60,160,039
Sucre { brut	—	118,709,171	142,901,716	117,090,900	130,247,201	109,115,608	90,066,777	63,413,350	111,510,489
Sucre { raffiné ou assimilé au raffiné	—	88,510,065	28,763,130	25,206,102	28,611,015	79,000,980 [1]	108,503,308 [1]	119,550,510 [1]	181,791,601 [1]
Sucre { mélasses	—	47,754,907	17,191,130	19,745,889	35,045,680	5,817,079	7,963,421	7,005,980	16,035,802
Chicorée { en racines	—	12,918,712	6,038,966	11,909,924	12,000,618	905,101	57,208	69,019	76,511
Chicorée { moulue (faux café)	—	947,204	817,811	400,907	495,613	334,590	840,540	1,059,162	1,826,776
Houblon	—	1,766,971	2,550,711	1,810,541	1,546,204	1,371,103	1,069,883	1,047,160	1,843,301
Tabacs { en feuilles et côtes	—	17,483,438	10,540,076	20,625,413	28,918,111	151,947	376,500	187,623	424,618
Tabacs { fabriqué et usuels	—	117,078	260,121	196,145	178,297	209,130	105,103	197,764	100,581
Chanvre (en tiges, taillé et peigné)	—	19,004,381	16,336,614	18,130,070	19,578,078	649,925	800,296	906,067	880,482
Lin (en tiges, taillé et peigné)	—	63,090,019	56,740,007	31,580,958	60,193,378	17,540,501	12,852,002	11,149,667	13,967,088
Fourrages (folus, paille et herbes)	—	38,911,007	11,028,711	10,400,370	13,270,940	4,038,802	6,900,518	41,223,681	16,820,400
Vins { ordinaires	Litres.	11,996,904	45,178,088	93,069,692	64,102,865	317,383,900	331,076,700	380,198,600	905,876,600
Vins { de liqueurs	—	3,550,879	8,005,995	5,790,585	8,060,038	11,542,400	15,046,000	17,044,500	17,874,800
Vinaigres { de vin ou de bois	—	313,342	308,920	698,050	1,301,142	2,784,030	3,700,000	3,257,300	3,274,230
Vinaigres { autres	—	85,819	426,600	420,205	161,057	54,700	106,100	69,200	80,500
Cidre, poiré, verjus	—	13,744	6,181	7,007	18,121	3,089,700	1,280,000	834,300	2,406,700
Bière	—	7,097,151	27,059,881	27,000,291	21,011,048	2,601,700	2,515,300	2,515,800	2,100,800
Eaux-de-vie (alcool pur) { de vin	—	107,971	44,508	41,188	29,165	53,895,900	30,515,900	36,777,300	23,312,100
Eaux-de-vie (alcool pur) { autres	—	4,925,805	4,376,011	3,504,089	5,011,133	1,351,231	5,408,155	4,717,840	5,774,298

[1] Sucre raffiné seulement.

ANIMAUX ET PRODUITS ANIMAUX.	UNITÉS.	IMPORTATIONS.				EXPORTATIONS.			
		1871.	1872.	1873.	1874.	1871.	1872.	1873.	1874.
Espèce chevaline. { Chevaux entiers	Têtes.	1,922	475	569	503	·692	1,166	727	1,012
Juments	—	7,593	3,383	2,746	2,531	1,018	4,612	5,666	6,425
Autres	—	20,783	9,949	7,931	7,256	2,673	10,135	16,430	16,264
Mules et mulets	—	312	621	492	330	18,692	13,079	12,136	12,253
Anes et ânesses	—	583	1,444	1,715	1,206	399	1,246	1,394	944
Espèce bovine. { Bœufs	—	32,101	75,342	57,623	24,482	3,373	10,548	18,873	25,349
Vaches	—	79,632	65,536	51,958	46,882	6,011	13,766	18,976	24,578
Taureaux	—	827	691	932	1,166	25	209	517	1,203
Veaux	—	35,797	39,015	29,886	45,269	2,768	7,652	16,314	21,365
Autres (bouvillons, taurillons, génisses)	—	9,708	11,686	11,554	7,789	398	983	16,430	3,546
Espèce ovine . { Béliers, moutons et brebis	—	1,313,554	1,740,016	1,578,751	1,136,707	32,388	58,977	60,692	64,007
Agneaux	—	3,839	9,614	10,366	8,670	1,054	1,704	2,113	3,594
Espèce porcine. { Porcs	—	233,399	157,249	74,700	31,015	9,312	68,232	188,992	172,282
Cochons de lait	—	133,320	116,064	61,063	70,336	3,193	24,159	75,561	50,853
Espèce caprine. { Boucs et chèvres	—	7,314	6,116	5,390	4,170	1,777	2,352	2,719	4,222
Chevreaux	—	1,575	2,610	2,544	2,852	259	615	851	1,169
Viandes . { fraîches de boucherie[1]	Kilogr.	796,739	1,471,361	2,049,326	3,324,516	116,672	482,120	1,077,567	1,493,899
de porc salé	—	21,608,856	20,422,746	19,196,189	7,842,506	4,994,364	5,091,733	2,770,819	2,763,974
Fromages	—	14,669,442	11,172,297	11,262,672	9,930,624	2,658,263	3,048,262	3,135,262	3,815,206
Beurre (frais et salé)	—	2,684,502	3,628,743	3,733,192	3,583,138	20,205,937	23,945,618	31,415,671	36,833,194
Laines de toutes sortes	—	106,635,387	111,265,430	123,556,917	120,406,182	29,845,986	22,504,543	19,414,345	24,413,433
Peaux brutes (grandes et petites)	—	35,451,266	56,333,077	61,221,707	65,629,558	20,225,045	16,934,900	13,661,082	15,475,178
Graisses, suif et saindoux	—	38,900,666	50,313,498	38,071,424	22,927,542	4,103,827	5,832,719	7,636,960	8,318,672
Miel	—	477,988	133,018	664,740	221,360	762,239	796,950	1,152,770	1,266,495
Cire non ouvrée	—	647,428	811,558	452,027	347,639	187,592	279,142	330,383	415,158
Cocons de soie	—	1,702,798	1,697,723	1,780,213	2,027,989	282,923	536,006	479,050	331,691

[1] Non compris la volaille et le gibier.

CHAPITRE II.

RENSEIGNEMENTS PARTICULIERS PAR DÉPARTEMENT.

HAUTES-ALPES. — Le produit annuel total des arbres oléagineux, noyers et amandiers, a été, en 1873, notablement inférieur au produit annuel moyen.

Tout le revenu des pacages et pâturages se réduit à une redevance de 75 cent. à 1 fr., payée pour chaque tête de bétail autorisée à y paître. Ces troupeaux viennent de la Provence.

ARDÈCHE. — Situation agricole médiocre. Dans le sud du département, le phylloxéra a déjà détruit ou menace de détruire sous peu les meilleurs crus, et cette destruction porte, en général, sur un sol impropre à la culture des céréales. D'autre part, depuis vingt ans, la maladie des vers à soie poursuit ses ravages. Dans le nord, la situation serait bonne si les jeunes gens ne désertaient le pays et le métier agricole, pour s'adonner au commerce et à l'industrie.

ARDENNES. — Diminution notable des terrains incultes. La crainte des gelées et le manque de bras restreignent un peu, chaque année, la viticulture. L'outillage agricole perfectionné se multiplie lentement, ainsi que les plantes industrielles. Le cultivateur, en raison de cet accroissement, sera bientôt obligé de recourir aux engrais de commerce.

ARIÉGE. — Mauvaise année pour les céréales. Les farineux, principalement les pommes de terre, ont donné, dans certains quartiers, un produit supérieur à la. moyenne ; mais les haricots ont fait défaut dans les terrains légers, résultat dû aux chaleurs extrêmes de juillet et d'août. De toutes les coupes de fourrages, il n'y a que la première qui ait donné un produit supérieur à la moyenne. La vigne seule a donné de bons résultats.

Les progrès agricoles s'introduisent péniblement. Les assolements varient suivant les contrées. Dans la haute Ariége, on sème la pomme de terre sur le seigle et le maïs, et, comme récolte intermédiaire sur le même assolement, le sarrasin. Dans la plaine, c'est toujours du maïs ou une culture fourragère que l'on sème comme accessoire sur les emblavures de froment, méteil et seigle.

AUDE. — La culture des céréales et des oliviers diminue chaque année par suite des plantations de vigne. Dans le canton de Lézignan, les 20,500 hectares de vignes ont produit une moyenne de 30 hectolitres de vin. Le prix de culture est pourtant assez élevé : la journée du vigneron est de 3 fr. en hiver et de 4 fr. en été. L'arrondissement de Castelnaudary ne cultive que des céréales, et sa situation est rendue assez critique par un grand nombre d'émigrations vers le bas Languedoc.

BELFORT (Territoire de). — Le territoire actuel de Belfort est une fraction de l'ancien arrondissement, dont cette ville était le chef-lieu administratif et judiciaire, et qui appartenait au département du Haut-Rhin. Des neuf cantons que comprenait jadis cet arrondissement, il nous en reste quatre, plus ou moins modifiés. En somme, nous avons conservé 106 communes, qui, d'après le recensement officiel de 1872, comprenaient 56,781 âmes et en contiennent environ 63,000 aujourd'hui, par suite de l'émigration alsacienne et du retour des troupes.

Le territoire de Belfort a pour étendue à vol d'oiseau, du nord au sud, 42 kilomètres, et de l'ouest à l'est, 24 kilomètres.

Les cultures y sont : le blé, le froment, le seigle, l'orge, l'avoine, les pommes de terre ; pas de maïs, peu de cultures industrielles. La betterave n'est cultivée qu'en quelques points pour la distillation, et le houblon, sur une étendue insignifiante. La culture du chanvre est réduite aussi à de petites surfaces, et celle du lin est presque nulle.

Les cultures maraîchères des choux réussissent très-bien dans certains terrains ; la production de ce légume est assez considérable ; on l'utilise à la conserve de la choucroute qui est d'excellente qualité.

Le tabac commence à peine à être planté et promet de devenir très-beau. Mais sa culture ne semble pas devoir prendre encore une grande extension.

La principale richesse consiste dans les prairies, où se pratique l'élève du bétail, spécialement des bœufs, dont un grand nombre sont exportés pour la boucherie.

La culture des arbres fruitiers n'est pas encore assez soignée dans les campagnes, malgré les efforts tentés en ce sens. Pour les fruits, surtout pour ceux qui réclament de la chaleur, les villes sont tributaires de l'importation. Les seuls arbres à fruits sont, pour les fruits à noyaux, les pruniers, cerisiers et merisiers ; pour les fruits à pépins, les pommiers, poiriers et cognassiers ; pour les fruits à endocarpe ligneux, le noyer, arbre délicat qui ne réussit qu'en certains points.

Ce territoire renferme de nombreuses forêts. Presque toutes les communes possèdent une forêt : hêtre, bouleau, frêne, charme, chêne ; dans la partie montagneuse (Vosges), sapin.

L'engrais d'étable est le seul employé dans le pays. Cela tient d'abord à son abondance par suite du nombre des prairies et de l'élevage du bétail. Les autres engrais azotés (guano, etc.) n'ont pas d'emploi. Il en est de même des phosphates calcaires. Là où le sol est trop pauvre en calcaire, les marnages et les phosphates seraient trop dispendieux.

Les blés, dans les régions jurassique et tertiaire, viennent parfaitement avec la simple culture traditionnelle. Ils sont de bonne qualité et donnent 75, 76 et 77 kil. à l'hectolitre.

La moyenne de production est de 17 à 18 hectolitres par hectare. Dans la région du lehm jurassique, où le sol est presque totalement argilo-marneux, la production atteint facilement les chiffres de 20 à 22 hectolitres par hectare, et même plus dans certaines parties, avec les soins de la culture.

Il est à remarquer qu'en général, la fumure, qui doit se partager entre les champs et les prés, n'est pas intensive, et qu'elle est peut-être au-dessous de ce qu'elle devrait être. Cela tient aux habitudes routinières des cultivateurs, qui soignent en général peu leurs fumiers et laissent perdre une grande partie de la matière azotée : leurs fumiers d'engrais forment dès lors une masse hydrocarbonée de cellulose végétale (paille), et deviennent insuffisants pour l'assimilation nécessaire de la matière azotée.

Cependant depuis quelques années, il y a un progrès sensible au point de vue des soins à donner au fumier.

L'assolement triennal est presque le seul en usage, le seul d'ailleurs qui soit possible, d'après l'expérience des cultivateurs.

La propriété du sol est extrêmement divisée. On ne trouve que très-peu (15 sur 5,382) d'exploitations dépassant 50 hectares. Cet extrême morcellement ne permet guère les grandes dépenses d'appropriation du sol, non plus que l'emploi de l'outillage perfectionné. Cependant, grâce à l'action lente, il est vrai, mais néanmoins efficace, des comices agricoles, les machines, notamment les machines à battre mues par des chevaux, commencent à se vulgariser, surtout depuis la pénurie de plus en plus accusée d'ouvriers agricoles.

Les faucheuses et moissonneuses n'auront que peu de chance de s'introduire, parce que les reliefs accidentés du sol y mettront un obstacle très-réel, indépendamment de la question économique et de la question technique de l'emploi.

CANTAL. — Sauf dans la *Planèze*, qui récolte du seigle, tout le massif montagneux du Cantal ne se livre guère qu'à l'élève du bétail et à la fabrication du fromage.

CHARENTE. — La culture par assolements est peu pratiquée. La grande et la moyenne propriété s'exploitent généralement par domestiques ou par métayage, rarement par fermage, surtout dans la région viticole. La petite propriété (au-dessous de 15 hectares) est exploitée par le propriétaire lui-même. Il y a beaucoup de petites propriétés, un assez grand nombre de moyennes, très-peu de grandes, sauf dans l'arrondissement de Confolens et dans certaines parties des arrondissements de Ruffec et d'Angoulême.

Les prairies artificielles et le nombre des arbres à fruits ont notablement augmenté depuis dix ans. Les fruits sont en général, à l'exception des cerises, consommés sur place.

L'importance des diverses cultures est calculée d'après la nature du sol et les facilités de placement des produits. Elle varie peu chaque année.

Le colza est spécialement cultivé dans l'arrondissement de Confolens ; les cultures potagères et maraîchères sont généralement consommées sur place. Les topinambours et les betteraves sont cultivés pour la nourriture du bétail ; toutefois, les betteraves sont, dans le domaine des *Plants*, employées à la fabrication de l'alcool.

CHARENTE-INFÉRIEURE. — La viticulture s'étend chaque année et produit les principaux revenus du département. Les bois diminuent sensiblement, et il en est de même de l'industrie salicole.

CHER. — Grande abondance de noyers et de châtaigniers ; quelques amandiers. Tous ces arbres sont disséminés un peu partout, et la gelée de 1873 en a presque anéanti la récolte. Les fourrages sont consommés sur place. Les progrès de l'agriculture moderne pénètrent assez facilement, notamment la charrue Dombasle, avec ou sans train ; il en est de même des engrais de commerce.

COTE-D'OR. — Culture variée et prospère, dont l'industrie départementale écoule en grande partie les produits. L'élevage des animaux d'espèce bovine et de race charolaise dans l'Auxois, celui des mérinos dans le Châtillonnais, ont une grande importance. Le houblon réussit fort bien dans nombre de cantons, et la fondation d'une grande sucrerie à Châtillon va développer dans ce pays la culture de la betterave. Les engrais artificiels et commerciaux commencent à se répandre partout ; les instruments agricoles se perfectionnent, et les sociétés d'agriculture du département déploient la plus louable activité. Seule, la viticulture a souffert des gelées dans ces dernières années.

Creuse. — Situation assez mauvaise, mais tendant à s'améliorer. Les nouveaux engrais et engins aratoires sont adoptés généralement. L'élève du bétail se fait mieux. Le froment commence à remplacer le seigle ; les prairies artificielles prospèrent et deviennent plus nombreuses.

Drôme. — L'agriculture est en progrès. Sur les grandes surfaces montagneuses impropres à la culture, on tente des reboisements. Les deux principales industries sont le mûrier et la vigne. Avant la maladie des vers à soie, la récolte des cocons s'élevait à 4,000,000 de kilogrammes ; aujourd'hui elle ne dépasse pas 2,000,000 de kilogrammes. Quant aux vignes, la surface de 38,000 hectares qu'elles occupaient a été, depuis trois ans, réduite de moitié environ par les ravages du phylloxéra. Les vignerons, les attribuant à la sécheresse des six dernières années, attendent avec confiance une année pluvieuse, et plantent encore beaucoup.

Finistère. — Sol presque exclusivement granitique ; quelques parties schisteuses, de rares gisements calcaires. Une vaste partie du littoral, formée de sables madréporiques contenant de 80 à 90 p. 100 de carbonate de chaux, est exploitée sous le nom de *ceinture dorée*. Le département compte 290,000 hectares de terres labourables, 260,000 hectares de landes, 40,000 hectares de prairies naturelles et 34,000 hectares de bois, dont un dixième appartenant à l'État. On y rencontre une infinité de sources et de ruisseaux qui, bien dirigés, permettraient d'accroître le nombre des prairies naturelles. Les exploitations sont morcelées en parcelles de moins d'un hectare en général. Les habitations rurales, couvertes en chaume, quelquefois en ardoises, n'ont guère qu'un rez-de-chaussée et un grenier ; les étables sont mal installées, bien que les pierres de construction abondent. Les chemins vicinaux sont parfaitement entretenus, et les chemins d'exploitation très-mal ; la nature pierreuse du sol les rend cependant peu boueux.

Les principales futaies sont le chêne, le châtaignier et le hêtre ; quelques ormes, très-peu de frênes ; des pins maritimes sur les fonds argilo-graveleux. Culture maraîchère importante à Roscoff, Saint-Pol-de-Léon et aux environs de Brest ; point de vignes, mais de nombreux pommiers produisant 90,000 hectolitres de cidre.

Le département élève beaucoup de chevaux de la race de Léon, et aussi des bêtes de trait et de selle. Les vaches appartiennent surtout aux races bretonne et léonnaise, et ont été récemment croisées avec les Durham et les Ayr. Les races ovine et porcine offrent moins d'importance. Cette dernière s'améliore pourtant par des croisements avec les races anglaises.

Gard. — La maladie des vers à soie avait fait abandonner la sériciculture pour la viticulture. Aujourd'hui les vers à soie se portant un peu mieux et le phylloxéra ayant détruit presque toutes les vignes, on revient aux céréales et à la sériciculture.

Haute-Garonne. — Département essentiellement agricole. La vigne tend à remplacer les guérets ; les fourrages sont consommés sur place. Dans les cantons montagneux, la culture pastorale domine.

Gironde. — Les plantes sarclées étant rares dans la Gironde, l'introduction de la culture du tabac a été fort utile, parce qu'il est très-facile de la faire alterner avec celle du blé dans les assolements. Dans les terres très-fertiles, on a pu, au moyen du grand trèfle, du sainfoin, etc., selon le terrain, adopter le roulement suivant, désigné sous le nom de tiercement : 1° récolte sarclée ; 2° blé ; 3° trèfle ou sainfoin. On a foncièrement amélioré des terres médiocres, en y semant des plantes telles que le lupin, le sarrasin, la citrouille, etc., pour enfouir en vert. Dans d'autres parties plus restreintes, s'est maintenu l'assolement biennal pur, blé et repos. Dans le bas Médoc, sur les terrains délaissés par la mer (les *Maltes*), mis en culture sous Henri IV, on sème d'abord du blé, puis des fèves, et ainsi de suite, pendant 8, 10, 12 ans, selon la fertilité du sol. Cette terre est ensuite abandonnée à elle-même après une dernière récolte de blé, et se convertit naturellement en une très-bonne prairie, où croît l'excellent trèfle, dit *maritime* (*Trifolium maritimum*). Dans les landes, on récolte d'abord du seigle, puis, lors de son sarclage, du petit mil, qui, semé dans la raie entre les billons, est chaussé après la moisson et récolté pour son grain et sa paille. Mais ici, les vrais produits sont ceux des troupeaux admis au pâturage, et le fumier qu'on en obtient.

Hérault. — Les progrès du phylloxéra tendent à amener la substitution de la culture des céréales à celle de la vigne. Les instruments aratoires perfectionnés n'ont pas encore été adoptés ; ils le seront forcément, à cause de la nature du sol, dans certains anciens vignobles abandonnés.

Ille-et-Vilaine. — La création et l'entretien parfait des chemins vicinaux constituent l'agriculture en progrès sensible. Le département fait un grand commerce de beurre et d'œufs avec l'Angleterre.

Indre-et-Loire. — La vigne s'étend de plus en plus. Comme elle absorbe des engrais sans en produire, ceux-ci sont peu abondants, ce qui amène un rendement de grains médiocre et réduit sensiblement la production fourragère. Il suit de là que le bétail n'est remarquable ni par le nombre ni par la valeur. Le morcellement de la propriété cause, en outre, une grande pénurie de bras.

Landes. — La création de nombreuses voies de communication qui facilitent l'écoulement des produits, ainsi que l'institution des concours régionaux agricoles et de métayage, ont, depuis quelques années, heureusement métamorphosé le département. Des landes immenses ont été converties en terres labourables ou semées de pins maritimes. Le colon, qui est généralement routinier, finit cependant par adopter les instruments agricoles et les engrais nouveaux, ainsi que le croisement des bestiaux avec des races meilleures. L'accroissement du bien-être a restreint l'émigration vers les centres industriels.

Haute-Loire. — L'agriculture progresse lentement. Les instruments perfectionnés commencent à se répandre ; il n'en est pas de même des amendements et engrais commerciaux. La journée d'un ouvrier a presque doublé depuis quelques années ; elle est aujourd'hui de 2 fr. 50 c. à 3 fr. La culture de la vigne prend de l'extension. Des essais de semis de maïs et de garance ont parfaitement réussi.

Loire-Inférieure. — Dans les arrondissements de Châteaubriant et de Saint-Nazaire, le seul assolement pratiqué consiste dans la succession du froment au sarrasin. De faibles surfaces sont empruntées à l'une et à l'autre sole pour les farineux et les verts, et en outre, certaines mauvaises pâtures exigent quelques années de repos. Sur une partie de l'arrondissement de Nantes, rive gauche, et dans celui de Paimbœuf, pas d'assolement proprement dit, mais une culture avec alternance insuffisante de choux, racines et verts, avec la sole de céréales. Une partie de celle-ci reste aussi un an sans culture, servant de mauvaises pâtures. Dans l'arrondissement d'Ancenis et dans la majeure partie de celui de Nantes, l'assolement est mieux entendu; le froment ne revient, en général, que tous les trois ans; les racines, choux verts de printemps, navets et trèfles, entrent dans ce roulement pour une proportion qui s'accroît lentement. Il y a progrès pour l'élève du bétail; mais les capitaux manquent et les étables sont basses et malsaines.

Loiret. — L'agriculture progresse. Les charrues perfectionnées et les engrais commerciaux se répandent. Les gelées ont fait arracher plus de 5,000 hectares de vignes, et transformé en agriculteurs nombre de vignerons. La récolte du safran a été très-belle en 1873, mais l'Espagne fait, sous ce rapport, au Gâtinais une concurrence désastreuse.

Lot. — La situation agricole progresse, notamment la viticulture, mais, par suite de l'émigration vers les villes, les bras manquent et ne peuvent être, dans les coteaux de cette région, remplacés par des machines. Le département récolte une grande quantité de truffes.

Maine-et-Loire. — Pas d'assolement régulier, sauf dans quelques grandes exploitations modèles. En principe, l'assolement doit être triennal dans la grande culture, biennal dans la petite ; mais cette clause n'est observée que lors des fins de bail. Le froment suit cependant assez régulièrement cette règle. Il couvre, chaque année, environ les deux cinquièmes des terres labourables du département.

Manche. — Malgré l'augmentation des salaires, les ouvriers agricoles émigrent vers les grands centres. On délaisse la culture des orges, et les terres en labour se transforment en prairies. Les perfectionnements se réduisent à l'adoption de quelques assolements à courte période. La pratique agricole est d'ailleurs très-défectueuse. On admet volontiers les engrais de mer. Les chevaux et animaux de boucherie ont considérablement progressé depuis vingt ans. La production annuelle du beurre atteint environ 11,000,000 de kilogrammes, dont les quatre cinquièmes sont expédiés à Paris et en Angleterre. L'usage du pain de froment et de la viande se généralise dans l'alimentation.

Mayenne. — Les assolements les plus fréquents sont les suivants : l'assolement de six ans : 1re année, froment ; 2e année, orge ou avoine de printemps ; 3e année, trèfle ; 4e année, froment ; 5e année, coupages consommés verts, seigle, vesces, maïs, etc ; 6e année, plantes sarclées, choux, betteraves, navets, pommes de terre, etc. Cet assolement, auquel on peut reprocher de faire succéder l'orge au froment, a l'avantage de donner suffisamment de fourrages, surtout quand il est soutenu par de bonnes prairies naturelles et des luzernières ; il est suivi dans l'arrondissement de Château-Gontier et dans une petite partie de celui de Laval. Dans ce dernier arrondissement et dans quelques cantons de l'arrondissement de Château-Gontier, on suit une rotation quinquennale : 1re année, froment ; 2e année, orge ou avoine de printemps ; 3e année, trèfle ; 4e année, froment ; 5e année, pâture, coupages verts et plantes sarclées. Ce système est inférieur au précédent, comme donnant moins de fourrages, et moins favorable à la propreté des terres labourables. Il doit être préféré toutefois à l'assolement triennal suivant, maintenu par la routine dans presque tout l'arrondissement de Mayenne : 1re année, froment, seigle ou sarrasin ; 2e année, orge ou avoine de printemps ; 3e année, ray-grass, dont une partie est gardée pour graine. Cet assolement ne permet ni de nettoyer, ni de laisser reposer les terres, et ne donne ni fumier, ni fourrages. Quelques terres riches substituent le lin à l'une des deux céréales.

Morbihan. — Malgré de grands progrès, il reste beaucoup à faire ; les nouvelles voies de communication seront d'un grand secours. Les sociétés agricoles entretiennent l'émulation par leurs primes.

Nièvre. — Progrès sensibles, grâce à l'extension des prairies artificielles, à l'augmentation du bétail de choix et à l'emploi mieux entendu des engrais. Dans les terrains argileux et argilo-siliceux, les chaulages ont été très-favorables aux céréales et aux plantes fourragères, ainsi que les marnages qui ont pourtant nui à la betterave. Quelques cantons possèdent aujourd'hui les trois quarts de têtes de gros bétail. Les agriculteurs demandent la réduction, pour la chaux, des tarifs de transports. Les vignes ont souffert des gelées. Pas assez de bras ; trop de foires et de cabarets.

Oise. — Situation satisfaisante. On adopte partout les instruments perfectionnés et les engrais nouveaux ; mais, par suite de l'émigration vers les centres industriels, le prix de la main-d'œuvre s'est accru d'un tiers depuis dix ans et augmente sans cesse. L'établissement de plusieurs sucreries a mis en grand honneur la culture de la betterave, et amené une heureuse modification dans les assolements. On sème la betterave, puis le blé, ensuite l'avoine ou l'orge, après quoi on laisse le sol en jachère franche pendant un an. La vigne est abandonnée peu à peu, parce que la facilité des transports amène dans le pays des vins à bon marché. La récolte du blé, en 1873, n'a pas été bonne, en grande partie à cause des rongeurs. L'élevage des bestiaux est en progrès, notamment celui des mérinos.

Pas-de-Calais. — La prospérité matérielle est grande, et due en partie à ce que les femmes travaillent autant et plus que les hommes, qui fréquentent trop les cabarets. Les jachères disparaissent partout, et la culture de la betterave gagne beaucoup. Pas de pâturages, trop peu d'engrais commerciaux et d'instruments perfectionnés ; pas assez de bras en beaucoup d'endroits, à cause des sucreries et des charbonnages des environs. L'élevage du bétail est en progrès. Le canton de Bapaume réclame l'autorisation de cultiver le tabac.

Puy-de-Dome. — Département essentiellement agricole. Deux régions : la plaine dite la Limagne, et la montagne. Morcellement infini de la propriété, et, par suite, pas d'assolement régulier, mais un soin extrême dans la culture et une grande fertilité. Ce morcellement a lieu même pour les vignes des coteaux. Les céréales, les racines fourragères et industrielles, le colza, le chanvre, les fourrages naturels et artificiels, les fruits, les légumes, etc., tout réussit. Il y a environ 27,000 ou 28,000 hectares de vignes, valant 18,000 à 20,000 fr. l'hectare en moyenne. Dans la montagne, on convertit les terres cultivables en prairies et pacages ; on y élève des bestiaux, et l'on y fabrique du beurre et du fromage. Sur les 90,663 hectares de bois, 13,000 ont été, depuis 1843, reboisés par la Société d'agriculture.

BASSES-PYRÉNÉES. — Récolte médiocre en 1873, à cause des gelées d'avril. La seule culture industrielle est le lin ; elle est en progrès, et l'on tend à vulgariser le lin de Riga, qui est très-productif. Les prairies artificielles prennent aussi de l'extension. L'élève des mules nuit un peu à l'industrie chevaline ; quant à l'espèce bovine, qui est de la race des Pyrénées, elle est remarquable sous tous les rapports. L'outillage agricole a fait quelques progrès, mais le manque de capitaux empêche les engrais commerciaux de se répandre. L'assolement biennal, froment et maïs, est généralement suivi.

PYRÉNÉES-ORIENTALES. — La viticulture tend à remplacer la culture des céréales.

HAUTE-SAVOIE. — Sauf pour les fourrages, la récolte de 1873 a été inférieure à celle d'une année moyenne. La récolte médiocre des seigles, de la vigne et des noix, est due aux gelées du printemps.

TARN. — Trois assolements divers : le plus répandu est l'assolement biennal, pratiqué de la façon suivante, principalement dans la plaine, où les terres sont bonnes : 1re année, blé, jachères ou plantes sarclées ; 2e année, maïs ou blé.

Dans les terrains de qualité inférieure et dans la montagne, le froment est remplacé par le seigle.

L'assolement triennal comprend alors : 1re année, jachères ; 2e année, blé ; 3e année, maïs.

Dans les bonnes terres, la jachère est généralement occupée par le trèfle, les haricots, les fèves et les pommes de terre.

Dans la région montagneuse, on suit la culture *pastorale mixte*, qui est combinée de la manière suivante : 1re année, seigle avec fumure ; 2e année, avoine ou pommes de terre ; 3e, 4e et 5e années, genêt à balais ; 6e année, seigle sur écobuage.

TARN-ET-GARONNE. — La viticulture prend une grande extension par suite de ses avantages dans les terres légères et du bon prix des vins. Même remarque pour la culture de la grande luzerne. Elle favorise l'élève du bétail, restreint la surface à travailler ou à fumer, et amende le sol.

II

HOLLANDE

HOLLANDE

CHAPITRE PREMIER.

RENSEIGNEMENTS GÉNÉRAUX.

§ 1er. — ASSOLEMENTS.

En divisant la surface du pays d'après la culture du sol, on a en hectares :

Dunes maritimes. . . .		43,840	hectares.
Bois et plantations. . . .		225,000	—
Terres destinées à l'élève du bétail		640,130	—
Terrains propres à l'agriculture	Terres cultivées. 1,747,030 Terres incultes. . 624,660	2,371,690	—

Ces derniers se subdivisent eux-mêmes en :

Terres sablonneuses. . . .	Cultivées . . . . 939,690 Incultes. 616,100	1,555,790	—
Terres argileuses	Cultivées . . . . 807,330 Incultes 8,570	815,900	—

Voici les subdivisions des terres agricoles sablonneuses :

Assolement triennal	Terres cultivées. 848,260 Terres incultes. . 608,490	1,456,750	—
Culture flamande	Terres cultivées. 91,440 Terres incultes. . 7,600	99,040	—

Voici maintenant celles des terres agricoles argileuses :

Culture des grains sur l'argile des rivières	Terres cultivées. 88,690 Terres incultes. . 1,460	90,150	—
Culture des grains sur l'argile maritime		233,810	—
Culture ordinaire du froment. . . .		193,020	—
Culture zélandaise du froment.	Terres cultivées. 254,940 Terres incultes. . 7,110	262,050	—
Culture irrégulière des *polders*		36,870	—

L'assolement triennal proprement dit se rencontre, dans la province de Drenthe, et aussi dans les autres provinces, avec des modifications plus ou moins marquées.

Les deux tiers des terres sont cultivés en seigle, le reste en sarrasin, céréale qui a, depuis cinq siècles déjà, remplacé dans ce pays les jachères mortes. Sur chaque exploitation, quelques parcelles, engraissées avec plus de soin, sont destinées à la culture des pommes de terre, de l'avoine, de l'orge d'été, du colza, du lin ou du trèfle, nécessaires à la consommation des cultivateurs. Après la moisson, l'on sème, sur la moitié des chaumes de seigle, des navets d'automne ou de l'espargoule pour la nourriture du bétail. Dans ce système, au lieu de fumer les prés, on se sert simplement des bruyères pour les troupeaux de brebis et pour la litière des étables. Les métairies dans les terrains sablonneux sont en général de peu d'étendue. On n'y emploie que deux à trois chevaux, parfois même un seul dans le Brabant septentrional. En moyenne, à dix hectares de terre agricole correspondent dix hectares de prairies ou terres fourragères.

La culture flamande est en usage dans la baronnie de Bréda (Brabant septentrional), et dans la Flandre zélandaise. Elle est très-productive, mais exige de grands soins et beaucoup de fumier. La moitié de la terre est cultivée en seigle, sur de petites surfaces sarclées avec soin et fréquemment sous-plantées en carottes; l'autre moitié est cultivée en sarrasin, avoine, pommes de terre et fourrages. Les prairies naturelles, fumées et recouvertes de cendres, sont souvent transformées en terres labourables, et converties plus tard en prairies artificielles.

Les terres argileuses en culture sont, pour la plus grande partie, formées du limon des grandes rivières, telles que le Rhin, la Meuse et l'Escaut, et aussi de terrains conquis par desséchements et endiguements de la mer.

L'assolement est sexennal sur l'argile des rivières, telles que l'Yssel, le Rhin et la Meuse, ainsi que sur l'argile diluviale qu'on trouve dans les parties les plus élevées du Limbourg. Les cultures se succèdent ordinairement de la manière suivante: seigle, fèves, froment, avoine, trèfle et encore froment. On recourt peu aux plantes industrielles, si ce n'est quelquefois au colza; les deux tiers des terres sont ensemencés en céréales, spécialement en blé d'hiver, froment et seigle. On n'y entretient que rarement le bétail, qui, pendant l'été, séjourne dans les prairies, le long des rivières, sauf dans le Limbourg, où il est nourri dans les étables.

Les métairies situées le long de l'Yssel sont plus importantes que celles des terrains sablonneux; elles ont en moyenne de quarante à cinquante hectares, et exigent l'emploi de 4, 5, 6 chevaux et même davantage. On trouve néanmoins dans le Limbourg quelques métairies de plus de soixante hectares, mais la grande majorité des exploitations de cette région ne comporte pas plus de six hectares.

L'argile de la mer se rencontre surtout au nord-est des Pays-Bas, dans les provinces de la Frise et de Groningue, ainsi que le long du Zuyderzée dans la Hollande septentrionale. Dans plusieurs de ces provinces, l'assolement est septennal, y compris une année de jachère morte. Environ un cinquième des terres est ensemencé en froment. Outre le colza et l'orge d'hiver, on y cultive en général des plantes d'été, telles que le lin et l'avoine, dont on obtient de riches moissons. Dans la Frise et sur les terres desséchées de la Hollande méridionale, on ajoute à ces cultures un assolement de trèfle. Dans les alluvions du Dolland (province de Groningue), on combine le trèfle avec le ray-grass.

§ 2. — COMMERCE DES PRODUITS AGRICOLES.

Nous donnons ci-dessous, pour les trente dernières années, le tableau de la valeur estimative des principales récoltes, établie d'après les mercuriales :

ANNÉES.	PRIX du froment (l'hectolitre).	PRIX de la paille de froment (les 1,000 kil.)	VALEUR TOTALE EN FRANCS			ÉVALUATION de la valeur des grains sans la paille d'après le tarif fixe de 1846 [1].
			des grains.	de la paille.	Total.	
	fr. c.	fr. c.				
1851-60, moyenne.	24 17	,	270,513,600	,	,	,
1861	24 63	,	269,455,200	59,028,900	328,484,100	207,270,000
1862	23 46	,	282,945,600	55,885,200	388,830,800	230,794,200
1863	20 64	54 60	297,331,800	47,292,000	344,626,800	254,385,600
1864	19 15	60 80	297,404,100	47,018,400	344,452,500	258,192,900
1865	18 48	63 00	274,604,400	57,955,800	332,560,200	215,599,200
1861-65, moyenne	21 27	58 80	284,348,400	53,442,900	337,791,300	239,248,800
1866	20 64	54 60	282,036,300	60,526,200	342,562,500	234,744,800
1867	26 23	58 30	328,622,700	44,347,800	372,970,500	217,541,100
1868	25 18	58 89	361,013,100	52,665,900	413,679,000	236,801,600
1869	20 58	56 70	334,017,600	63,567,000	397,584,600	256,983,800
1870	21 53	59 85	346,380,300	53,558,400	399,938,700	256,851,000
1866-70, moyenne.	22 83	57 75	330,414,000	54,933,900	385,347,900	303,485,700
1861-70, moyenne.	22 05	58 38	317,381,200	54,188,400	361,569,600	239,866,200
1871	25 20	100 80	334,111,200	104,643,000	438,757,200	234,777,900
1872	25 70	81 00	380,979,900	106,392,300	487,372,200	271,681,200

Ont été vendus sur les principaux marchés :

ANNÉES.	CHEVAUX.	BŒUFS, VACHES ET VEAUX.	MOUTONS ET AGNEAUX.	PORCS et COCHONS DE LAIT.
1863.	59,797	500,579	400,554	292,821
1864.	60,975	566,047	504,826	356,022
1865.	54,249	881,523	492,588	298,117
1866.	56,881	169,092 [2]	413,793	463,981
1867.	67,554	203,817 [2]	491,387	451,785
1868.	68,505	454,244	529,162	474,682
1869.	68,720	502,497	515,791	537,843
1870.	67,342	529,488	545,249	506,231
1871.	69,547	580,246	580,277	517,194
1872.	68,293	533,850	570,582	474,941

PRODUITS ANIMAUX. (Poids en kilogrammes.)

	1863.	1864.	1865.	1866.	1867.	1868.	1869.	1870.	1871.	1872.
Beurre . .	9,936,857	9,711,088	10,049,659	12,087,687	10,385,654	10,979,793	13,011,369	13,025,994	12,313,651	12,836,680
Fromage .	13,225,403	12,775,895	12,828,971	12,810,033	12,517,511	11,904,970	13,339,890	13,609,217	11,409,470	11,661,138

1. Le froment est tarifé à 20 fr. ; le seigle à 14 fr. ; l'orge à 11 fr. 20 c. ; le blé sarrasin à 15 fr. 40 c. ; l'avoine à 7 fr. 70 c. ; les fèves à 14 fr. ; les pois à 17 fr. 50 c. ; les pommes de terre à 2 fr. 10 c., etc.

2. Par suite de la peste bovine, la vente du gros bétail a été interdite sur plusieurs marchés.

COMMERCE EXTÉRIEUR DES PRODUITS AGRICOLES.

Nota. — Les valeurs indiquées ci-dessous ne sont pas les valeurs réelles, mais des valeurs officielles et fixes datant de 1846.

DÉSIGNATION DES ARTICLES.	IMPORTATION.					EXPORTATION.				
	1868.	1869.	1870.	1871.	1872.	1868.	1869.	1870.	1871.	1872.
Fumier. . . Quantités en kilogr.	10,232,380	17,138,055	6,367,369	6,256,540	1,820,238	6,285,601	4,192,940	8,015,905	7,189,651	8,513,944
Matière fécale. . . En tonneaux de 1,000 kilogr.	.	.	.	.	.	6,312	7,226	6,075	6,223	5,590
Guano . . . En kilogr.	21,077,986	41,448,798	21,868,500	21,499,013	17,887,062	19,014,948	30,078,502	18,358,418	21,801,270	9,350,723
Chilival peter. . . De kilogr.	3,576,080	4,428,419	7,475,457	7,455,408	11,174,101	5,183,088	4,989,496	6,400,905	8,535,478	10,081,830
Phosphates. . . Valeur en francs.	1,473,409	1,685,971	896,061	801,950	182,564[1]	.	.	.	.	.
Os. . . En kilogr.	51,661	51,031	180,721	44,835	20,499	4,494,510	3,890,911	3,981,891	3,675,896	3,138,665
Chiffons de laine. . . En kilogr.	99,105	98,350	101,611	840,870	141,038	855,341	1,042,580	1,160,611	2,098,906	1,865,211
Cendres. . . En tonneaux de 1,000 kilogr.	85	71	210	150	110	27,013	89,066	814,781	31,418	38,000
Grains (froment, seigle, orge, blé sarrasin). . . En hectol.	4,405,170	4,472,400	5,855,014	9,602,007	4,037,025	1,281,480	1,918,800	2,006,877	9,691,002	440,855
Avoine. . . En hectol.	859,086	908,858	180,239	422,805	55,500	903,528	1,010,750	753,128	643,651	502,965
Fèves et pois. . . En hectol.	57,672	74,180	170,522	199,554	56,711	91,415	83,078	170,522	149,880	91,078
Pommes de terre. . . En hectol.	196,839	181,491	96,064	64,302	103,097	703,218	545,813	454,613	300,456	712,086
Farine de froment, seigle, orge, blé sarrasin. . . En kilogr.	20,013,654	45,570,745	31,028,012	33,198,176	25,518,029	2,618,079	8,144,408	4,331,486	3,087,038	1,968,931
Farine de pommes de terre. . . En kilogr.	2,036,045	6,382,872	9,215,075	1,908,856	810,860	6,490,028	8,310,180	6,088,871	4,068,280	4,283,550
Colza. . . En hectol.	431,557	150,598	917,811	413,515	60,943	88,406	123,501	111,005	39,708	114,651
Graine du lin. . . En hectol.	710,492	830,504	800,208	1,108,730	726,139	155,902	116,683	107,818	91,651	37,410
Garance. . . En kilogr.	257,102	136,715	80,440	2,381,810	85,980	573,359	1,700,586	2,150,558	3,117,708	2,132,865
Garancine. . . Valeur en francs.	820,871	874,761	740,195	2,030,882	1,008,810	3,888,047	3,876,523	3,530,097	3,767,803	3,900,550
Chicorée. . . En kilogr.	349,900	379,943	229,645	758,977	404,064	6,555,050	6,512,081	6,304,860	6,490,826	6,378,183
Lin. . . En kilogr.	1,115,678	1,538,607	1,956,786	2,912,042	2,073,078	15,303,885	20,063,974	23,895,096	24,802,404	17,306,564
Chanvre. . . En kilogr.	5,805,000	6,200,009	5,182,840	6,190,402	9,441,008	1,118,318	2,934,661	1,721,598	2,808,827	2,355,167
Graines de chanvre. . . En hectol.	5,340	8,015	10,711	10,870	248	18,741	10,517	15,763	28,141	5,301
Houblon. . . En kilogr.	9,380,360	1,445,558	1,301,877	1,767,857	1,470,631	2,705,080	1,713,044	931,231	2,011,133	1,054,154
Tabac et cigares. . . En kilogr.	24,390,772	24,500,086	21,030,570	22,489,830	19,532,285	10,082,055	21,838,084	18,540,250	21,720,081	4,412,512
Semence de trèfle. . . En hectol.	25,362	15,801	15,860	23,791	84,608	18,891	28,060	14,921	11,064	10,315
Foin. . . En kilogr.	1,514,505	1,187,805	2,280,008	1,861,933	915,992	28,210,056	25,310,148	90,702,567	13,948,000	8,910,802
Paille. . . Valeur en francs.	78,277	66,825	65,788	70,810	10,037	818,000	478,706	771,008	908,123	271,800
Chevaux. . . Têtes.	6,071	5,147	4,829	4,860	7,597	9,065	9,387	7,625	10,310	11,949
Bœufs, veaux, etc. . . Têtes.	7,214	19,675	13,819	1,692	11,115	191,580	140,296	152,544	223,858	177,099
Beurre. . . En kilogr.	2,487,592	3,055,410	3,131,917	3,426,495	710,556	18,751,193	20,361,441	21,730,057	20,935,781	15,945,511
Fromage. . . En kilogr.	858,408	911,885	1,122,395	1,178,810	233,480	26,349,725	30,576,385	30,121,609	28,093,067	26,789
Peaux préparées. . . Valeur en francs.	13,074,635	14,196,158	14,858,787	10,220,108	21,818,090	11,584,080	14,907,614	13,293,872	17,737,770	10,491,020
Crins de chevaux et de vaches. . . Valeur en francs.	1,801,765	1,521,548	1,027,521	1,704,141	20,034,421	902,920	920,991	751,281	1,101,140	9,051,080
Moutons et agneaux. . . Têtes.	15,513	70,837	69,289	2,080	4,781	269,280	371,893	388,319	305,048	289,170

[1] 2,897,633 kilogrammes.

COMMERCE EXTÉRIEUR DES PRODUITS AGRICOLES. *(Suite et fin du tableau.)*

DÉSIGNATION DES ARTICLES.	IMPORTATION.					EXPORTATION.				
	1868.	1869.	1870.	1871.	1872.	1868.	1869.	1870.	1871.	1872.
Laines . . . . En kilogr.	7,272,392	9,109,100	8,495,986	10,088,872	7,648,962	7,818,431	8,818,618	6,958,130	12,104,066	6,979,050
Peaux de moutons . . . . Valeur en francs.	658,118	578,150	413,534	607,584	995,232	463,350	250,963	50,738	110,314	167,485
Porcs. . . . . Têtes.	23,062	35,133	28,109	24,909	24,924	79,989	56,901	60,604	148,011	59,648
Soies de porcs . . . . En kilogr.	85,210	61,567	102,195	132,790	275,050	59,278	43,545	61,538	124,198	906,902
Viande fraîche, salée, fumée. . . . . En kilogr.	902,032	1,233,266	1,071,789	1,066,667	3,147,860	3,615,091	4,190,926	4,788,735	4,275,930	1,603,614
Suif, graisse, etc. . . . . En kilogr.	9,342,265	9,538,497	8,717,299	15,459,351	21,226,459	3,628,358	3,248,065	2,983,858	4,915,506	7,435,318
Stéarine . . . . En kilogr.	26,781	54,157	304,966	68,352	52,952	2,101,278	2,113,878	946,385	2,377,681	1,619,431
Œufs. . . . . Pièces.	21,213,675	24,085,167	19,581,666	26,302,062	1,708,937[1]	4,034,115	3,415,710	3,750,345	6,153,229	511,121[1]
Miel. . . . . En kilogr.	1,570,457	1,067,810	1,250,300	919,325	857,149	378,894	316,884	410,649	351,176	86,990
Cire . . . . En kilogr.	933,292	648,885	333,124	558,062	573,515	645,209	532,711	446,378	663,884	620,425
Produits des vergers et pépinières. . . . Valeur en francs.	2,834,615	3,389,125	2,871,575	3,592,539	4,702,643	10,887,681	9,962,604	10,084,001	9,967,301	23,387,386
Valeur en francs.	26,544,043	27,400,787	24,879,098	26,915,089	27,371,488	6,933,029	8,027,380	8,466,478	7,944,284	7,509,772

[1] Kilogrammes.

L'excédant annuel considérable que présentent les importations en grains et farine, sur les exportations, montre que les produits du sol ne suffisent pas à l'alimentation végétale de la population. Observons toutefois que les distilleries de genièvre des environs de Schudam absorbent annuellement une grande quantité de l'orge produite et importée. On en jugera par le tableau suivant. Au lieu d'orge, les distilleries de la province de Groningue emploient la pomme de terre.

COMMERCE DE L'ORGE.

| ANNÉES. | IMPORTATION. | | EXPORTATION. | | DISTILLERIES. | | | |
| | | | | | IMPORTATION. | | EXPORTATION. | |
	Quantité en hectolitres.	Valeur en francs.	Hectolitres.	Francs.	Quantité. en litres.	Valeur en francs.	Litres.	Francs.
1868.	1,130,194	12,725,372	533,761	5,978,128	5,946,627	4,995,167	24,841,130	12,509,263
1869.	1,209,518	13,546,610	718,455	8,046,696	7,577,795	6,365,354	29,262,678	14,791,800
1870.	1,153,076	12,914,450	452,033	5,062,770	9,676,270	8,128,065	32,819,608	17,452,658
1871.	1,858,347	15,213,486	564,017	6,316,089	8,266,755	6,944,072	30,210,014	15,845,858
1872.	941,920	10,519,604	247,300	4,054,640	1,257,136	1,055,993	23,204,033	9,745,693

Le riz joue en outre un grand rôle dans l'alimentation, ainsi que le prouve l'excédant considérable de l'importation sur l'exportation.

COMMERCE DU RIZ.

| ANNÉES. | IMPORTATION. | | EXPORTATION. | | EXCÉDANT de l'importation en kilogrammes. | CONSOMMATION en kilogrammes, par tête. |
	En kilogrammes.	Valeur en francs.	En kilogrammes.	Valeur en francs.		
1868.	62,934,679	39,680,348	12,202,258	7,687,424	50,782,421	14,15
1869.	62,393,749	38,808,063	14,494,288	9,131,306	47,899,511	13,86
1870.	49,692,016	31,305,972	18,493,376	11,650 827	31,198,640	8,62
1871.	67,684,415	42,641,180	16,177,258	10,091,674	51,507,157	14,16
1872.	67,591,696	42,582,769	16,056,922	10,104,600	51,534,774	14,02

Le droit sur l'abatage ayant été aboli par la loi du 28 avril 1852, pour les moutons, agneaux, porcs et cochons de lait, on ne connaît le nombre de têtes. abattues pour la consommation qu'en ce qui concerne les vaches, bœufs et veaux. Nous donnons ci-dessous un tableau quinquennal du nombre et de la valeur des têtes abattues. Comme l'impôt est proportionnel au prix de la viande, l'augmentation de la valeur par tête indique l'augmentation des prix de vente.

VIANDE DE BOUCHERIE.

| ANNÉES. | BŒUFS. | | | VEAUX. | | | TOTAL GÉNÉRAL de la valeur en francs. |
	Têtes abattues.	Prix par tête en francs.	Valeur totale en francs.	Têtes abattues.	Prix par tête en francs.	Valeur totale en francs.	
1868	164,791	198ᶠ47	32,707,675ᶠ25	107,092	48ᶠ88	5,221,668ᶠ79	37,931,354ᶠ01
1869	170,271	216 45	36,855,219 98	103,504	52 50	5,436,011 17	42,291,231 15
1870	172,137	214 20	36,882,986 12	103,305	52 25	5,398,077 03	42,280,963 15
1871	170,914	218 72	36,387,068 92	99,834	55 12	5,503,747 53	41,290,816 45
1872	151,050	267 20	40,561,374 75	86,400	61 80	5,599,420 21	46,160,794 96

Depuis l'abolition des droits sur les autres espèces d'animaux, c'est-à-dire depuis le 1ᵉʳ novembre 1852, la consommation de la viande porc a beaucoup angmenté, surtout dans les campagnes. Le droit sur la mouture a été aboli le 1ᵉʳ janvier 1856 (loi du 24 juillet 1855). La consommation du froment, évaluée à cette époque à 1,377,000 hectolitres, s'élève aujourd'hui à trois millions d'hectolitres.

§ 3. — ANIMAUX DOMESTIQUES.

On compte en Hollande six races chevalines :

1° La *frisonne* (63,000 chevaux), cheval de trait, grand, robuste, ordinairement noir et bien découplé ;

2° La *gueldroise* (environ 56,000 chevaux), qui a beaucoup dégénéré par le croisement : allure vive, attaches fines, robe foncée, l'encolure cambrée, la croupe droite, la queue haute ;

3° La *hollandaise* (66,000 chevaux), taille moyenne, forte encolure, robe noire, le dos courbé, la queue basse, la tête forte, le nez enfoncé. Les races frisonne et hollandaise fournissent des trotteurs fameux. On les trouve dans les deux Hollandes et dans une partie de la province d'Utrecht ;

4° La race *zélandaise* ou plutôt *flamande*, chevaux forts et larges, la plupart de robe foncée ; excellents chevaux de labour. C'est de cette race que proviennent les « Clydesdalers » écossais et les gigantesques chevaux que les Anglais attellent à leurs traîneaux ;

5° La race du Brabant septentrional (environ 39,000 chevaux) ; vifs, forts, bien formés, bruns ou noirs;

6° La race forte des Ardennes, qu'on trouve dans une partie du Limbourg (environ 3,000 chevaux). Cette race se rattache à la race normande, et compte pour 100 chevaux environ 2 étalons, généralement employés au labour. En Gueldre, au contraire, on ne compte qu'un étalon sur 250 chevaux ; mais ils sont tous employés à la reproduction.

Le gros bétail (bœufs et vaches) a été soumis à de nombreux croisements. Les races principales sont :

1° La *groningoise* (environ 99,000 têtes) ; taille moyenne, fins, bien formés, donnant beaucoup de lait ;

2° La *frisonne* (26,000 têtes), qu'on trouve aussi beaucoup dans la Drenthe : grands, noirs, de haute taille, donnant beaucoup de lait; on les engraisse surtout pour l'exportation en Angleterre ;

3° La *hollandaise*, de la vraie race (100,000 têtes), dans la Hollande septentrionale ; forts, mais fins, plutôt blancs que noirs, donnant un lait excellent ; les bœufs sont d'une qualité supérieure pour l'engrais ; on prétend que les Anglais ont tiré de cette race leurs bestiaux à courtes cornes ;

4° La *flamande*, dans la Zélande et sur les îles de la Hollande méridionale (environ 54,000 têtes) ; lourds, grands pour la plupart, gris foncé, de nature puissante, ne donnant pas beaucoup de lait et n'engraissant que très-lentement;

5° La race *gueldroise* (environ 100,000 têtes) réunit les qualités des races hollandaise et flamande, dont elle paraît tirer son origine. La grande majorité du bétail engraissé, qui de Rotterdam est expédié en Angleterre, appartient à cette race ;

6° La *drenthoise* (20,000 têtes), dans la contrée de Salland et la province de Drenthe. De cette race provient la race écossaise du « Ayrshire ». Ce sont des bœufs fins, petits, bien formés, d'un rouge foncé, qui se développent vite et n'exigent qu'une nourriture maigre mais variée. Cette race fournit peu de lait. On la rencontre encore le long du Bas-Rhin et dans la Frise orientale, province de l'ancien royaume de Hanovre.

Les provinces de Groningue, Frise, Drenthe et Gueldre comptent 192,000 têtes de bétailprovenant du croisement des races frisonne, drenthoise et gueldroise ; les provinces d'Utrecht, de la Hollande septentrionale au Sud de l'Y, et de la Hollande méridionale possèdent 336,000 bêtes de race croisée (frisonne et gueldroise) ; le Limbourg et le Brabant septentrional en comptent 249,000 têtes, provenant probablement du croisement des races flamande et hollandaise.

Pour la race ovine, il existe deux grandes classes, les bêtes à courte queue, que l'on trouve dans les parties basses et humides des provinces maritimes, et les bêtes à longue queue, que l'on rencontre par grands troupeaux dans les bruyères, les jachères, et les terrains sablonneux.

Les moutons à courte queue, qui paissent ordinairement dans les prairies avec les vaches, appartiennent à la grande race *groningoise* et sont au nombre de 176,000, dont 80,000 dans la province de Groningue et 96,000 en Frise. La race beaucoup plus petite de l'île de Texel (Hollande septentrionale) comprend 250,000 têtes. Toutes ces races ont perdu leur originalité par des croisements avec les brebis de Leicester et de Lincoln. Le mouton flamand ou zélandais (37,000 têtes) est grand et lourd ; il broute dans les bas-fonds sur les bords de la mer. Les moutons des prairies, dits à courte queue, comptent donc environ 463,000 têtes ; ceux des bruyères ou à longue queue en comptent 437,000, parmi lesquels 154,000 se trouvent dans la Drenthe. Ils portent des cornes, sont petits pour la plupart, d'une couleur brune tirant sur le blanc, et vivent en troupeaux. On retrouve cette race dans toutes les bruyères de l'Allemagne du Nord.

La race ovine de bruyères de la Velurse (province de Gueldre) est de grande taille. On envoie, en été, les agneaux et moutons dans les prairies qui longent les rivières, et on les y engraisse pour la boucherie. Cette race, qu'on trouve aussi dans les bruyères d'Utrecht et d'Over-Yssel, compte 168,000 têtes. Une troisième race de bruyères est celle de la Campine, qu'on trouve au nombre de 115,000 têtes dans le Brabant septentrional et le Limbourg. Elle diminue chaque année, par suite du défrichement des terres, et n'a d'ailleurs que peu de valeur.

Le croisement des truies avec les verrats anglais du Berkshire et du Yorkshire, ne permet plus guère de les distinguer des races primitives. Les porcs à longues oreilles de la Drenthe sont devenus très-rares. Les cochons à dos plat vivent principalement dans les terres argileuses et dans les deux Hollandes. Depuis longtemps déjà la maladie fait de grands ravages dans la race porcine. Le nombre des porcs livrés annuellement à la boucherie est évalué à 240,000 têtes, dont la grande majorité est engraissée immédiatement et abattue dans l'année.

§ 4. — CONSOMMATION.

Le tableau suivant donne, en milliers d'hectolitres, un aperçu de la consommation des céréales et autres farineux alimentaires :

ANNÉES.	DÉTAIL.	FRO-MENT.	SEIGLE.	ORGE.	AVOINE.	BLÉ SARRASIN	FÈVES ET POIS.	POMMES DE TERRE.	POPULA-TION.
1868.	Production.	2,000	3,892	1,645	3,651	611	939	15,840	
	Importation	945	1,962	1,136	253	360	57	197	
	Exportation.	278	455	534	994	14	97	703	3,588,468
	Consommation	2,667	5,399	2,247	2,910	957	899	15,340	
1869.	Production.	2,078	3,823	1,750	3,703	953	1,060	16,122	
	Importation	982	1,984	1,210	269	297	74	184	
	Exportation	397	87	718	1,020	17	84	545	3,583,970
	Consommation	2,658	5,720	2,242	2,952	1,233	1,050	15,761	
1870.	Production.	2,057	3,892	1,850	4,093	966	1,160	16,466	
	Importation.	1,467	3,144	1,153	166	89	171	97	
	Exportation.	806	737	452	753	13	119	455	3,618,323
	Consommation	2,719	6,299	2,551	3,506	1,042	1,212	16,082	
1871.	Production.	1,191	2,453	2,038	5,697	1,367	1,539	18,291	
	Importation.	2,223	4,953	1,358	423	148	200	54	
	Exportation	939	1,384	564	946	8	144	360	3,637,279
	Consommation	3,475	6,022	2,832	5,174	1,507	1,695	12,985	
1872.	Production	1,951	3,969	1,670	3,824	1,019	1,201	18,739	
	Importation.	1,241	2,246	942	56	208	57	104	
	Exportation	132	57	247	393	5	92	742	3,674,660
	Consommation	3,060	6,158	2,365	3,487	1,222	1,166	18,191	

D'après le tableau précédent, l'année 1871 accuse un déficit assez marqué dans la consommation du froment et des pommes de terre, déficit qui a été compensé par une plus grande consommation d'orge, de sarrasin, de riz, de gruau, de pois et de fèves. Le tableau suivant fait connaître la consommation annuelle par tête ou par habitant, en litres, pour le froment et le seigle. Nous croyons toutefois, pour plus d'exactitude, devoir ajouter à ces données l'excédant de l'importation sur l'exportation en farines de blé, excédant déduit du tableau du commerce extérieur des produits agricoles.

CONSOMMATION, PAR TÊTE, DU FROMENT ET DU SEIGLE.

DÉTAIL.	1868.	1869.	1870.	1871.	1872.
Froment par tête, en litres	74,32	74,16	75,15	68,05	83,27
Seigle par tête, en litres	150,45	159,60	174,19	165,56	167,58
Farines de blé, en kilogrammes. (Excédant de l'importation.)	27,363,978	37,426,339	26,694,527	28,221,170	23,550,695
Farines par tête, en kilogrammes	7,63	10,43	7,38	7,76	6,41

Comme article d'alimentation, les gruaux méritent une mention particulière. Leur importation offre annuellement un excédant considérable sur l'exportation.

COMMERCE DES GRUAUX.

DÉSIGNATION.	1868.		1869.		1870.		1871.		1872.	
	Importation.	Exportation.	Importation.	Exportation.	Importation.	Exportation.	Importation.	Exportation.	Importation.	Exportation.
Quantité en kilogrammes . . .	2,020,000	998,832	4,910,978	1,086,074	13,885,006	1,437,944	17,000,875	1,708,617	3,901,404	802,583
Valeur en francs.	848,402	419,500	2,062,610	456,152	5,831,702	608,987	7,140,150	717,616	1,638,590	337,085
	Excédant de l'importation		Excédant de l'importation		Excédant de l'importation		Excédant de l'importation		Excédant de l'importation	
	en kilogrammes.	kilogr. par tête.	en kilogrammes.	kilogr. par tête.	en kilogrammes.	kilogr. par tête.	en kilogrammes.	kilogr. par tête.	en kilogrammes.	kilogr. par tête.
	1,021,174	0,29	3,824,904	1,07	12,457,062	3,44	15,291,758	4,20	3,098,821	0,84

CHAPITRE II.

RENSEIGNEMENTS RELATIFS AUX DIVERSES PROVINCES.

1. — PROVINCE DU BRABANT SEPTENTRIONAL.

Dans cette province, les fruits, qui, à l'exception des fraises, n'ont produit qu'une demi-récolte, ont donné lieu aux résultats commerciaux suivants :

Fraises	173,250 litres.	Valeur vénale :	50,679 fr.
Framboises.	73,500 —	—	25,368
Cerises	44,000 kilogr.	—	18,900
Baies sauvages. . .	15,000 litres.	—	2,835
Baies noires	12,000 kilogr.	—	5,292
Groseilles	22,000 —	—	5,082
Cerises-griottes . .	1,500 —	—	2,205
Mûres.	620 litres.	—	325

La plupart de ces fruits sont exportés en Angleterre et en Belgique.

L'exportation des légumes (choux blancs, rouges et de Savoie) a produit 20,034 fr.

L'arboriculture est pratiquée sur une superficie de 100 à 110 hectares, dispersés dans cinq ou six communes, dont la principale est Oudenbosch, avec 63 hectares.

Les pommes et les poires sont en abondance.

Les terrains boisés contiennent du chêne en petite quantité, et aussi le sapin, l'aune et le peuplier. L'industrie des sabotiers est très-répandue dans cette province; on les compte par milliers; ils fournissent en grande partie de sabots toutes les contrées environnantes.

Les prix de vente des terres varient de 1,050 fr. à 6,300 fr. par hectare. Les terrains propices à l'élève du bétail atteignent les plus hauts prix; ceux qui ne comportent que l'assolement triennal valent à peine 2,000 fr.

II. — PROVINCE DE LA GUELDRE.

Le prix des terres varie de 630 fr. à 7,350 fr. l'hectare. Les terres argileuses sont les plus chères. Pour les prairies, celles qui sont situées en deçà des digues, à proximité des rivières, ont plus de valeur que celles qui se trouvent au delà des digues. Le prix des terres incultes ou bruyères varie de 75 fr. à 420 fr. par hectare.

La Société agricole gueldroise favorise l'introduction des instruments aratoires perfectionnés.

Outre le fumier des étables, on emploie beaucoup de guano.

Cette province se fait remarquer surtout par la beauté de sa race chevaline, qui rivalise avec celles d'Oldenbourg et du Holstein. Les marchés aux chevaux sont très-fréquentés. Les poulains se sont vendus, en 1873, 470 fr., les chevaux d'un an et demi 735 fr. On a payé jusqu'à 2,100 fr. pour un bon cheval. Les bœufs et vaches engraissés se sont vendus 735 fr.

On engraisse en général la moitié de la race bovine, tandis que l'autre moitié sert à la laiterie et à la production du beurre. On calcule qu'une vache donne par an 64^k,5 de beurre, ou 1^k,5 par semaine pendant 43 semaines de l'année. On engraisse, avec le lait d'une vache, trois veaux du poids de 285 kilogr., soit 95 kilogr. par veau, au prix de 0 fr. 84 cent. le kilogr., ce qui revient à 239 fr. par vache.

Le mouton engraissé, mais tondu, vaut 46 fr., les agneaux engraissés 36 fr. au maximum. Les chèvres et boucs ne sont pas très-répandus dans les Pays-Bas; la Gueldre est la province qui en compte le plus.

On y engraisse aussi beaucoup de porcs à l'automne, et on les exporte en grande quantité, principalement en Angleterre; les cochons de lait sont expédiés en Allemagne.

Parmi les volatiles, on élève surtout les poulets, qu'on vend sur les marchés allemands de Wesel, Dusseldorf et Cologne. Les œufs sont consommés dans le pays ou expédiés en Angleterre.

C'est encore dans la Gueldre que se tient le plus grand marché des ruches d'abeilles et de leurs produits, spécialement dans un grand bourg nommé Vemendal, situé sur les confins des provinces d'Utrecht et de Gueldre.

Les cerises gueldroises jouissent d'une grande réputation. On les exporte, par paniers de 25 à 50 kilogr., à destination des tables et marchés de Londres.

Cette province est une des plus boisées des Pays-Bas. On y trouve le chêne, le hêtre, le peuplier, et surtout le sapin et le chêne de coupe.

Les osiers, saules et autres arbustes plantés le long des digues, rapportent, quand ils ont atteint l'âge de 4 ans, de 840 fr. à 1,100 fr. par hectare. Les jachères occupent une surface de 204 hectares. On poursuit avec activité le défrichement et le reboisement des terres incultes. En 1873, les communes ont vendu, dans ce but, 348 hectares pour une somme de 56,401 fr. Les sables mouvants causent annuellement, dans certaines communes, beaucoup de dégâts.

La culture du tabac est très-répandue dans cette province.

Sur le marché d'Arnheim, que l'on considère au point de vue agricole comme le marché régulateur, le prix moyen des principales céréales et autres farineux alimentaires a varié comme il suit :

PRIX DE L'HECTOLITRE.

	1851-1860.	1861-1870.	1870.	1871.	1872.	1873.
	fr. c.	fr. c.	fr. c.	fr. c.	fr. c.	fr. c.
Froment.	23 83	22 07	21 51	25 20	25 70	27 72
Seigle.	16 57	15 94	16 10	18 11	16 88	17 90
Orge	11 57	12 68	12 60	13 60	12 39	14 97
Avoine	8 61	8 67	8 80	8 87	8 03	9 51
Blé sarrasin	14 70	15 44	16 38	17 05	16 22	17 58
Fèves.	15 68	17 45	17 85	18 92	17 28	19 16
Pois verts.	21 78	21 79	20 96	23 23	21 42	21 87
Colza	26 68	27 85	31 77	32 55	26 15	25 50
Pommes de terre.	5 83	5 06	5 64	6 05	5 80	5 38

III. — PROVINCE DE LA HOLLANDE MÉRIDIONALE.

Les cultures potagères et maraîchères se pratiquent dans cette province sur une grande échelle, et dans tout le Westland (entre Rotterdam, Delft et La Haye) avec une rare perfection. Dans la seule commune de Munster, 65 hectares sont réservés à la culture des asperges; une grande partie de ces légumes est exportée en Angleterre, où on les paie fort cher. Les raisins, notamment, protégés contre les vents du Nord par des murailles en demi-cercle, forment une des branches importantes de commerce.

Les fraises très-renommées de Boskoop ont produit, en 1873, 81,600 fr.

Les choux-fleurs se cultivent en grand dans les communes de Rhynsburg et Valtenburg, sur une superficie de 174 hectares. Le produit moyen par hectare est de 17,000 pieds. Viennent ensuite les oignons, auxquels neuf communes consacrent une surface de 400 hectares, et dont le produit par hectare varie de 200 à 400 hectolitres.

Les tulipes, qui jouissent d'une ancienne renommée, sont cultivées dans trois communes, sur une étendue de 60 hectares.

IV. — PROVINCE DE LA HOLLANDE SEPTENTRIONALE.

Ici, on cultive beaucoup les plantes oléagineuses. Le *colza cot* notamment, cultivé dans l'ancien lac, aujourd'hui desséché, d'Harlem (201 hectares), donne un produit moyen de 30 hectolitres. La graine de moutarde, cultivée sur une étendue de 1,665 hectares, a produit 34,873 hectolitres, soit 20 par hectare, et la graine de carvi a donné, pour 962 hectares, une récolte de 26,525 hectolitres, soit 27 par hectare.

Dans cette province, la culture des plantes légumineuses est très-répandue, notamment celle des choux et choux-fleurs, que l'on sale et dont on fait un grand commerce dans le Langendyk.

La commune d'Aalsmeer est renommée pour ses cornichons, dont on a vendu en

1873, sur les marchés d'Amsterdam et de Leyde, 5,800 hectolitres, qui ont rapporté 47,250 fr. Cette même commune cultive des fraises excellentes ; l'année 1873, exceptionnellement abondante, en a donné, pour une superficie de 16 hectares, 500,000 litres, qui, vendus sur les marchés d'Amsterdam, La Haye, Rotterdam et Harlem, ont produit 69,300 fr., soit 13 fr. 86 c. par hectolitre.

Dans cette province, la culture des tulipes, hyacinthes et généralement de toutes les fleurs, est très-répandue, surtout dans les environs d'Harlem, Blommendaal et Vitgeest ; on en expédie annuellement, de Blommendaal à l'étranger, pour une valeur de 840,000 fr.

V. — PROVINCE DE ZÉLANDE.

Dans cette province, riche en céréales et surtout en froment, le prix de vente des terres agricoles a varié de 1,680 à 8,800 fr. par hectare. Le fermage est de 180 à 340 fr. par hectare.

L'engrais d'étable est généralement usité ; ce n'est que dans la partie orientale de la Flandre zélandaise qu'on se sert de guano et d'engrais artificiels.

VI. — PROVINCE D'UTRECHT.

Cette province se distingue surtout par ses cultures potagères et maraîchères dans les environs de la ville d'Utrecht, et par ses vergers de cerises et de pommes, qui en 1873 n'ont pourtant presque rien produit. La floriculture y est très-avancée. On y élève beaucoup de volailles.

La ville d'Utrecht, point central du royaume, est un grand marché pour les produits agricoles.

VII. — PROVINCE DE FRISE.

L'élève du bétail constitue la richesse de cette province. Le commerce des veaux et poulains se fait en grand avec l'Allemagne ; la Belgique et l'Angleterre achètent principalement les bœufs gras, le beurre et le fromage ; quant aux chevaux, ils sont presque tous vendus à la France. Les marchands étrangers s'adressant directement aux paysans, les mercuriales des marchés ne peuvent fournir que des données très-incomplètes. Voici néanmoins le chiffre approximatif des ventes effectuées, en 1873, sur les différents marchés de la province :

Chevaux	4,420	Agneaux	28,949
Poulains	454	Porcs	10,147
Vaches	63,037	Cochons de lait	15,119
Veaux	16,030	Beurre en kilogr.	7,909,493
Moutons	81,673	Fromage	2,076,811

Les prairies ont produit, en moyenne, 4,220 kilogr. de foin par hectare ; dans les bonnes terres, le produit peut s'élever jusqu'à 7,000 kilogr.

VIII. — PROVINCE D'OVER-YSSEL.

Les parties les plus fertiles de cette province sont celles qui bordent l'Yssel et le Zuyderzée ; ces dernières sont, en général, consacrées à l'élève du bétail. Le tiers de la superficie est formé de sables et bruyères. Cette province est, avec la Drenthe, à la fois la plus arriérée au point de vue agricole, et la moins peuplée. Le défrichement des terres incultes a fait de grands progrès, surtout dans ces dernières années. En 1873, les concessions pour le défrichement se sont étendues à une superficie de 883 hectares.

IX. — PROVINCE DE GRONINGUE.

Dans cette province, la plupart des exploitations comprennent de 60 à 100 hectares et même davantage. Les fermiers paient un bail emphytéotique, indéfiniment renouvelable ; ils peuvent consacrer leurs gains à l'amélioration de leurs terres. Le drainage, les instruments agricoles perfectionnés, les meilleurs systèmes de culture sont très-répandus dans cette province, dont les cultivateurs sont des hommes instruits jouissant d'une grande aisance.

Cette province exporte en Angleterre beaucoup de bétail et de beurre, mais moins cependant que la Frise et les deux Hollandes. Les bestiaux (bœufs et moutons) appartiennent aux races frisonne et groningoise. On croise les brebis avec des béliers de Leicester ou de Lincoln, et les produits ainsi obtenus sont d'excellente qualité.

Dans la seule commune de Zandt, on a drainé, en 1873, 2,012 hectares ; dans une autre, celle de Bierum, de 1,600 à 1,700 hectares. La commune de Belling a dépensé 52,500 fr. pour se procurer du limon du Dollard.

Il existe dans cette province un grand nombre de sociétés agricoles, qui ouvrent chaque année des expositions d'instruments aratoires perfectionnés.

X. — PROVINCE DE DRENTHE.

Le défrichement des terres incultes et principalement des tourbières se poursuit avec activité dans cette province, où il attire d'importants capitaux. 7,600 hectares ont été défrichés depuis 1832. Le grand accroissement de la population depuis 1829, époque du premier recensement, est un indice de la prospérité croissante de cette région.

POPULATION AU		Accroissement décennal.	19 novembre 1849.	Accroissement décennal.	31 décembre 1859.	Accroissement décennal.	1er décembre 1869.	ACCROISSEMENT	
16 novembre 1829.	18 novembre 1839.							décennal.	de 1829 à 1869.
63,868	72,484	13,49	82,738	14,15	94,429	14,13	105,637	11,87	65,40

XI. — PROVINCE DU LIMBOURG.

Les engrais les plus usités dans cette province sont le guano, la chaux, les déchets des pierres poreuses que l'on trouve dans les environs de Maëstricht, et dont on se sert surtout dans les hauts terrains argileux, et, enfin, la suie des cheminées, ainsi que les boues et immondices des villes.

III

AUTRES ÉTATS

D'EUROPE

III

AUTRES ÉTATS D'EUROPE

I. ROYAUME DE DANEMARK.

Depuis quelques années, le seigle et le blé ont fourni de très-belles récoltes en Danemark. Dans les îles, la culture de l'orge tient la première place ; dans le Jutland, c'est au contraire l'avoine que l'on sème de préférence.

La betterave et la pomme de terre tendent à supplanter partout les autres plantes commerciales. Quant aux colzas, ils ont subi depuis cinq ou six ans une dépression notable.

Dans le Jutland, où l'élevage du gros bétail et des chevaux pour l'exportation est très-répandu, les prairies artificielles ont beaucoup augmenté. Ce fait concorde d'ailleurs avec de nombreux défrichements et desséchements entrepris depuis peu. Ces travaux ont d'autant plus d'importance au point de vue de la prospérité nationale, que, dans tout le Danemark, l'immense majorité des capitaux se porte vers l'agriculture, qui leur fournit un placement en général très-avantageux.

Le drainage est très-usité dans le royaume, dans les îles surtout ; mais il doit être exercé avec prudence, la sécheresse causant toujours beaucoup de tort aux terres soumises à cette opération. On ne doit pas risquer de compromettre par des essais trop hardis l'avenir réservé à la culture de la betterave, qui est aujourd'hui pratiquée sur une grande échelle pour faire concurrence aux sucres coloniaux.

Le sol, généralement peu accidenté, se prête à l'emploi des machines agricoles. Aussi, les batteuses, vanneuses et faucheuses se répandent-elles beaucoup dans les exploitations danoises ; ce qui, en dehors de leur prix élevé, en rend difficile l'adoption universelle, c'est la nature un peu caillouteuse des terres labourables.

Les charrues à vapeur sont spécialement en faveur, et sortent, pour la plupart, des fabriques d'Angleterre.

II. ROYAUMES DE SUÈDE ET DE NORVÉGE.

Les indications fournies sur les royaumes de Suède et de Norvége sont très-incomplètes, et les renseignements statistiques agricoles proprement dits, qui n'ont aucun caractère officiel, sont dus, pour la plupart, à des sociétés agricoles, chargées dans chaque province d'opérer une évaluation cadastrale du territoire cultivable et d'y introduire les méthodes nouvelles.

On estime toutefois que les trois quarts du sol sont cultivés par les propriétaires eux-mêmes.

L'assolement est le plus souvent biennal ou triennal.

III. GRAND-DUCHÉ DE FINLANDE.

De même qu'en Suède et en Norvége, l'unité cadastrale est en Finlande le *mantal,* unité qui, pour faciliter la perception de l'impôt foncier, reste indéterminée. C'est ainsi que deux propriétés, l'une de 100 hectares, l'autre de 1,000 hectares, pourront, d'après la qualité des terres et le revenu qu'elles produisent, n'être évaluées qu'à un seul *mantal* chacune : système défectueux et irrationnel, qui consiste à transformer finalement une mesuré agraire en une véritable unité fiscale.

Il résulte de là une impossibilité presque absolue d'arriver à connaître le territoire agricole de la Finlande. Tous les chiffres communiqués sont donc simplement le résultat d'évaluations ou d'approximations remontant parfois à plus de deux siècles.

Il y a lieu pourtant de signaler un procédé de culture assez étrange, que l'immense étendue des forêts de la Finlande (21,000,000 d'hectares) a vulgarisé en ce pays, et principalement dans le Nord et dans l'Est. On coupe les bois sur une surface plus ou moins étendue, puis, aussitôt qu'ils sont secs, on les brûle et l'on sème dans la cendre. Après une ou deux récoltes, on laisse ces terres en jachères, et elles restent dès lors incultes ou sont de nouveau converties en forêts, suivant le cas. Ce procédé produit des récoltes excessivement variées ; mais, comme son extension pourrait être très-nuisible, l'emploi en est réglé par le Gouvernement.

IV. ROYAUME DE BAVIÈRE.

Sous le double rapport de la quantité et de la qualité, la récolte des céréales a été mauvaise, en 1873, dans le royaume de Bavière. Il en est résulté, pour ces produits, une forte élévation de prix sur les marchés.

En revanche, les pommes de terre, notamment dans le Palatinat, ont été excessivement abondantes, mais de qualité très-inférieure, à cause de la maladie qui a sévi presque partout sur elles. Depuis plusieurs années d'ailleurs, cette maladie augmente d'une façon inquiétante en extension et en intensité, principalement dans toute la Franconie.

La récolte des fourrages annuels (navets, carottes, betteraves) et celle des légumes se sont maintenues aux chiffres des années précédentes.

En ce qui concerne les plantes industrielles, le tabac et surtout le houblon ont fourni des résultats excellents à tous les points de vue.

De toutes les récoltes, la plus mauvaise a été, sans comparaison, celle du vin, qui, principalement dans le Palatinat et la Basse-Franconie, est restée inférieure, comme quantité et comme qualité, même aux années 1871 et 1872, considérées déjà comme très-mal partagées.

Le trèfle, le foin et le regain ont donné des résultats à peu près identiques à ceux des années précédentes.

La récolte des arbres fruitiers, de même que celle de la vigne, a été, depuis 1871, et plus que jamais en 1873, véritablement pitoyable. La moyenne des arrondissements qui se sont déclarés satisfaits est d'environ 3 p. 100. Parmi les diverses espèces, ce sont les prunes qui ont fourni relativement les chiffres les plus élevés.

Les résultats fâcheux de la récolte générale de 1873 sont d'autant moins explicables, que la grêle, qui sévit en général avec beaucoup de violence en Bavière, y a exercé cette année-là moins de ravages que jamais.

V. GRAND-DUCHÉ DE BADE.

Considérations générales. — Le grand-duché de Bade, qui comprend d'une part les vastes plaines et coteaux de la vallée supérieure du Rhin, et d'autre part les montagnes boisées de la Forêt-Noire, présente au point de vue agricole une rare variété.

Une grande fertilité, favorisée par la douceur du climat, règne dans toute cette région du Rhin, si renommée par ses vignobles, et cela dans des conditions à peu près identiques pour le grand-duché de Bade, la Hesse et le Palatinat bavarois.

Céréales, légumes secs, prairies naturelles et artificielles, plantes industrielles, (tabac, houblon, betteraves à sucre, chanvre, chicorée), arbres fruitiers, vignes, toutes ces cultures réussissent admirablement. Les bords du lac de Constance et la vallée de la Tauber produisent, comme les coteaux du Rhin, des vins d'excellente qualité.

Seule la Forêt-Noire, contrée relativement pauvre, ne présente guère que des pâturages, et aussi, dans ses parties élevées, quelques champs de seigle, d'avoine et de pommes de terre. Les jachères mortes et les terrains incultes, très-rares dans les districts de la plaine, s'y rencontrent aussi fréquemment. Certaines terres, particulièrement fécondes de la vallée du Rhin, fournissent jusqu'à deux récoltes par an.

Assolements. — L'assolement triennal est le plus généralement adopté (1° blé d'hiver; 2° blé d'été; 3° trèfle, légumes secs, etc.). Dans la plaine, il est aussi parfois sexennal, la troisième année étant généralement consacrée aux pommes de terre ou au trèfle. Dans certains cercles même, il n'existe pas de rotation régulière; mais cela ne se présente que rarement, attendu que, dans beaucoup d'endroits, la routine administrative a maintenu jusqu'à ce jour le mode suranné du *Flurzwang* ou assolement obligatoire, d'après lequel les terres cultivables de chaque village, divisées en trois parties (Winterfeld, Sommerfeld et Brachfeld), restent assujetties à une sole commune. Ce système irrationnel, basé sur l'extrême division du territoire agricole et l'insuffisance des voies de communication entre les diverses parcelles appartenant aux mêmes propriétaires, est condamné à disparaître dans un avenir prochain.

VI. GRAND-DUCHÉ DE HESSE-DARMSTADT.

La situation agricole du grand-duché de Hesse-Darmstadt est presque identique à celle des plaines badoises.

L'assolement le plus habituel, basé sur une fumure triennale, se divise en trois, six, et même neuf soles. On pratique aussi des assolements de quatre et huit ans, mais cela n'a lieu qu'exceptionnellement.

VII. GRAND-DUCHÉ DE SAXE-WEIMAR.

Depuis 25 ans environ, le grand-duché de Saxe-Weimar possède un comité agricole, qui charge périodiquement un de ses membres d'aller inspecter les campagnes, avec mission d'y introduire, par des conférences publiques, les méthodes nouvelles et de réformer les coutumes vicieuses.

Les résultats matériels de cette institution, excellente en elle-même, paraissent loin d'être satisfaisants, si l'on en juge par les derniers rapports publiés. De la lecture de ces documents, on tire en effet les conclusions suivantes :

Le paysan, paresseux et ignorant, ne se donne pas la peine, en général, de labourer le sol à plus de 3 à 4 pouces de profondeur. Les engrais, les bêtes et instruments de trait, enfin le fourrage et la paille manquent presque partout.

La fumure triennale est la plus usitée, mais on compte beaucoup de jachères mortes, et l'exploitation des fonds agricoles est encore entravée par l'extrême morcellement de la propriété et l'insuffisance des voies de communication.

Le bétail passe, dans de maigres pâturages, la plus grande partie de l'été et souvent même de l'automne. Les taureaux, mal nourris et mis en service avant l'âge, ne donnent que des produits inférieurs, de sorte que les races, loin de s'améliorer, vont au contraire en dégénérant.

Soit comme cause première, soit comme conséquence de cette situation fâcheuse, on peut signaler spécialement l'exploitation du petit cultivateur par les usuriers et par les courtiers, qui lui achètent ses produits à bas prix sur les marchés, pour le compte des grands propriétaires.

VIII. DUCHÉ DE SAXE-ALTENBOURG.

Nous trouvons, à côté des renseignements fournis dans le questionnaire par le duché de Saxe-Altenbourg, le tableau statistique suivant des individus des deux sexes, qui vivent, dans ce pays, de l'exploitation des produits agricoles et forestiers :

	HOMMES.	FEMMES.
Individus faisant valoir eux-mêmes à titre précaire ou non	5,712	389
Aides et ouvriers.	1,414	460
Domestiques et journaliers.	3,345	4,750
Parents vivant du travail des individus qui font valoir eux-mêmes.	7,391	13,659
Parents vivant du travail des aides, ouvriers et domestiques	217	486
Totaux.	18,079	19,744
Total général.	37,823	

IX. ROYAUME DE HONGRIE.

Les classifications statistiques adoptées dans le royaume de Hongrie, différant beaucoup des nôtres, les renseignements que nous fournit ce pays sont assez incomplets.

Voici pourtant, sur les assolements, quelques détails intéressants.

Les petits cultivateurs pratiquent de préférence les assolements triennal et qua-driennal, et modifient fréquemment le sol par des engrais ou des amendements.

Les grands propriétaires adoptent, en général, l'assolement de dix à douze ans, pendant lequel ils fument deux ou trois fois leurs terres. Il y a aussi d'autres exploitations où la luzerne et autres fourrages sont fauchés consécutivement pendant deux ou trois ans, pour servir ensuite de pâturages et revenir plus tard à l'assolement habituel.

X. PRINCIPAUTÉ DE ROUMANIE.

Une brochure publiée en 1867 par le prince Soutzo, sous le titre d'*Observations statistiques*, nous permet de donner sur la Roumanie quelques renseignements agricoles en dehors de ceux qui nous ont été fournis par le questionnaire.

La Roumanie est un pays excessivement fertile, dont l'agriculture est l'unique source de richesse ; mais les voies de communications économiques et rapides y font défaut presque partout, et les nouveaux engins agricoles, notamment les machines à vapeur, n'y ont pas encore pénétré suffisamment.

Cette dernière circonstance explique comment on rencontre dans ce pays, pour 100 hommes valides, environ 70 agriculteurs. Beaucoup d'entre eux dirigent pour leur propre compte de modestes exploitations agricoles, à côté desquelles on en rencontre d'une immense étendue, de 1,000 à 100,000 hectares.

Production. — Grâce à la richesse du sol, qui, longtemps couvert de forêts magnifiques, présente encore aux laboureurs des terrains vierges couverts d'humus, la culture n'exige que peu de peine et de frais.

La composition du sol, les amendements, les engrais, le drainage et les irrigations sont en général inconnus dans ce pays. Les assolements ne se font que d'une manière routinière. On alterne ordinairement le blé et le maïs, en recourant aux jachères lorsque le produit vient à diminuer.

Les charrues, construites grossièrement et sans aucune notion des forces de traction et de résistance, sont munies de versoirs en bois, et traînées par 4 ou 6 bœufs, selon la nature des terres.

Les gelées causent de grands ravages dans les régions montagneuses de la principauté.

On ne rencontre guère en Roumanie que des prairies naturelles, à l'exception de quelques champs de luzerne. Pendant les grandes chaleurs, le bétail est conduit dans les pâturages, et après la moisson il séjourne dans les chaumes. Les cultivateurs qui engraissent des bœufs pour l'exploitation, les nourrissent de paille et de tiges de maïs.

En 1867, le prix moyen de l'hectare était de 206 fr.

IV

AUSTRALIE

IV

POSSESSIONS AUSTRALIENNES

§ 1er. — SUPERFICIE.

Les possessions australiennes se composent : 1° du continent australien ; 2° des îles de la Tasmanie et de la Nouvelle-Zélande ; 3° de l'archipel des îles Fidji au nombre de 225.

Si on laisse de côté les îles Fidji, dont les ressources agricoles sont inconnues, la superficie totale des possessions australiennes est évaluée à 8,069,900 kilomètres carrés, un peu moins des $^8/_9$ de l'Europe entière. Le continent australien entre dans ce chiffre pour 7,729,920 kilomètres carrés, la Tasmanie (île de Van Diémen) pour 67,925 kilomètres carrés, et les îles de la Nouvelle-Zélande pour 272,655 kilomètres carrés. Les terres exploitées d'une façon continue sont dites *terres aliénées* et représentent 2,67 p. 100 du total. Mais la proportion est très-différente suivant qu'il s'agit du continent ou des îles.

La différence de ces rapports tient à l'étendue énorme de certaines colonies du continent et à ce que près de 2,000,000 de kilomètres carrés situés dans les terres *non aliénées* de ces colonies sont néanmoins utilisés pour l'élevage des troupeaux.

Les terres *aliénées* se subdivisent elles-mêmes en terres cultivées et non cultivées. Voici le tableau, par colonie, de la division complète du territoire :

SUPERFICIE DU TERRITOIRE EN 1873 (en kilomètres carrés).

POSSESSIONS AUSTRALIENNES.		TERRES aliénées		TERRES non aliénées à la fin de 1873.	TOTAL.	RAPPORT P. 100 à la superficie totale		
		cultivées.	non cultivées.			des terres aliénées cultivées.	non cultivées.	des terres non aliénées.
		kil. carrés.	kil. carrés.	kilom. carrés.	kil. carrés.			
Continent australien.	Victoria	3,899,6	34,160	190,469,4	228,529	1,70	14,95	83,35
	Nouvelle-Galles du Sud	1,846	57,311	780,904	840,061	0,22	6,83	92,95
	Australie du Sud	4,949,4	14,983,5	2,347,767,1	2,367,700	0,19	0,60	99,21
	Queensland	259	5,191	1,749,000	1,754,450	0,02	0,29	99,69
	Australie de l'Ouest	209	9,267,5	2,529,703,5	2,539,180	0,01	0,37	99,62
		11,163,0	120,913,0	7,597,844,0	7,729,920			
Iles	Tasmanie	678	15,027	52,219,8	67,925	0,99	22,13	76,88
	Nouvelle-Zélande	2,004	64,911	205,140	272,055	0,71	23,89	75,40
Totaux		13,845,0	200,851	7,855,203,8	8,069,900	0,17	2,50	97,33
							100	

On voit que si les 2,67 p. 100 du territoire sont *aliénés,* 0,17 p. 100 seulement sont cultivés. L'étude des éléments de détail par colonie montre que ce sont les colonies à espace restreint qui renferment proportionnellement le plus de cultures. C'est ainsi que Victoria, la Tasmanie et la Nouvelle-Zélande offrent les chiffres minima de territoire et les rapports maxima de superficie cultivée. D'autre part, la proportion très-élevée des terres *aliénées,* mais non cultivées, dans certaines colonies s'explique : pour Victoria et la Nouvelle-Galles par l'extension des gîtes aurifères et carbonifères, et pour la Nouvelle-Zélande par la présence d'immenses prairies.

Voici comment se répartissent les principales cultures des possessions australiennes :

SUPERFICIE DES TERRES CULTIVÉES EN 1873-1874 (en hectares).

POSSESSIONS AUSTRALIENNES.	CÉRÉALES (y compris les fèves et pois).	POMMES DE TERRE.	FOIN sec (superficie consacrée à la récolte du).	FOURRAGES verts (superficie consacrée à la récolte des).	CULTURES industrielles.	VIGNES.	AUTRES cultures.	JACHÈRES.	TOTAL.
Victoria	203,480	15,550	46,500	85,500	280	2,120	9,430	27,100	389,960
Nouvelle-Galles du Sud.	122,780	5,730	28,500	15,090	2,780	1,820	7,900	»	184,600
Australie du Sud	324,690	1,530	57,420	9,000	180	2,100	6,020	91,000	494,940
Queensland.	10,510	1,130	2,050	760	9,520	150	1,780	»	25,900
Australie de l'Ouest . . .	13,680	190	5,030	1,400	»	300	300	»	20,900
Tasmanie.	38,600	3,200	10,500	620	180	180	5,090	9,430	67,800
Nouvelle-Zélande. . . .	107,490	5,100	17,500	10,810	20	300	11,180	48,500	200,400
Totaux	821,230	32,430	167,500	122,680	12,960	6,970	41,700	179,030	1,384,500 [1]

Les céréales constituent donc la principale culture des possessions australiennes. Leur superficie représente 59 p. 100 de la superficie livrée à la culture. Voici, par rapport au total, la part contributive de chaque culture :

Céréales.	59,3	p. 100.
Pommes de terre	2,4	—
Foin sec.	12,1	—
Fourrages verts	8,8	—
Cultures industrielles	0,9	—
Vignes.	0,5	—
Autres cultures	3,1	—
Jachères.	12,9	—

En dehors du degré de civilisation plus ou moins avancé qu'offrent les diverses colonies, lequel influe directement sur le mode d'exploitation des terres, les conditions climatériques de chacune d'elles leur imposent des cultures très-distinctes. Au point de vue agricole, l'Australie du Sud tient la tête des possessions australiennes,

---

1. Ce chiffre diffère, de 48,500 hectares, de celui que donne le *Registrar general de Victoria* dans un travail sur l'ensemble des possessions australiennes. Cette différence provient des jachères de la Nouvelle-Zélande, dont ce document ne parle pas, et que nous avons relevées dans l'*Abstract* anglais relatif aux colonies anglaises.

et sa superficie cultivée en céréales présente le chiffre maximum. Sur les 821,040 hectares affectés à cette culture dans les sept colonies, l'Australie du Sud en compte près des $^2/_5$, mais le sol commence à s'appauvrir faute d'un bon mode d'assolement. Les pommes de terre sont cultivées partout, mais principalement dans la colonie de Victoria.

Les $^7/_8$ des fourrages secs sont fournis par les trois premières colonies et par la Nouvelle-Zélande. En Australie, ces fourrages proviennent, d'une part, des céréales et surtout de l'avoine, et d'autre part, mais en proportion plus faible, des prairies artificielles. Ces dernières produisent principalement les fourrages verts destinés à la nourriture du bétail; il y a lieu toutefois de noter que, sur les 122,680 hectares compris sous le nom de fourrages verts dans le tableau ci-dessus, 96,000 sont indiqués comme prairies artificielles non utilisées (*laid down*). On comprend aussi dans les fourrages verts certains fourrages, tels que le *Mangelwurzel*, dont 700 hectares sont cultivés en Victoria.

Si l'on veut se faire une idée des immenses espaces consacrés à la nourriture et à l'élève des bestiaux dans les possessions australiennes, il est indispensable de remarquer que la Nouvelle-Zélande comprend plus de 400,000 hectares de prairies artificielles, dont il n'est pas fait mention dans le tableau, et que les pâturages du continent que fréquentent les squatters n'ont pour ainsi dire pas de limites; en 1873, on évaluait le terrain mis à leur disposition, en Victoria seulement, à 10 millions d'hectares, c'est-à-dire à près de la moitié du territoire total de cette colonie[1].

On rencontre les cultures industrielles dans la Nouvelle-Galles du Sud et en Queensland, et la vigne dans toutes les colonies, mais surtout en Victoria et dans l'Australie du Sud.

La superficie cultivée en céréales se subdivise par espèces ainsi qu'il suit:

1° CÉRÉALES. (Superficie cultivée en hectares.)

POSSESSIONS AUSTRALIENNES.	FROMENT.	ORGE.	AVOINE.	MAÏS.	AUTRES.	TOTAL.
Victoria	141,600	10,280	44,830	790	6,080	203,480
Nouvelle-Galles du Sud	67,300	1,430	6,500	46,900	650	122,780
Australie du Sud	317,100	4,780	810	»	2,000	324,690
Queensland	1,410	350	80	8,560	110	10,510
Australie de l'Ouest	10,400	2,050	600	50	580	13,680
Tasmanie	23,700	2,600	10,800	»	1,500	38,600
Nouvelle-Zélande	53,500	6,170	45,500	300	2,020	107,490
Totaux	615,010	27,610	109,120	56,600	12,890	821,230

Le froment est la céréale de beaucoup la plus répandue. L'Australie du Sud, à elle seule, possède plus de la moitié de la superficie consacrée à cette culture; viennent ensuite, comme pays de céréales et par ordre d'importance, Victoria, la Nouvelle-Galles du Sud et la Nouvelle-Zélande. On observera que Victoria et la Nouvelle-Zélande cultivent de préférence le froment, l'orge et l'avoine, tandis que

---

1. Voir page 184, sous la rubrique : *Culture pastorale.*

15

le maïs est cultivé presque exclusivement dans la Nouvelle-Galles du Sud, et dans des proportions moindres en Queensland.

Les céréales comprises dans la colonne *autres* sont : le seigle, le sarrasin et le millet. Les documents australiens comprennent aussi sous ce titre le sorgho, l'*arrow-root*, et les fèves et pois. En Victoria, par exemple, on rencontre 290 hectares en seigle, 2 en sarrasin et 5,738 en millet, sorgho, pois et haricots; dans la Nouvelle-Galles du Sud, 500 hectares en seigle, 95 en millet, 40 en sorgho et 15 en *arrow-root;* dans l'Australie du Sud, 2,000 hectares en pois; en Queensland, 20 hectares en *arrow-root* et 90 en seigle, millet et sorgho, etc., etc.

Voici maintenant quelques détails sur un certain nombre d'autres cultures :

2° CULTURES DIVERSES. (Superficies cultivées, en hectares.)

POSSESSIONS AUSTRALIENNES.	CULTURES INDUSTRIELLES.					AUTRES CULTURES.		
	Tabac.	Coton.	Cannes à sucre.	Autres.	Total.	Jardins et vergers.	Cultures non spécifiées.	Total.
Victoria	230	»	»	50	280	6,600	2,830	9,430
Nouvelle-Galles du Sud.	80	»	2,700	»	2,780	6,500	1,400	7,900
Australie du Sud. . . .	»	»	»	180	180	2,800	3,420	6,220
Queensland.. . , . . .	20	4,800	4,700	»	9,520	700	1,080	1,780
Australie de l'Ouest. . .	»	»	»	»	»	200	100	300
Tasmanie	5	»	»	175	180	»	5,060	5,060
Nouvelle-Zélande.. . .	20	»	»	»	20	4,000	4,200	8,200
Totaux.	355	4,800	7,400	405	12,960	20,800	18,090	38,890

Au point de vue de la localisation des cultures, on remarque que la culture du coton n'existe que dans Queensland, et celle des cannes à sucre dans Queensland et la Nouvelle-Galles du Sud. Celle du tabac est plus uniformément répandue, bien qu'elle n'ait encore qu'une faible importance.

Les autres cultures industrielles sont le houblon et le lin. Le houblon est cultivé en Victoria (40 hectares) et surtout en Tasmanie (175 hectares); le lin en Victoria (10 hectares) et dans l'Australie du Sud (180 hectares).

Les cultures non spécifiées comprennent, en général, les cultures potagères et maraîchères (turneps, carottes, oignons, etc.).

§ 2. — PRODUCTION.

Les documents anglais et australiens ne donnent, pour l'ensemble des colonies, que des renseignements relatifs à certaines productions : les céréales, les pommes de terre et le foin.

En voici le détail par colonie :

1° CÉRÉALES. (Récolte de 1873-1874.)

POSSESSIONS AUSTRALIENNES.	FROMENT.		ORGE.		AVOINE.		MAÏS.		AUTRES.		TOTAL.
	Produit moyen par hectare.	Produit total.	Produit moyen par hectare.	Produit total.	Produit moyen par hectare.	Produit total.	Produit moyen par hectare.	Produit total.	Produit moyen par hectare.	Produit total.	
	hectol.	hectol.	hectol.	hectol.	hectol.	hectol.	hectol.	hectol.	hectol.	hectol.	hectolitres.
Victoria.	11,8	1,670,880	1,8	184,140	15,0	672,450	17,6	18,000	12,5	75,870	2,616,740
N^{lle} Galles du Sud .	11,5	773,950	16,9	24,170	17,0	110,050	31,7	1,486,730	14,0	9,100	2,404,000
Australie du Sud. .	6,3	2,156,280	11,9	53,010	10,0	8,100	»	»	10,5	21,000	2,238,300
Queensland	11,8	16,640	16,9	5,990	17,0	1,360	31,8	272,210	14,0	1,510	297,740
Australie de l'Ouest.	11,7	121,630	15,0	30,750	17,5	10,500	16,0	800	11,5	6,670	170,400
Tasmanie	13,0	329,430	17,7	46,020	19,0	205,200	»	»	14,5	21,750	602,400
Nouvelle-Zélande. .	22,1	1,182,350	18,9	116,610	24,9	1,132,950	15,0	4,500	14,5	29,290	2,465,700
Totaux et moyennes	10,2	6,251,210	16,7	460,690	19,6	2,140,610	31,4	1,778,140	12,8	164,720	10,795,370

On trouve les produits maxima, pour le froment dans l'Australie du Sud, pour l'orge en Victoria, et pour l'avoine dans la Nouvelle-Zélande. Le classement de la production totale ne correspond pas exactement au classement par superficie, vu l'importance inégale du rendement par hectare. A ce point de vue, c'est la Nouvelle-Zélande qui l'emporte de beaucoup sur les autres colonies pour le froment, l'orge et l'avoine. L'Australie du Sud, au contraire, présente des produits moyens minima En résumé, au point de vue du rendement total, Victoria, la Nouvelle-Zélande, la Nouvelle-Galles du Sud et l'Australie du Sud produisent près de 10 millions d'hectolitres de céréales, soit les $^9/_{10}$ de la production totale, à laquelle chacune de ces colonies contribue d'ailleurs pour une part à peu près égale.

Dans les productions de la colonne intitulée *autres*, figurent, pour Victoria, 2,800 hectolitres de seigle et 72,500 hectolitres de millet, pois et haricots ; pour la Nouvelle-Galles du Sud, 6,350 hectolitres de seigle et 1,570 hectolitres de millet ; pour l'Australie du Sud, 21,000 hectolitres de pois. En outre, la production de l'*arrow-root* avait été de 11,720 kilogr. dans la Nouvelle-Galles du Sud et de 22,150 kilogr. en Queensland. Enfin, les 40 hectares cultivés en sorgho dans la Nouvelle-Galles avaient produit 44,000 kilogr.

2° POMMES DE TERRE, FOIN.

POSSESSIONS AUSTRALIENNES.	POMMES DE TERRE.		FOIN.	
	Produit moyen par hectare.	Produit total.	Produit moyen par hectare.	Produit total.
	quint. mét.	quintaux mét.	quint. mét.	quintaux mét.
Victoria.	71,5	1,111,820	35,0	1,627,500
Nouvelle-Galles du Sud	74,5	426,880	40,0	1,140,000
Australie du Sud.	85,9	131,430	30,0	1,722,600
Queensland	74,5	84,180	40,0	82,000
Australie de l'Ouest	66,7	12,670	55,0	276,650
Tasmanie	79,0	252,800	31,0	325,500
Nouvelle-Zélande	111,5	553,350	37,0	647,500
Totaux et moyennes	79,3	2,573,180	34,7	5,821,750

Pour les pommes de terre et le foin, ce sont la Nouvelle-Zélande et l'Australie de l'Ouest qui présentent les chiffres maxima. En ce qui concerne le foin, les trois premières colonies donnent, à elles seules, plus des $^3/_4$ de la production.

A défaut de renseignements sur l'ensemble des possessions australiennes pour certaines productions, telles que le vin, le sucre, etc., voici quelques chiffres relatifs aux quatre premières colonies pour 1872 et 1873 :

3° PRODUITS DIVERS.

POSSESSIONS AUSTRALIENNES.	VINS.	SUCRE.	COTON.	TABAC.
	hectolitres.	quintaux métr.	quintaux métr.	quintaux métr.
Victoria.	21,750	»	»	1,000
Nouvelle-Galles du Sud	25,920	48,910	»	450
Australie du Sud..	31,500	»	»	»
Queensland.	900	65,000	11,500	70

Ajoutons que la production du houblon a été de 1,350 hectolitres pour 205 hectares, et que le lin natif de la Nouvelle-Zélande, dont la production exacte n'est pas connue, donne lieu à un fort commerce d'exportation. On exporte également de la Tasmanie et de la Nouvelle-Zélande des quantités importantes de bois de construction (pins, chênes, eucalyptus, etc.).

§ 3. — ANIMAUX.

On compte dans les possessions australiennes plus de 65 millions de têtes de bétail, ainsi réparties :

EFFECTIF EN 1874.

POSSESSIONS AUSTRALIENNES.	CHEVAUX.	BÊTES à cornes.	MOUTONS.	PORCS.	TOTAL des têtes.
Victoria	480,312	833,763	11,323,080	160,336	12,517,521
Nouvelle-Galles du Sud.	323,011	2,710,374	19,928,590	233,342	23,205,320
Australie du Sud	87,455	174,381	5,617,419	87,336	5,966,591
Queensland.	99,243	1,313,098	7,268,946	42,881	8,754,166
Australie de l'Ouest.	26,290	47,610	748,536	20,948	843,414
Tasmanie..	22,612	106,308	1,490,746	59,628	1,679,294
Nouvelle-Zélande.	99,261	494,113	11,674,863	123,741	12,891,978
Totaux.	813,217	5,759,672	58,052,180	733,215	65,388,281

Les 89 p. 100 des têtes appartiennent à la race ovine, dont les troupeaux les plus nombreux se trouvent dans la Nouvelle-Galles du Sud, Victoria et la Nouvelle-Zélande. Quant à la race bovine, c'est dans la Nouvelle-Galles et Queensland que paissent les grands troupeaux de bêtes à cornes. Dans le chiffre des bêtes à cornes figurent les chèvres, qui sont au nombre d'environ 270,000 dans les possessions australiennes, savoir 122,000 en Victoria et 70,000 dans la Nouvelle-Galles du Sud.

Le nombre des bœufs s'est accru de 147 p. 100 depuis 10 ans et celui des moutons de 230 p. 100. A cet accroissement correspond une augmentation considérable de la production de la laine, des cuirs et peaux, du suif et des viandes conservées, salées ou non.

Il n'est pas sans intérêt de faire connaître les valeurs des exportations australiennes se rapportant à ces quatre natures de produits, pour les années 1863 et 1873 [1].

EXPORTATIONS.

POSSESSIONS AUSTRALIENNES.	LAINE.		SUIF.		CUIRS ET PEAUX.		VIANDES CONSERVÉES.	
	1863.	1873.	1863.	1873.	1863.	1873.	1863.	1873.
	fr.	fr.	fr.	fr.	fr.	fr.	fr.	fr.
Victoria	50,123,000	143,465,000	846,000	5,827,000	2,656,000	1,343,000	291,700	6,054,000
Nouvelle-Galles du Sud . .	45,700,000	69,590,000	1,118,500	3,180,000	2,504,000	1,117,700	18,800	3,478,000
Australie du Sud	19,413,000	42,215,000	»	1,206,000 [2]	»	»	»	299,600 [2]
Queensland.	19,419,000	34,364,000	767,900	1,272,000	481,120	2,317,000	5,160	1,644,000
Tasmanie.	10,196,000	7,851,000	»	»	»	»	»	»
Nouvelle-Zélande.	20,762,000	67,632,000	40,600	1,678,000	»	411,500 [3]	»	3,850,000

Quoi qu'il en soit, et à part quelques variations, surtout dans l'exportation des cuirs et peaux, il est facile de constater un énorme accroissement dans la valeur des exportations des articles ci-dessus.

Pour l'Australie de l'Ouest, on sait seulement que la valeur de l'exportation des laines a varié de 1868 à 1870, de 2,450,000 fr. à 2,235,000 fr.

§ 4. — ÉCONOMIE RURALE.

1° ALIÉNATION DES TERRES. — On a vu que la proportion des terres non encore aliénées est encore considérable, 97,33 p. 100. Ces terres sont dites terres de la couronne, et, à ce titre, concédées gratuitement ou vendues par le gouvernement anglais. Telles sont les deux formes que revêt l'aliénation. Le paiement se fait au comptant ou par à-compte, et dans ce dernier cas la terre ne devient propriété de l'acheteur que lorsqu'il a rempli toutes les obligations de son contrat. C'est ainsi qu'en Victoria seulement 1,250,000 hectares avaient été conditionnellement vendus à la fin de 1873, et, à ce titre, n'étaient pas compris dans les terres aliénées. L'étendue des terrains concédés par rapport aux terrains vendus n'est pas connue exactement. On n'en peut guère juger par la colonie de Victoria dont la statistique donne 100 hectares concédés contre 600,000 hectares vendus, le Gouvernement favorisant de préférence les nouvelles colonies.

Voici quel était, en 1873, le prix moyen de l'hectare :

Victoria	73f,40c	Australie de l'Ouest . . .	30f,70c
Nouvelle-Galles du Sud. .	29 ,50	Tasmanie.	69 ,40
Australie du Sud	25 ,20	Nouvelle-Zélande	47 ,10
Queensland.	38 ,10		

---

1. *Statistical abstract for the colonial possessions of the United Kingdom.*
2. Chiffres de 1870.
3. Ce renseignement ne se rapporte qu'aux peaux de mouton.

Depuis l'origine des concessions vénales jusqu'au commencement de 1874, la couronne a retiré une somme de près de 900 millions de francs de la vente des terres dans les cinq colonies ci-dessous :

<pre>
Victoria. . . . .   450,200,000 ⎫
Nouvelle-Galles du Sud. .   185,530,000 ⎮
Australie du Sud . . . . .   146,964,000 ⎬ 860,949,000 fr.
Queensland . . . .   41,734,000 ⎮
Tasmanie . . . .   36,521,000 ⎭
</pre>

2° CULTURE PASTORALE. — Les pacages et pâturages du continent australien couvrent des surfaces immenses, qu'on ne peut exactement mesurer, mais dont l'étendue approximative serait représentée par les chiffres suivants : Victoria, 10 millions d'hectares; Nouvelle-Galles du Sud, 65 millions; Australie du Sud, 20 millions; Queensland, 50 millions; soit, pour les 4 colonies, près des $^3/_{10}$ du territoire.

3° EXPLOITATIONS. — *Personnel et matériel agricoles.* — Le nombre des exploitations agricoles de Victoria en territoire aliéné était en 1873 de 34,596, dont près de 50 p. 100 exploitées par les propriétaires eux-mêmes. L'étendue moyenne d'une propriété était de 70 hectares. On comptait 12,474 exploitations au-dessous de 20 hectares; 13,357 de 20 à 80; 5,097 de 80 à 140; 1,222 de 140 à 200 et 2,452 au-dessus de 200 [1]. Le personnel agricole se composait de 76,990 individus, dont 52,950 hommes et 24,040 femmes. En outre, dans les *squatting-runs*, on comptait 4,509 hommes et 1,307 femmes.

Les autres colonies ne donnent pas de renseignements sur ce point. Seule, la Nouvelle-Galles du Sud a indiqué le nombre de ses exploitations : il s'élève à 31,821, dont 21,447 dirigées par les propriétaires eux-mêmes, et 10,374 affermées en tout ou en partie.

Quant au matériel agricole : machines, outils, moyens de transport, Victoria l'évaluait, en 1873, à 38 millions de francs. Cette colonie comptait 28,211 charrues du pays ou perfectionnées, 981 batteuses à vapeur ou non, 753 faucheuses et 5,514 moissonneuses; de son côté, Queensland possédait 211 machines à vapeur (locomobiles ou autres), 2,791 charrues, dont 1 à vapeur; 1,015 machines à battre, 13 moissonneuses, etc.

---

[1]. Ces chiffres ne comprennent pas les exploitations d'une étendue inférieure à 40 ares.

V

ÉTATS-UNIS

V

ÉTATS-UNIS

§ 1er. — SUPERFICIE.

D'après le *Census* américain de 1870, le territoire national des États-Unis (États et territoires) a une étendue superficielle de 10,330,000 kilom. carrés, dont 1,020,000 kilom. carrés environ sont occupés par les grands lacs et les cours d'eau ; si l'on fait abstraction de ces lacs et cours d'eau, il reste 9,310,000 kilom. carrés de terres, qui se subdivisent ainsi qu'il suit :

SUPERFICIE TERRITORIALE EN 1870.

DIVISION DU TERRITOIRE.	NOMBRE de kilomètres carrés.	RAPPORT p. 100.
Terres cultivées	763,230	8,2
Bois et forêts.	637,000	6,8
Autres terres défrichables.	247,020	2,7
Territoire agricole	1,647,250	17,7
Terres susceptibles de culture pastorale	5,642,750	60,6
Terres absolument incultes	2,020,000	21,7
Superficie totale	9,310,000	100

On voit que, dans ce total, le territoire agricole n'entre que pour 18 p. 100 environ, et le territoire cultivé pour 8,2 p. 100, ou un douzième. Quant aux terres absolument incultes, dont l'étendue est de 2 millions de kilomètres, la plus grande partie est située dans l'Alaska (ancienne Amérique russe), où il n'y en a pas moins de 1,400,000 kilom. carrés, et le surplus dans les espaces compris entre le Mississipi et les montagnes Rocheuses. Les cinq millions et demi de kilomètres carrés encore inexploités représentent presque exclusivement des surfaces où l'agriculture pastorale est appelée à jouer un grand rôle. Enfin, les 1,647,250 kilom. carrés indiqués sous le nom de territoire agricole, se subdivisent eux-mêmes en 763,000 kilom. carrés de terres dites améliorées (*improved*), c'est-à-dire consacrées à une culture déterminée, et 884,000 kilom. carrés de terres dites non améliorées (*unimproved*), représentant des terrains défrichables.

La statistique agricole de 1873, publiée par le Ministère de l'Agriculture de Washington, ne fournit pas le total de la superficie cultivée, mais, à défaut de ce renseignement, que l'on ne recueille directement qu'à l'époque des recensements décennaux, on peut le calculer à l'aide du rapport moyen d'accroissement déduit des trois recensements de 1850, 1860 et 1870[1]. On constate ainsi que le total des terres cultivées est, en 1873, d'environ 772,160 kilom. carrés, ce qui accuserait, sur 1870, une augmentation de 8,930 kilom. carrés.

Il résulte d'ailleurs d'autres sources d'informations, que la plupart des États ne tiennent pas un compte exact de l'étendue des défrichements, qui est bien supérieure à celle qu'indiquent les états du recensement. On peut donc affirmer que l'évaluation qui précède est au-dessous de la vérité.

Entrons maintenant dans le détail des principales cultures; le tableau suivant fait connaître la superficie qu'elles ont occupée pendant les années 1871, 1872 et 1873 :

SUPERFICIE DES PRINCIPALES CULTURES (en hectares).

NATURE DES CULTURES.	1871.	1872.	1873.
	hectares.	hectares.	hectares.
Maïs	13,636,000	14,210,700	15,835,600
Froment	7,977,500	8,343,300	8,957,400
Seigle	427,800	419,400	461,740
Avoine	3,846,300	3,600,200	3,939,700
Orge	471,000	551,600	560,400
Sarrasin	165,500	179,400	183,480
Total des céréales	26,024,100	27,304,600	29,941,320
Pommes de terre	491,600	532,500	523,200
Foin	7,603,800	8,127,500	8,845,200
Tabac	140,200	166,600	194,280
Coton	2,951,200	3,400,000	3,777,400
Superficie totale	37,210,900	39,531,200	43,281,400

Les principales cultures ci-dessus dénommées forment les 56 p. 100 du territoire cultivé tel que nous l'avons calculé plus haut pour 1873. Voici, pour cette année, la part contributive de chacune d'elles.

Sur 100 hectares cultivés, on comptait :

Hectares.

Céréales, 38,67 p. 100 . . . .
- Maïs . . . . 20,50 p. 100.
- Froment . . 11,50
- Avoine . . . 5,10
- Orge 0,73
- Seigle . . . 0,60
- Sarrasin . . 0,24

Foin, 11,40 ; coton, 4,90 ; pommes de terre, 0,78, et tabac, 0,25 p. 100.

Quant aux autres cultures, elles comprennent les plantes industrielles, telles que la canne à sucre, le sorgho, le lin, le chanvre, etc. ; les cultures potagères et maraîchères, les fourrages verts, les vergers. Les documents officiels ne fournissent aucune indication sur les superficies occupées par chacune de ces cultures. Dans leur ensemble, elles forment les 44 centièmes du territoire cultivé.

---

1. Proportion p. 100 des terres *improved* aux terres *unimproved*. En 1850 . . 38.5 p. 100 — En 1860 . . 40.1 — En 1870 . . 46.3 — Accroissement moyen annuel des terres *improved* . . . . 0.39 p. 100, à la condition que l'étendue du territoire agricole n'ait pas changé.

En ce qui concerne les diverses céréales, les pommes de terre, les fourrages secs et le tabac, nous avons réussi, après de laborieux calculs, à dresser un tableau qui contient, pour chacun des 37 États qui composent l'Union, ainsi que pour les territoires réunis, le nombre d'hectares qui constituent la superficie afférente à chaque culture.

Ce tableau, que nous avons dressé dans la 2ᵉ partie de notre travail (voir page 120) donne lieu aux observations ci-après :

L'Illinois, avec plus de 4 millions d'hectares, puis l'Iowa, l'Indiana, l'Ohio, avec plus de 2 millions, tiennent la tête des pays à céréales. Le Missouri les suit de près.

Ce sont le maïs et le froment qui dominent dans les États ci-dessus. Mais on doit citer en outre les superficies considérables ensemencées en avoine, orge et sarrasin dans les États de New-York ; en maïs, froment et avoine dans la Pensylvanie ; en froment et orge dans la Californie. En résumé, on peut dire que ce sont les États de l'Ouest et particulièrement ceux qui avoisinent les grands lacs Supérieur, Michigan, Érié, Ontario, c'est-à-dire les frontières de la Confédération canadienne, qui présentent la plus grande superficie cultivée en céréales. Elle peut être évaluée aux deux tiers de la superficie totale.

Les pommes de terre sont cultivées principalement dans deux États du Centre : New-York et Pensylvanie, et aussi à l'Ouest dans l'Illinois. Ces États, ainsi que ceux du Maine et de l'Iowa, possèdent également de très-grandes prairies.

Quant au tabac, on en cultive plus de 5,000 hectares dans 9 États, dont les principaux sont, par ordre d'importance : le Kentucky, la Virginie, le Tennessee, la Caroline du Nord, le Maryland, etc. La surface du Kentucky plantée en tabac représente, à elle seule, plus des $\frac{2}{5}$ du total.

Le tableau que nous analysons ne contient pas la superficie consacrée, dans les États du Sud, à la culture du coton, mais on trouvera plus loin les chiffres de la production.

§ 2. — PRODUCTION.

Voici quels ont été, en 1873, le rendement par hectare et la production totale des principales cultures :

PRODUCTION AGRICOLE. (1873).

NATURE DES CULTURES.	PRODUCTION moyenne par hectare.	PRODUCTION totale.
Céréales.	hectolitres.	hectolitres.
Maïs	21,4	333,633,870
Froment	11,4	102,044,820
Seigle	11,8	5,493,030
Avoine	24,9	98,282,190
Orge	20,8	11,642,850
Sarrasin	15,5	2,845,860
Total et moyenne	18,7	553,942,120
Pommes de terre	73,0	38,482,750
	quintaux métriques.	quintaux métriques.
Foin	28,8	255,153,000
Tabac	8,7	1,692,104
Coton	2,3	8,733,500

Dans le tableau qui précède, on a omis de faire figurer le riz, dont la production était évaluée, en 1870, à 442,000 hectolitres. En adoptant ce chiffre pour 1873, on trouve que, pour 1,000 hectolitres de céréales, les quantités fournies par les diverses espèces se classent ainsi, par ordre décroissant :

605	hectolitres	de maïs,
185	—	de froment,
175	—	d'avoine,
20	—	d'orge,
10	—	de seigle,
4	—	de sarrasin,
1	—	de riz.
1,000		

On a signalé depuis longtemps l'importance de l'exportation du froment américain sur les marchés d'Europe. En 1873, sur 102 millions d'hectolitres récoltés, le quart, environ 26 millions, a été exporté, et 12 millions ont été réservés pour la semence. Il est donc resté 62 millions d'hectolitres pour la consommation indigène. L'exportation du froment a doublé depuis 6 ou 7 ans. En 1867, elle n'était, en effet, que de 13,076,000 hectolitres pour une production totale de 76 millions d'hectolitres. L'exportation s'est donc accrue plus rapidement que la production.

Le tableau n° 2 (voir page 122) fait connaître, pour chaque État, et pour les territoires réunis, le rendement moyen et le chiffre total des productions ci-dessus, le coton excepté.

C'est toujours l'Illinois qui est à la tête des pays à céréales avec une production énorme de 77 millions d'hectolitres de grains de tout genre. A sa suite viennent se placer l'Iowa et l'Ohio, avec 60 et 48 millions d'hectolitres. Ces trois États fournissent le tiers de la production totale. On doit citer ensuite, par ordre d'importance : l'Indiana, le Missouri, la Pensylvanie, le Kentucky, le Wisconsin, New-York, le Kansas et le Tennessee, dont les produits totaux varient de 22 à 36 millions d'hectolitres. C'est surtout en maïs, froment et avoine, que consiste la production de la plupart de ces États. On remarquera cependant que la Pensylvanie, qui produit surtout du maïs et de l'avoine, présente le chiffre maximum de la production en seigle. Pour l'orge et le sarrasin, l'État de New-York a une production également très-importante. La Californie, qui cultive toutes les céréales, fournit des chiffres considérables pour le froment et le sarrasin.

En résumé, tous les États avoisinant les grands lacs produisent d'immenses quantités de céréales, qui, dirigées vers les ports de Chicago et de Buffalo, sur les lacs Michigan et Érié, donnent lieu à l'important commerce d'exportation dont on a trouvé les chiffres plus haut.

Au point de vue du rendement moyen, ce sont, pour 1873, les États de l'Ohio et de la Californie qui donnent le produit le plus élevé pour le maïs ; ceux de Massachussets, du Texas, de Connecticut, pour le froment ; le Minnesota et l'Orégon, pour le seigle ; le New-Hampshire, le Minnesota et l'Orégon, pour l'avoine ; le Nebraska, pour l'orge, et enfin le Delaware pour le sarrasin. Les territoires ne figurent dans nos tableaux que dans leur ensemble. — On peut voir que leur rendement moyen est assez élevé pour le froment, l'avoine et l'orge.

Ce sont les États de New-York et de Pensylvanie, ainsi que les États de l'Ouest (Illinois, Ohio, etc.), qui fournissent la plus grande quantité de pommes de terre. Les États de l'Est, dont les superficies sont restreintes, offrent un rendement à l'hectare si considérable, que leur production en devient très-importante. C'est ainsi que, dans le New-Hampshire, on a récolté jusqu'à 135 hectolitres par hectare ; c'est là le chiffre maximum ; on peut citer à la suite de cet État, le Wisconsin, l'Orégon et le Massachussets.

Enfin, les grandes productions de tabac se rencontrent dans le Kentucky, la Virginie, l'Ohio, le Tennessee, le Maryland, la Pensylvanie et la Caroline du Nord. L'Ohio et la Pensylvanie ne doivent leur chiffre élevé de production qu'à l'importance de leur rendement moyen. Ce rendement est également très-élevé dans les petits États de l'Est ainsi que dans le Connecticut.

Coton. — A défaut de renseignements détaillés sur cette production en 1873, on se bornera à produire les renseignements consignés dans les *Census* de 1850, 1860 et 1870, et qui sont reproduits dans le *Census* de 1870.

PRODUCTION DU COTON.

NOMS DES ÉTATS.	1850.	1860.	1870.
	quintaux métriq.	quintaux métriq.	quintaux métriq.
Virginie.	7,100	22,860	330
Caroline du Nord	132,000	261,900	260,800
Caroline du Sud	541,620	686,120	404,100
Géorgie	898,400	1,263,000	853,000
Floride	81,240	117,240	71,600
Alabama.	1,015,900	1,781,800	773,100
Mississipi	871,700	2,164,500	1,016,800
Louisiane	321,660	1,400,000	631,400
Texas.	104,520	776,500	631,080
Arkansas	117,510	661,200	446,220
Tennessee.	850,100	533,500	327,240
Kentucky	1,360	»	1,940
Illinois	»	2,670	840
Missouri.	»	74,100	2,230
Autres États (7).	30	390	310
Totaux.	4,444,070	9,695,780	5,420,660

Ces chiffres donnent la mesure des effets désastreux de la guerre de sécession sur la culture des États du Sud. On sait, en effet, que l'émancipation des noirs a eu pour résultat immédiat de modifier profondément le mode de travail des terres. Les États du Sud, où se concentre la culture du coton et de la canne à sucre, marchent cependant vers un avenir meilleur. C'est ainsi que la diminution du coton constatée de 1860 à 1870 (10 ans — 4,275,120 quintaux métriques) est presque compensée par les 3,367,840 quintaux, montant de l'augmentation relevée de l'année 1870 à l'année 1873, dont la production s'est élevée, comme on l'a vu plus haut, à 8,788,500 quintaux.

Quoi qu'il en soit, ce sont les États du Mississipi, de la Géorgie et de l'Alabama qui sont toujours les principaux producteurs du coton. La Louisiane n'avait pas encore reconquis, en 1870, le rang qu'elle occupait en 1860 ; elle est, il est vrai, avec la Virginie et le Missouri, au nombre des États qui ont été le plus-cruellement frappés.

Indépendamment du coton, dont la production est encore si considérable, les États-Unis récoltent une certaine quantité de chanvre, de lin et même de soie. Voici les chiffres relevés en 1850, 1860 et 1870.

TEXTILES.	1850.	1860.	1870.
	quintaux métriques.	quintaux métriques.	quintaux métriques.
Chanvre	848,700	744,930	127,500
Lin.	34,700	21,400	122,100
Soie. (Poids des cocons.)	49	53	17

De 1860 à 1870, la production du chanvre a diminué au profit du lin. La diminution de la production du chanvre s'est surtout fait sentir dans le Kentucky et le Missouri, où la récolte de 1870 n'est que le quart de celle de 1860. Le même effet s'est étendu au lin pour ces deux États, mais a été compensé et bien au delà par les énormes augmentations relevées, de 1860 à 1870, dans les États de l'Illinois, de l'Ohio, de l'Iowa et de l'Orégon. C'est l'Ohio qui tient ici la tête avec une augmentation de 75,000 quintaux en 10 ans.

La production de la soie, d'ailleurs insignifiante, est en voie de diminution d'après le tableau ci-dessus. En 1873, le produit n'a pas dépassé 18 quintaux de cocons. C'est en Californie qu'on trouve le chiffre maximum.

Sucre. — La canne à sucre, dont la récolte a beaucoup diminué depuis la guerre de sécession, a produit, en 1873, environ 650,000 quintaux de sucre et 558,000 hectolitres de mélasse. En 1861, la plus forte année connue comme rendement, le produit avait dépassé 4 millions de quintaux de sucre. C'est la Louisiane qui présente le chiffre maximum de production ; viennent ensuite tous les États du Sud. Voici comment le *Census* de 1870 répartit, pour 1869, la production des onze États suivants :

RENDEMENT DE LA CANNE A SUCRE EN SUCRE CRISTALLISÉ
ET EN MÉLASSE (1869), en hectolitres.

NOMS DES ÉTATS.	SUCRE CRISTALLISÉ.	MÉLASSE.
Caroline du Nord	90	1,520
Caroline du Sud.	2,640	19,650
Géorgie.	1,610	24,960
Floride	2,330	15,480
Alabama.	80	8,000
Mississipi	120	6,840
Louisiane	201,750	206,320
Texas.	5,050	11,970
Arkansas	230	3,240
Missouri.	120	1,600
Tennessee.	3,520	160
Totaux.	217,540	299,740

Ce sont la Louisiane et le Texas qui ont fourni proportionnellement la plus grande quantité de sucre cristallisé. L'Arkansas est le dernier État où ait été introduite la culture de la canne à sucre. Cette culture tend à décroître dans la Caroline du Sud et le Tennessee.

L'érable, le sorgho et la betterave sont également cultivés sur le territoire de l'Union. La culture de la betterave a été expérimentée en Californie et a produit, en 1873, 4,000 kilogr. de sucre. Quant à l'érable, il avait fourni, en 1870, 12,780 kilogr. de sucre et 40,000 hectolitres de mélasse. C'est le sorgho dont le produit gagne le plus en importance; son rendement en sucre cristallisé est insignifiant, mais la quantité de mélasse produite est considérable. Importé de France en 1854, par les soins du ministère de l'agriculture de Washington, le sorgho a produit, en 1870, 706,000 hectolitres de mélasse. Toutefois, dans certaines localités, sa culture ne rend pas tout ce qu'on en avait espéré.

Si l'on tient compte de l'exportation, bien faible d'ailleurs, des produits indigènes en sucre et en mélasse — 50,000 quintaux de sucre environ et 130,000 hectolitres de mélasse, en 1873, — il restait, pour la consommation, 600,000 quintaux de sucre et plus de 1,100,000 hectolitres de mélasse, quantités bien insuffisantes, puisque la consommation par habitant est évaluée, d'après les documents officiels, à $18^k,12$ de sucre et $11^l,25$ de mélasse. L'importation étrangère vient combler la différence. Après la guerre de sécession, en 1868, cette importation s'élevait à 4 millions et demi de quintaux; elle n'a cessé d'augmenter depuis et atteignait presque 7 millions en 1873. Les mélasses étrangères qui, en 1868, représentaient 4 millions d'hectolitres, tendent au contraire à diminuer.

On trouvera plus loin, sous le titre de *Produits animaux*, les renseignements relatifs à la production de la laine, de la cire, du miel, etc.

§ 3. — ANIMAUX.

Le nombre des animaux de ferme, en janvier 1874, était de plus de 100 millions, ainsi répartis :

Chevaux	9,333,800	
Mulets	1,339,350	
Bœufs et autres bêtes à cornes.	16,218,100	102,395,650.
Vaches laitières.	10,705,300	
Moutons	33,938,200	
Porcs	30,860,900	

Le tableau N° 3 (voir page 125) fournit ces renseignements pour chaque État, ainsi que pour les territoires réunis.

En ce qui concerne l'espèce chevaline, c'est l'Illinois qui occupe le premier rang avec plus d'un million de têtes; viennent ensuite, par ordre décroissant d'importance, les États de Texas, New-York, Indiana, Iowa, Pensylvanie et Missouri, dans chacun desquels on relève plus de 500,000 à 600,000 chevaux. L'Alabama et le Tennessee comptent, en revanche, le plus de mulets (100,000).

Le bétail à cornes l'emporte dans le Texas : 2,400,000 têtes, plus du septième du total, et dans l'Illinois, 1,270,000 têtes. L'Ohio, l'Iowa, le Missouri, l'Indiana, la Pensylvanie, l'État de New-York, classés par importance décroissante, comptent chacun de 800,000 à 600,000 têtes, et les territoires en bloc 713,000.

C'est dans les États à petites cultures de New-York et de Pensylvanie que l'on trouve le plus grand nombre de vaches laitières : 1,410,000 et 800,000, soit plus du cinquième du total. L'Illinois vient ensuite avec 725,000 têtes.

La race ovine domine principalement en Californie et dans l'Ohio. Le premier de ces États compte jusqu'à près de 5 millions de têtes, et le second 4,600,000. Viennent ensuite le Michigan avec 3,500,000 têtes et New-York avec plus de 2 millions, et enfin l'ensemble des territoires avec 2,600,000 têtes. Le nombre des moutons dans les quatre États ci-dessus et les territoires représente plus de la moitié du nombre total.

Quant aux porcs, dont le nombre est considérable, ils se trouvent surtout dans les États de l'Ouest ; l'Illinois et l'Iowa en comptent 3 millions et demi, le Missouri, l'Indiana, l'Ohio, le Kentucky plus de 2 millions.

En résumé, à part le grand nombre de bœufs signalé dans le Texas et celui relevé pour les moutons en Californie et dans les territoires, c'est dans les États de l'Ouest et dans les deux États du centre, de New-York et de Pensylvanie, que l'on trouve les plus grandes quantités de bétail.

Produits animaux. — A défaut de renseignements sur les produits animaux en 1873, voici quelle était leur importance en 1870 :

Beurre	2,313,360 quintaux métriques.
Lait	95,142,000 hectolitres.
Fromage	240,714 quintaux métriques.
Laine	450,200 —
Miel [1]	66,163 —
Cire	2,840 —

Les rapports officiels mentionnent une augmentation générale de tous ces produits de 1870 à 1873, et donnent pour exemple le chiffre de l'exportation des fromages, qui s'est élevé, en 1873, à 411 millions de quintaux ; c'est presque le double de la production de 1870.

La production de la laine est de sa nature plus variable ; elle est, néanmoins, en voie d'augmentation. Voici, pour 1870, la part de chaque État dans cette nature de produit :

---

1. Le nombre des ruches d'abeilles était évalué, en 1875, à 3 millions, appartenant à 70,000 apiculteurs.

PRODUCTION DE LA LAÏNE.

NOMS DES ÉTATS.	PRODUCTION totale.	NOMS DES ÉTATS.	PRODUCTION totale.	NOMS DES ÉTATS.	PRODUCTION totale.
	Qᵗˣ métriques.		Qᵗˣ métriques.		Qᵗˣ métriques
Maine	8,000	Géorgie	3,810	Wisconsin	18,400
New-Hampshire	5,030	Floride	170	Minnesota	1,800
Vermont	14,000	Alabama	1,710	Iowa	13,350
Massachussets	1,350	Mississipi	1,300	Missouri	16,450
Rhode-Island	350	Louisiane	630	Kansas	1,510
Connecticut	1,140	Texas	5,630	Nebraska	330
New-York	48,000	Arkansas	970	Californie	51,500
New-Jersey	1,510	Tennessee	6,250	Orégon	4,860
Pensylvanie	30,000	Virginie de l'Ouest	7,170	Nevada	120
Delaware	260	Kentucky	10,050		
Maryland	1,950	Ohio	92,400	Les Territoires	5,420
Virginie	3,780	Michigan	38,000		
Caroline du Nord	3,600	Indiana	22,650	Total	450,200
Caroline du Sud	700	Illinois	26,000		

Comme on devait le prévoir d'après la distribution des espèces animales, c'est dans l'Ohio et la Californie que l'on trouve la plus grande quantité de laine, 92,000 et 51,500 quintaux métriques, soit près du tiers du total. L'État de New-York, qui vient ensuite par ordre décroissant d'importance, a un rendement moyen très-élevé. Il en résulte que l'État de New-York, avec un nombre de moutons inférieur d'un tiers à celui que présente l'État de Michigan, fournit une production lainière supérieure d'un quart, 48,000 quintaux contre 38,000 quintaux. On peut citer encore la Pensylvanie, l'Illinois et l'Indiana, dont la production varie de 30,000 à 32,000 quintaux.

Une particularité à noter est la petite quantité de laine produite par les nombreux troupeaux de moutons des territoires. En dehors du Nouveau-Mexique et du Colorado[1], qui en fournissent un peu (de 1,000 à 3,000 quintaux), les autres territoires donnent des chiffres absolument insignifiants.

Avant de terminer l'étude des produits animaux, on doit signaler l'importance tout à fait exceptionnelle de l'espèce porcine. Le total des porcs atteint en effet presque celui des moutons. C'est que ces animaux donnent lieu à un commerce très-important, surtout dans les États du Nord-Ouest. Du 1ᵉʳ décembre 1873 au 1ᵉʳ mars 1874, il a été abattu, d'après les documents officiels, 5,460,200 porcs dans les États ci-dessous :

Illinois	1,887,328
Ohio	906,804
Missouri	746,366
Indiana	715,703
Iowa	369,278
A reporter.	4,625,479

	Report.	4,625,479
Wisconsin		333,514
Kentucky		257,259
Michigan		71,549
Kansas		64,037
Minnesota		32,700
Nebraska		29,085
Tennessee		26,577
États limitrophes		26,000
	Total	5,466,200

Dans la saison correspondante, en 1872-1873, il n'en avait été abattu que 5,410,314, ce qui donne une augmentation de 55,886 têtes. Il ne faut pas toutefois juger de l'accroissement de ce commerce par le nombre de têtes livrées à la consommation. En effet, le poids moyen de l'animal n'a été, pour 1873-1874, que de 96^k,73 contre 104^k,59 en 1872-1873; d'où résulte une perte définitive, pour la consommation, de 371,000 quintaux représentant près de 4,000 porcs.

§ 4. — ÉCONOMIE RURALE.

Exploitations. — Étendue moyenne. — Sur les 164 millions d'hectares du territoire agricole, on comptait, en 1870, 2,659,985 exploitations pour une population agricole de tout âge et de tout sexe, que l'on peut évaluer à 18 millions environ ; ce qui correspond depuis 1860 à une augmentation de 615,908, et depuis 1850, à une augmentation de 1,210,912 dans le nombre des exploitations ou fermes.

Voici, pour 1870, un tableau de l'étendue des exploitations :

ÉTENDUE DES EXPLOITATIONS.

CATÉGORIES D'ÉTENDUE.	NOMBRE d'exploitations.	P. 1,000.
Au-dessous de 1 hectare	6,875	2
De 1 hectare à 4 hectares	172,021	65
4 — 8 —	294,607	111
8 — 20 —	847,614	319
20 — 40 —	754,221	284
40 — 200 —	565,054	212
200 — 400 —	15,873	6
Au-dessus de 400 hectares	3,720	1
Total	2,659,985	1,000

L'étendue moyenne d'une exploitation serait d'environ 60 hectares. Si l'on rapproche les renseignements du tableau ci-dessus des chiffres relevés en 1860, on constate que le nombre des fermes a augmenté dans chaque catégorie, à l'exception des deux dernières, qui comprennent les exploitations de 200 hectares et au-dessus.

Instruments agricoles. — Leur valeur totale a été évaluée, en 1870, à 1 milliard 752 millions de francs, en augmentation sur 1860 de 473 millions de francs. Les charrues perfectionnées deviennent d'un usage général. Les faucheuses, les moissonneuses mécaniques sont partout employées. Il en est de même des batteuses à vapeur ou à manége et des semoirs mécaniques.

Les documents américains fournissent, à cet égard, des renseignements recueillis lors d'une enquête faite par le gouvernement de Washington, dans le plus grand nombre des États, sur les mérites respectifs de l'ancienne méthode et du semoir moderne, au point de vue de la quantité employée pour l'ensemencement. A production égale, la dernière colonne du tableau suivant, dressé d'après ces documents, indique l'économie produite par la machine :

ÉTATS.	BLÉ D'HIVER.		
	QUANTITÉ DE SEMENCE EMPLOYÉE PAR HECTARE		
	à la volée.	au semoir.	Différence.
	hectolitres.	hectolitres.	hectolitres.
New-York	1,62	1,44	0,18
New-Jersey	1,75	1,44	0,81
Pensylvanie	1,56	1,34	0,22
Delaware	1,57	1,35	0,22
Maryland	1,53	1,29	0,24
Virginie	1,30	1,09	0,21
Caroline du Nord	0,96	0,75	0,21
Caroline du Sud	0,90	0,63	0,27
Géorgie	0,90	0,81	0,09
Texas	1,06	0,81	0,25
Tennessee	1,08	0,99	0,09
Virginie de l'Ouest	1,38	1,20	0,18
Kentucky	1,22	0,99	0,23
Ohio	1,41	1,18	0,23
Michigan	1,46	1,20	0,26
Indiana	1,33	1,09	0,24
Illinois	1,37	1,11	0,26
Missouri	1,37	1,09	0,28
Kansas	1,34	1,11	0,22
Nebraska	1,40	1,12	0,28
Orégon	1,35	1,09	0,26
Alabama	0,90	»	»
Mississipi	1,12	»	»
Arkansas	0,90	»	»
Californie	1,20	»	»
Moyennes des vingt premiers États	1,32	1,10	0,22

Le Gouvernement délivre constamment des brevets pour de nouveaux instruments et de nouveaux procédés d'agriculture. La fabrication et la vente des machines agricoles forment déjà des branches importantes d'industrie et de commerce ; elles sont devenues l'objet d'un commerce d'exportation considérable et sans cesse croissant.

Les détails suivants, concernant l'emploi des matières fertilisantes et les divers modes d'assolement sont presque textuellement empruntés au rapport qui nous a été adressé par le Ministre de l'agriculture de Washington, en réponse à notre questionnaire de statistique agricole, et que nous nous bornons généralement à traduire.

« *Matières fertilisantes. — Engrais. — Amélioration du sol.* — Il n'existe aucune statistique autorisée relativement à l'emploi des matières fertilisantes et des engrais.

« Cependant les dernières enquêtes du département de l'agriculture démontrent que, dans les États de la Nouvelle-Angleterre (États du Nord-Est), bien que l'intérêt manufacturier l'emporte de beaucoup sur l'intérêt agricole, des efforts intelligents et énergiques ont été faits dans beaucoup de localités pour améliorer le sol par les drainages et les engrais. Dans d'autres, le manque de capitaux et la prépondérance d'autres intérêts industriels ont été la cause de quelques plaintes qui se sont élevées au sujet de l'épuisement du sol. Les excréments des animaux, recueillis tant dans les fermes que dans les bourgs et les villes, sont utilisés, et dans beaucoup de cas, on les transporte, par eau ou sur rails, à des centaines de kilomètres.

« Dans les États du Centre (New-York, New-Jersey, Pensylvanie et Delaware), la culture est une carrière plus indépendante ,et, par suite, l'on s'y adonne plus méthodiquement. On se sert des engrais domestiques, aussi bien que de la chaux, des engrais de poissons et des herbes de mer. Le trèfle est employé comme engrais souterrain pour rendre la fertilité au sol. Le drainage et autres procédés d'amélioration sont également pratiqués sur une grande échelle.

« Dans les États atlantiques du Sud, l'introduction des nouvelles conditions de production, conséquences de l'abolition de l'esclavage, a forcé les agriculteurs à abandonner leurs vieilles méthodes de culture intensive, pour les remplacer par un système plus rémunérateur. Dans le Maryland, les efforts qu'on a faits dans ce sens paraissent avoir été couronnés de succès, et en Virginie, les progrès sont notables et encourageants.

« Dans les autres États atlantiques et dans les États du Golfe, les matières fertilisantes sont plutôt employées pour hâter la production, que comme système d'amélioration permanente du sol. La tendance des vieux planteurs à ne borner leurs essais qu'à quelques cultures principales résiste encore à la sévère leçon de l'expérience ; il en résulte que le sol ne s'améliore que dans une proportion très-restreinte. On ne recueille pas avec soin les engrais domestiques, et l'emploi du trèfle comme engrais, ainsi que le drainage souterrain, ne sont que peu connus.

« Les États méridionaux du Centre, au sud de la rivière de l'Ohio, ont fait de grands progrès. Au nord de l'Ohio, l'usage des engrais commerciaux et des engrais domestiques est général, aussi bien que le drainage et l'emploi des engrais souterrains. Dans un petit nombre d'États, les vieilles idées prévalent encore, mais ces pays ne sont pas les plus florissants. La tendance générale est d'améliorer le sol d'une manière permanente.

« A l'ouest du Mississipi, la grande étendue de terres vierges qui attendent la culture, et la grande fertilité des nouvelles fermes diminuent tellement la valeur de la production que l'amélioration des sols épuisés est un procédé sans profit. Mais, comme les établissements se multiplient et que la production des terres nouvelles décroît, l'amélioration du sol devient plus praticable.

« Sur la côte du Pacifique, on améliore les terres en les laissant en jachère pendant l'été et en les irriguant. Ce sont là les seuls procédés d'amélioration du sol. Les étés secs ne sont pas favorables à la décomposition des engrais. L'on n'en fait qu'une petite quantité, qui est entièrement absorbée par la culture maraîchère.

« *Modes d'assolement.* — La culture en rotation est plus systématique et plus générale dans les États du Centre et dans quelques comtés de la Nouvelle-Angleterre. Des industries spéciales, telles que les laiteries et les cultures maraîchères à proximité des grandes cités, ne peuvent adopter le système de cultures alternantes, obligées qu'elles sont de répéter souvent les mêmes cultures. Dans ce cas, la fertilité du sol est entretenue par l'application des engrais commerciaux et des engrais domestiques. La culture en rotation est générale dans le Maryland et tend à le devenir dans l'État de Virginie, où l'on répétait exagérément les cultures; dans les autres États atlantiques et dans les États du Golfe, on ne la pratique que fort peu.

« La culture répétée du coton est une manie invétérée, que les leçons de l'expérience ont été impuissantes à guérir. L'on rencontre des terres qui ont été plantées en coton pendant cinquante années consécutives; mais le sol ne supporte une telle culture que dans des cas exceptionnels, lorsque, par exemple, il est fertilisé tous les ans par le limon d'une rivière qui l'inonde.

« Dans les États méridionaux du Centre, la culture en rotation commence à être pratiquée; mais, au nord de l'Ohio, bien qu'il y ait encore des exceptions très-notables, ce système est général. Dans l'Ohio, le sol est inondé chaque année par la Scioto, et, après cinquante ans de culture en grains, rapporte encore de 54 à 90 hectolitres par hectare.

« Dans la plupart des pays à l'ouest du Mississipi et de la côte du Pacifique, le système de rotation n'est que nominal ou tout à fait rudimentaire. Dans l'Orégon, l'on a constaté, après une trentième récolte de blé de printemps d'Australie, un rendement moyen de 23,6 hectolitres par hectare.

« Les systèmes de rotation embrassent généralement une période de 3 à 5 ans. Le maïs est souvent planté au printemps dans un fonds bien fumé. Viennent ensuite l'avoine, le froment et deux récoltes d'herbes. Le froment est traité par les hyperphosphates. Ce mode de rotation est connu sous le nom de rotation de Pensylvanie. C'est un bon spécimen des méthodes orientales (*européennes*). Ce système, quelque peu modifié, se retrouve dans l'Ohio et dans les États qui l'avoisinent. »

Dans l'État de Virginie, un quart environ du pays observe un mode de rotation assez régulier embrassant : 1° les engrais; 2° le froment ou l'avoine; 3° le trèfle.

Plus loin dans le Sud et dans quelques cas, les planteurs font alternativement une récolte de coton et une autre de grains.

Sur quelques terrains, des cultures spéciales, telles que celles du riz et de la canne à sucre, monopolisent le sol d'année en année.

Dans la Virginie occidentale, dans le Tennessee et le Kentucky, un petit nombre de pays ont adopté avec beaucoup de succès une période de trois années comprenant : le maïs, le petit grain et l'herbe. Le tabac est quelquefois ajouté à cette série comme quatrième culture. Au nord de l'Ohio, les cultivateurs tendent, en quelques endroits, à porter la période à cinq ou six ans. Trois années de culture de trèfle sont suivies par une culture de maïs, et pendant une ou deux années, par une autre culture de petits grains.

Dans l'État d'Indiana, quelques fermiers allemands pratiquent avec succès un système qui consiste à faire trois cultures doubles à la suite, deux de grains, deux de froment et deux de trèfle. Enfin, plus loin dans l'Ouest, il n'existe aucune méthode qui puisse être considérée comme étant d'un usage commun.

VI

CANADA

VI

CANADA

On sait que le Dominion du Canada, ou Confédération canadienne, comprend actuellement toute la partie nord du continent américain, qui s'étend depuis la frontière des États-Unis jusqu'au pôle arctique, à l'exception toutefois de la partie extrême nord-ouest, connue autrefois sous le nom d'Amérique russe, et qui constitue aujourd'hui dans les États-Unis de l'Amérique du Nord le territoire d'Alaska[1].

Cette superficie considérable, que le dernier *Census* évalue, pour 1871, à 9,059,800 kilom. carrés, se répartit ainsi qu'il suit :

SUPERFICIE DU DOMINION (en kilomètres carrés).

DIVISIONS DU TERRITOIRE.	SUPERFICIE totale.
Provinces de — Ontario	279,150
Québec	500,789
Nouveau-Brunswick	70,763
Nouvelle-Écosse (avec l'île du Cap-Breton)	56,288
Prince-Édouard (île du)	5,439
Total	912,421
Manitoba	38,260
Colombie britannique (avec l'île de Vancouver)	922,040
Territoire de la baie d'Hudson, Labrador, terres de Rupert et du Nord-Ouest, et îles avoisinant le pôle et la baie d'Hudson	7,189,094
Total général	9,059,818

La Colombie britannique, sur l'océan Pacifique, et le Manitoba (établissements de la Rivière-Rouge, situés près de la frontière américaine de l'État du Minnesota) n'ont été cédés par la Compagnie de la baie d'Hudson que depuis ces dernières années : la Colombie l'a été en 1858, lorsque s'est accentué le mouvement industriel provoqué par la découverte des mines d'or, et le Manitoba en 1870. De ces deux provinces, dont la population totale ne dépasse pas 50,000 habitants, le Manitoba seul paraît appelé à un certain avenir agricole, mais aucun document sérieux ne permet d'en préciser l'importance actuelle. Quant au territoire de la baie d'Hudson et des îles adjacentes, dont l'immense superficie (7 millions de kilomètres carrés) s'étend à l'ouest de Manitoba et à l'est de la Colombie, pour se prolonger ensuite jusqu'au

---

1. Il faudrait aussi distraire une partie de la côte du Labrador qui dépend administrativement de Terre-Neuve. Mais cette superficie n'a jamais été relevée séparément et a toujours été comprise dans le continent canadien.

pôle, il ne peut en être question lorsqu'il s'agit de statistique agricole. Tout au plus possède-t-on quelques renseignements peu certains sur les produits de la chasse et de la pêche, uniques occupations des 60,000 marchands, chasseurs ou Indiens, qui parcourent ces immenses déserts.

On voit que la civilisation est exclusivement concentrée dans les cinq provinces du sud-est du Dominion qui figurent en tête du tableau précédent, et dont la population, qui s'élève à 3,579,782 habitants, représente environ les 29/30 de celle du Dominion entier. C'est à ces cinq provinces que se rapportent les renseignements agricoles ci-après.

§ 1er. — SUPERFICIE.

Les 912,424 kilomètres carrés qui représentent la superficie de ces cinq provinces se partagent ainsi qu'il suit entre la terre ferme et les eaux :

SUPERFICIE EN 1871 (en kilomètres carrés).

DIVISIONS DU TERRITOIRE.	TERRE FERME.	EAUX intérieures [2].	SUPERFICIE totale.
Provinces continentales [1]. Ontario	263,340	15,810	279,150
Québec . . . . , ...	485,520	15,269	500,789
Nouveau-Brunswick	70,024	739	70,763
Nouvelle-Écosse . . . . :	54,130	2,153	56,283
Totaux	873,014	33,971	906,985
Ile du Prince-Édouard	5,439	»	5,439
Totaux généraux	878,453	»	912,424

Quant à la terre ferme, le tableau suivant indique comment elle se répartit entre les terres *aliénées* proprement dites et les terres que nous appellerons *non aliénées*, bien que certaines parties soient louées pour l'exploitation des forêts ou des mines.

SUPERFICIE DES TERRES (en kilomètres carrés).

DIVISIONS DU TERRITOIRE.	TERRES ALIÉNÉES. TERRITOIRE AGRICOLE				PROPRIÉTÉS bâties.	TERRES non aliénées.	TOTAL général.
	défriché.	non défriché.	Forêts primitives.	TOTAL.			
Ontario	35,334	29,312	13,777	78,423	3,171	181,746	263,340
Québec	22,816	21,287	26,703	70,806	2,138	412,576	485,520
Nouveau-Brunswick	4,685	10,623	6,507	21,815	430	47,779	70,024
Nouvelle-Écosse	6,508	13,617	6,301	26,429	605	27,096	54,130
Totaux	69,343	74,839	53,291	197,473	6,344	669,197	873,014
Ile du Prince-Édouard	1,780	2,332	»	4,112	179	1,148	5,439

1. Ces provinces représentent, les deux premières, l'ancien Canada (Haut et Bas), et les deux dernières, l'ancienne Acadie.

2. Non compris la superficie de la partie canadienne des eaux frontières des États-Unis (partie du Saint-Laurent et des grands lacs : 70,000 kilomètres carrés).

On voit d'après cela que les terres non aliénées forment plus des trois quarts du territoire total. Mais, tandis qu'à Québec la proportion est de 85 p. 100, elle descend à 50 p. 100 dans la Nouvelle-Écosse, et même à 21 p. 100 dans l'île du Prince-Édouard. Des variations analogues se produisent, mais en sens inverse, dans la proportion du territoire agricole.

Si l'on s'en tient à la première colonne du territoire agricole, c'est-à-dire aux terrains défrichés, on trouve qu'ils se subdivisent, d'après la nature des cultures, conformément aux chiffres ci-après.

On remarquera que dans ce tableau une colonne spéciale est affectée aux superficies ensemencées en froment, tandis que les céréales autres que le froment sont confondues avec les autres cultures; mais cette confusion n'a pas été faite en ce qui concerne la production.

SUPERFICIE DES TERRES DÉFRICHÉES EN 1871 (en hectares).

DIVISIONS DU TERRITOIRE.	TERRITOIRE CULTIVÉ PROPREMENT DIT.				PATU- RAGES.	JARDINS et VERGERS.	TOTAL.
	Froment.	Pommes de terre.	Autres cultures[1].	TOTAL.			
Ontario.	546,350	69,860	1,998,770	2,614,980	835,670	82,800	3,533,450
Québec.	97,090	51,270	1,337,360	1,485,720	777,270	18,580	2,281,570
Nouveau-Brunswick.	7,550	19,080	284,750	311,380	154,040	3,040	468,460
Nouvelle-Écosse.	7,720	21,030	287,310	316,060	829,330	5,440	650,830
Totaux.	658,710	161,240	3,908,190	4,728,140	2,096,310	109,860	6,934,310
Ile du Prince-Édouard. . . .	9,800	12,400	. . . . 155,840				178,040
Totaux généraux	668,510	173,640					7,112,350

§ 2. — PRODUCTION.

D'après le *Census* de 1871, la production totale du Canada en céréales se serait élevée à environ 33 millions d'hectolitres, sur lesquels 30 millions proviennent des cinq provinces du Sud-Est. Cette dernière production se décompose ainsi :

PRODUCTION DES CÉRÉALES (en hectolitres).

NATURE DES PRODUCTIONS.	ONTARIO.	QUÉBEC.	NOUVEAU-BRUNSWICK.	NOUVELLE-ÉCOSSE.	PRINCE-ÉDOUARD (Ile du).	TOTAL.
Froment de printemps . . .	2,867,000	748,000	74,000	81,000	97,000	3,867,000
— d'hiver	2,307,300	9,100	500	1,100	450	2,318,450
Orge	3,440,100	608,000	25,400	107,600	61,000	4,243,700
Avoine	8,053,900	5,497,800	1,106,800	797,500	1,136,000	16,592,000
Seigle.	199,000	166,000	8,000	12,000	»	385,000
Sarrasin.	212,000	609,500	447,000	85,000	27,000	1,380,500
Maïs	1,144,600	219,500	10,500	8,400	800	1,383,800
Totaux.	18,223,900	7,856,500	1,672,200	1,092,600	1,325,250	30,170,450

On voit que la province d'Ontario occupe le premier rang, et Québec le second. Ces deux provinces, à elles seules, fournissent les cinq sixièmes de la production

---

1. Céréales diverses (orge, avoine, seigle, etc.), cultures industrielles, etc., etc.

totale. Au point de vue de l'importance de la production, les diverses céréales se classent ainsi : l'avoine (dont la production est de beaucoup la plus considérable), le froment, l'orge, le maïs, le sarrasin et le seigle.

Le Saint-Laurent et les grands lacs frontières des États-Unis favorisent singulièrement le commerce des céréales. Les provinces d'Ontario et de Québec, qui ont pour débouchés principaux, la première les États-Unis par les grands lacs, la seconde l'Angleterre par le Saint-Laurent, fournissaient, en 1871, un chiffre d'exportation de près de 3 millions d'hectolitres de céréales, dont 1,260,000 de froment. En 1874, la seule exportation du froment s'est élevée à 2,400,000 hectolitres.

Voici, d'après la même source d'information, quelques détails sur un certain nombre d'autres productions :

PRODUCTIONS DIVERSES (en hectolitres ou quintaux métriques).

NATURE DES PRODUCTIONS.	ONTARIO.	QUÉBEC.	NOUVEAU-BRUNSWICK.	NOUVELLE-ÉCOSSE.	PRINCE-ÉDOUARD (Ile du).	TOTAL.
Pommes de terre. . . . Hec·ol.	6,230,000	6,569,000	2,335,000	2,022,000	1,225,000	18,431,000
Pois. . . . . —	2,782,000	800,000	10,300	7,200	300	3,599,800
Fèves . . . . —	39,000	29,000	7,000	5,500	200	80,700
Graines de millet et de trèfle . . . . —	69,000	52,000	3,000	2,900	4,800	131,200
Navets. . . . . —	8,163,000	295,000	219,000	170,000	142,000	8,989,000
Autres racines . . . . . —	983,000	216,000	36,000	55,000	1,000	1,291,000
Graines de lin . . . . . —	7,500	33,300	1,100	1,000	,	42,900
Pommes . . . . —	1,994,000	149,000	46,000	124,000	,	2,313,000
Autres fruits. . . . . . —	88,000	36,700	850	4,600	,	130,150
Foin. . . . . Quint. métr.	18,225,000	12,379,000	3,482,400	4,481,700	690,000	89,258,100
Sucre d'érable . . . . . —	25,000	42,000	1,500	600	,	69,100
Tabac . . . . —	1,600	4,800	2	1	280	6,683
Houblon. . . . . —	4,750	2,000	50	50	,	6,850
Chanvre (filasse) . . . . —	4,700	5,100	150	450	120	10,520
Raisins. . . . . —	4,100	350	7	30	,	4,487

Bien qu'en dehors de ces cinq provinces, on récolte des pommes de terre, des pois, des navets et du foin, etc., les chiffres ci-dessus représentent assez fidèlement la production agricole de l'ensemble des États qui forment le Dominion.

BOIS ET FORÊTS.

L'exploitation des bois et forêts constitue la branche la plus importante de l'industrie canadienne et donne lieu à un fort commerce d'exportation. La production totale du Dominion est inconnue, mais on peut évaluer à 6,175,005 stères celle des quatre provinces d'Ontario, de Québec, du Nouveau-Brunswick et de la Nouvelle-Écosse, sans compter le bois de chauffage dont on ne peut évaluer avec précision l'énorme quantité.

PRODUITS DES FORÊTS EN 1871 (en stères).

ESSENCES.	PROVINCES.			
	Ontario.	Québec.	Nouveau-Brunswick.	Nouvelle-Écosse.
Pin blanc ou jaune	423,000	255,000	9,400	6,800
— rouge	44,000	9,800	1,400	600
Chêne équarri	89,000	1,600	300	2,700
Épinette rouge (tamarin)	35,000	114,000	10,400	3,300
Érable et merisier	2,600	14,000	24,000	14,500
Orme	51,000	1,400	30	5
Noyer... { noir	3,300	»	»	»
tendre	2,000	700	5	60
dur	4,400	1,000	»	5
Bois { Pin	1,140,000	1,000,000	240,000	90,000
de sciage. { Autres	240,000	720,000	700,000	170,000
Autres bois	302,000	297,000	62,600	88,100
Totaux	2,336,300	2,414,500	1,048,135	876,070

§ 3. — ANIMAUX.

Le *Census* canadien donne les résultats du dénombrement des animaux domestiques pour l'année 1871. On remarquera que ce document distingue les animaux destinés au travail de ceux dont les produits constituent des revenus et qu'on appelle, pour cette raison, *farm stock* ou animaux de rente.

DÉNOMBREMENT DU BÉTAIL.

DIVISIONS DU TERRITOIRE.	ESPÈCE CHEVALINE.		ESPÈCE BOVINE.			ESPÈCE OVINE.	ESPÈCE PORCINE.	TOTAL	
	ANIMAUX DE TRAVAIL.		ANIMAUX de travail.	ANIMAUX DE RENTE.		ANIMAUX de rente.	ANIMAUX de rente.	des animaux de travail.	des animaux de rente.
	Chevaux et juments.	Poulains et pouliches	Bœufs.	Vaches laitières.	Autres bêtes.	Moutons.	Porcs.		
Ontario	368,585	120,416	47,941	638,759	716,474	1,514,914	874,664	536,942	3,744,811
Québec	196,339	57,038	48,348	406,542	328,572	1,007,800	234,418	301,725	1,977,332
Nouveau-Brunswick	36,322	8,464	11,132	83,220	69,335	231,418	65,805	55,918	452,778
Nouvelle-Écosse	41,925	7,654	32,214	122,688	119,065	398,377	54,162	81,793	694,292
Totaux	643,171	193,572	139,635	1,251,209	1,233,446	3,155,509	1,229,049	976,378	6,869,213
	836,743		2,624,290			3,155,509	1,229,049	7,845,591	
Ile du Prince-Édouard	25,329		62,984			147,364	52,514	288,191	
Totaux généraux	862,072		2,687,274			3,302,873	1,281,563	8,133,782	

On a recensé, en outre, dans les quatre premières provinces, 144,791 ruches d'abeilles, dont 94,600 dans la province d'Ontario.

Voici les chiffres de production des principaux produits animaux :

PRODUITS ANIMAUX EN 1871 (en quintaux métriques).

NATURE DES PRODUITS.	ONTARIO.	QUÉBEC.	NOUVEAU-BRUNSWICK.	NOUVELLE-ÉCOSSE.	PRINCE-ÉDOUARD. (Ile du)	TOTAL.
Beurre	150,492	97,157	20,463	28,647	3,920	300,679
Fromage domestique	13,781	2,049	619	3,539	620	20,558
Laine	25,700	11,153	3,204	4,551	»	44,608
Miel	5,008	2,653	380	100	»	8,141

En dehors du fromage fabriqué pour les besoins de la consommation inté-rieure, qui figure dans ce tableau sous le nom de fromage domestique, il est fa-briqué une quantité beaucoup plus considérable de fromages divers, dont la plus grande partie est exportée en Angleterre.

§ 4. — ÉCONOMIE RURALE.

POPULATION AGRICOLE. — ÉTENDUE DES EXPLOITATIONS.

Les documents canadiens ne font pas connaître le nombre des exploitations agri-coles, mais ils fournissent quelques détails sur la population qui les occupait en 1871, en indiquant la répartition des travailleurs suivant l'étendue des exploitations. Nous reproduisons ces deux tableaux.

POPULATION AGRICOLE.

DIVISIONS DU TERRITOIRE.	PROPRIÉ-TAIRES.	FER-MIERS.	JOURNA-LIERS et domes-tiques.	TOTAL des occupants (occupiers).	MÉNAGÈRES ou enfants ne travail-lant pas directement	TOTAL.
Ontario	144,212	27,340	706	172,258	56,450	228,708
Québec	109,059	7,895	1,132	118,086	42,555	160,641
Nouveau-Brunswick	29,059	2,034	109	31,202	9,192	40,394
Nouvelle-Écosse	43,830	2,314	172	46,316	3,453	49,769
Totaux	326,160	39,583	2,119	367,862	111,650	479,512

NOMBRE D'OCCUPANTS D'APRÈS L'ÉTENDUE DES EXPLOITATIONS.

DIVISIONS DU TERRITOIRE.	Au-dessous de 4 hectares.	De 4 à 20 hectares.	De 20 à 40 hectares.	De 40 à 80 hectares.	Au-dessus de 80 hectares.
Ontario	19,954	38,882	71,864	33,984	7,574
Québec	10,510	22,379	44,410	30,891	9,896
Nouveau-Brunswick	2,669	6,415	11,888	6,900	3,330
Nouvelle-Écosse	7,148	11,201	13,138	10,401	4,428
Totaux	40,281	78,887	141,300	82,176	25,228

367,862

Ces deux tableaux permettent d'assigner définitivement à la province d'Ontario le premier rang dans l'agriculture du Canada ; Québec vient immédiatement après.

A défaut de renseignements directs sur l'étendue des diverses exploitations agricoles, ces mêmes tableaux démontrent que leur étendue moyenne est, pour les quatre provinces réunies, d'environ 30 hectares.

INSTRUMENTS AGRICOLES.

Indépendamment de 1,395,000 voitures légères ou de transport (charrettes, wagons, traîneaux, etc.), l'outillage agricole des cinq provinces comprenait en 1871 :

573,000 charrues et herses ;

 63,000 râteaux à cheval ;

 45,806 moissonneuses et faucheuses ;

 32,342 machines à battre ;

 69,147 cribles.

La fabrication des instruments aratoires occupe 2,500 personnes et donne lieu à une production d'une valeur de plus de 13 millions de francs.

INDUSTRIES AGRICOLES DIVERSES.

On peut, en outre, rattacher aux industries agricoles 8,458 fabriques diverses, qui occupaient près de 50,000 ouvriers, dont 35,000 dans les scieries de bois.

En voici la nomenclature :

5,301 moulins à scier le bois ;

2,440   —   à farine ;

   40   —   à broyer le lin ;

  353 fromageries ;

  193 établissements de salaison de viande ;

  131 pelleteries.

C'est dans l'Ontario et dans la province de Québec que se trouve le plus grand nombre de scieries de bois. La production de ces établissements s'est élevée, en 1871, pour les quatre provinces continentales, à plus de 150 millions de francs.

TABLE ALPHABÉTIQUE

TABLE ALPHABÉTIQUE

NOTE IMPORTANTE. — Les chiffres romains indiquent la page de
l'Introduction, les chiffres arabes indiquent celle des Tableaux et des
Notices agricoles. — La lettre *t* renvoie aux Tableaux, la lettre *n* aux
Notices.

Betteraves. (Voir *Cultures industrielles.*)

Beurre (Produits du). — Aux États-Unis, n. 194; au Canada, n. 208.

Bœufs. (Voir *Espèce bovine.*)

Bois et Forêts . (Voir *Forêts.*)

Boucherie (Animaux livrés à la), xlii, t. 11, 70.

Bouches-du-Rhône (Département des). — Territoire, t. 15. — Produit des cultures, t. 25. — Animaux domestiques, t. 61. — Économie rurale, t. 79.

Boucs. (Voir *Espèce caprine.*)

Bouvillons. (Voir *Espèce bovine.*)

Bovine (Dénombrement de l'espèce). — En France, xxxiv, t. 11, 62; en Hollande, xxxviii, t. 96; dans les États européens, xxxviii, t. 114; en Australie, n. 182; aux États-Unis, t. 125, n. 193; au Canada, n. 207.

Brabant septentrional (Province du). — Étendue du territoire agricole, t. 90. — Céréales et farineux alimentaires, t. 92. — Cultures industrielles, t. 94. — Animaux domestiques, ruches d'abeilles, t. 96. — Commerce des fruits, arboriculture, prix des terres, n. 161. (Voir *Hollande.*)

Brebis. (Voir *Espèce ovine.*)

Bretagne. (Voir *Grande-Bretagne.*)

Brunswick (Nouveau-). — Territoire, n. 203. — Superficie cultivée, n. 204. — Production, n. 205. — Animaux, n. 207. — Économie rurale, n. 208. (Voir *Canada.*)

Buffles. (Voir *Espèce bovine.*)

Californie (État de). — Superficie des principales cultures, t. 120. — Rendement et production des céréales, t. 122; des pommes de terre, du foin et du tabac, t. 124. — Animaux domestiques, t. 125. — Production de la laine, n. 195. (Voir *États-Unis.*)

Calvados (Département du). — Territoire, t. 15. — Produit des cultures, t. 25. — Animaux domestiques, t. 61. — Économie rurale, t. 79.

Cameline. (Voir *Cultures industrielles.*)

Canada. — Territoire, n. 203. — Superficie cultivée, n. 204, 205. — Céréales, n. 205. — Produits divers, n. 206. — Bois et forêts, n. 206. — Animaux domestiques, n. 207. —Produits animaux, n. 208.—Population agricole, n. 208.—Étendue des exploitations, n. 208. — Instruments agricoles, n. 209 — Industries agricoles, n. 209.

Cannes a sucre (Production des). — En Australie, n. 180; aux États-Unis, n. 192.

Cantal (Département du). — Territoire, t. 15. — Produit des cultures, t. 25. — Animaux domestiques, t. 61. — Économie rurale, t. 79. — Élève du bétail et fabrication du fromage, n. 143.

Caprine (Dénombrement de l'espèce). —En France, xxxiv, t. 11, 62; en Hollande, xxxviii, t. 96; dans les États européens, xxxviii, t. 114; en Australie, n. 182; aux États-Unis, t. 125, n. 193; au Canada, n. 207.

Caroline du Nord (État de la). — Superficie des principales cultures, t. 120. — Rendement et production des céréales, t. 122; des pommes de terre, du foin et du tabac, t. 124; du coton, n. 191; du sucre, n. 192. — Animaux domestiques, t. 125. — Production de la laine, n. 195. (Voir *États-Unis.*)

Caroline du Sud (État de la). —Superficie des principales cultures, t. 120. —Rendement et production des céréales, t. 122; des pommes de terre, du foin et du tabac, t. 124; du coton, n. 191; du sucre, n. 192. — Animaux domestiques, t. 125. — Production de la laine, n. 195. (Voir *États-Unis*)

Cendres. (Voir *Amendements*.)

Céréales (froment et épeautre, méteil, seigle, orge, avoine, sarrasin, maïs, millet, mélange.) — France, xxiv, t. 9, 26, n. 131 ; Hollande, xxvii, t. 192 ; États européens, xxvii, t. 102 ; Australie, n. 177 ; États-Unis, xxix, t. 120, n. 187 ; Canada, n. 204.

Chanvre. (Voir *Cultures industrielles*.)

Charente (Département de la). — Territoire, t. 15. — Produit des cultures, t. 25. — Animaux domestiques, t. 61. — Économie rurale, t. 79. — Le métayage et la petite propriété ; accroissement de la culture du colza et des arbres à fruits ; emploi de la betterave, n. 143.

Charente-Inférieure (Département de la). — Territoire, t. 15. — Produit des cultures, t. 25. — Animaux domestiques, t. 61. — Économie rurale, t. 79. — Extension de la viticulture ; diminution des bois et de l'industrie salicole, n. 143.

Charrues ordinaires, perfectionnées. (Voir *Outillage agricole*.)

Chataignes. (Voir *Farineux* en France.)

Chaux. (Voir *Amendements*.)

Cher (Département du). — Territoire, t. 15. — Produit des cultures, t. 25. — Animaux domestiques, t. 61. — Économie rurale, t. 79. — Arboriculture, amélioration du matériel agricole, n. 143.

Chevaline (Dénombrement de l'espèce). — En France, xxxiv, t. 11, 62 ; en Hollande, xxxviii, t. 96 ; dans les États européens, xxxviii, t. 114 ; en Australie, n. 182 ; aux États-Unis, t. 125, n. 193 ; au Canada, n. 207.

Chevaux entiers, hongres. (Voir *Espèce chevaline*.)

Chevreaux. (Voir *Espèce caprine*.)

Chèvres. (Voir *Espèce caprine*.)

Chicorée. (Voir *Cultures industrielles*.)

Cire (Production de la), xlv, t. 11, 74 ; aux États-Unis, n. 194.

Cochons de lait et autres. (Voir *Espèce porcine*.)

Colombie britannique. — Territoire, n. 203.

Colza. (Voir *Cultures industrielles*.)

Commerce des produits agricoles. — En France, n. 137 ; en Hollande, n. 153 ; en Australie, n. 183.

Connecticut (État du). — Superficie des principales cultures, t. 120. — Rendement et production des céréales, t. 122 ; des pommes de terre, du foin et du tabac, t. 124. — Animaux domestiques, t. 125. — Production de la laine, n. 195. (Voir *États-Unis*.)

Consommation des produits agricoles. — En France, n. 135 ; en Hollande, n. 160.

Corrèze (Département de la). — Territoire, t. 15. — Produit des cultures, t. 25. — Animaux domestiques, t. 61. — Économie rurale, t. 79.

Corse (Département de la.) — Territoire, t. 15. — Produit des cultures, t. 25. — Animaux domestiques, t. 61. — Économie rurale, t. 79.

Côte-d'Or (Département de la). — Territoire, t. 15. — Produit des cultures, t. 25. — Animaux domestiques, t. 61. — Économie rurale, t. 79. — Progrès de la culture et de l'élevage des animaux des espèces bovine et ovine ; extension de la culture du houblon et des betteraves ; propagation des engrais commerciaux, n. 144.

Côtes-du-Nord (Département des). — Territoire, t. 15. — Produit des cultures, t. 25. — Animaux domestiques, t. 61. — Économie rurale, t. 79.

Coton (Production du). — En Australie, n. 180 ; aux États-Unis, n. 191.

ILLE-ET-VILAINE (Département d'). — Territoire, t. 15. — Produit des cultures, t. 25. — Animaux domestiques, t. 61. — Économie rurale, t. 79. — Progrès agricoles, commerce du beurre et des œufs avec l'Angleterre, n. 145.

ILLINOIS (État de l'). — Superficie des principales cultures, t. 120. — Rendement et production des céréales, t. 122 ; des pommes de terre, du foin et du tabac, t. 124 ; du coton, n. 191. — Animaux domestiques, t. 125. — Production de la laine, n. 195. — Viande de porc, n. 195. (Voir *États-Unis*.)

INDIANA (État d'). — Superficie des principales cultures, t. 120. — Rendement et production des céréales, t. 122 ; des pommes de terres, du foin et du tabac, t. 124. — Animaux domestiques, t. 125. — Production de la laine, n. 195. — Viande de porc, n. 195. (Voir *États-Unis*.)

INDRE (Département de l'). — Territoire, t. 15. — Produit des cultures, t. 25. — Animaux domestiques, t. 61. — Économie rurale, t. 79.

INDRE-ET-LOIRE (Département d'). — Territoire, t. 15. — Produit des cultures, t. 25. — Animaux domestiques, t. 61. — Économie rurale, t. 79. — Extension des vignes; diminution du fumier et du bétail, n. 145.

INDUSTRIELLES (Cultures). (Colza, œillette, navette, cameline, chanvre, lin, betterave, houblon, tabac, chicorée, safran, gaude, etc.) — France, XXXII, t. 9, 42 ; Hollande, XXXIII, t. 94 ; États européens, XXXIII, t. 109 à 112 ; Australie, n. 181, 182 ; États-Unis, t. 124, n. 188, 191 ; Canada, n. 206.

INDUSTRIES AGRICOLES du Canada, n. 209.

IOWA (État d'). — Superficie des principales cultures, t. 120. — Rendement et production des céréales, t. 122 ; des pommes de terre, du foin et du tabac, t. 124. — Animaux domestiques, t. 125. — Production de la laine, n. 195. — Viande de porc, n. 195. (Voir *États-Unis*.)

IRLANDE. — Territoire agricole par nature de cultures, XXI à XXIII, t. 100. — Produit des cultures : céréales, XXVIII à XXX, t. 102 à 106 ; farineux, XXXI, t. 108 ; cultures industrielles, t. 109 à 112. — Animaux domestiques, XXXVIII à XLII, t. 114.

ISÈRE (Département de l'). — Territoire, t. 15. — Produit des cultures, t. 25. — Animaux domestiques, t. 61. — Économie rurale, t. 79.

ITALIE. — Production des céréales, XXIX à XXX, t. 102 à 106 ; farineux, XXXI, t. 108. — Animaux domestiques, XXXVIII à XLII, t. 114.

JACHÈRES MORTES. — En France, XX, t. 7, 16 ; en Hollande, t. 90 ; dans les États européens, XXI, t. 100 ; en Australie, n. 178.

JUMENTS. (Voir *Espèce chevaline*.)

JURA (Département du). — Territoire, t. 15. — Produit des cultures, t. 25. — Animaux domestiques, t. 61. — Économie rurale, t. 79.

KANSAS (État du). — Superficie des principales cultures, t. 120. — Rendement et production des céréales, t. 122 ; des pommes de terre, du foin et du tabac, t. 124. — Animaux domestiques, t. 125. — Production de la laine, n. 196. — Viande de porc, n. 195. (Voir *États-Unis*.)

KENTUCKY (État de). — Superficie des principales cultures, t. 120. — Rendement et production des céréales, t. 122 ; des pommes de terre, du foin et du tabac, t. 124 ; du coton, n. 191. — Animaux domestiques, t. 125. — Production de la laine, n. 195. — Viande de porc, n. 196. (Voir *États-Unis*.)

LABRADOR. (Voir *Canada*.)

SARRASIN. (Voir *Céréales*.)

SARTHE (Département de la). — Territoire, t. 15. — Produit des cultures, t. 25. — Animaux domestiques, t. 61. — Économie rurale, t. 79.

SAVOIE (Département de la). — Territoire, t. 15. — Produit des cultures, t. 25. — Animaux domestiques, t. 61. — Économie rurale, t. 79.

SAVOIE (Département de la HAUTE-). — Territoire, t. 15. — Produit des cultures, t. 25. — Animaux domestiques, t. 61. — Économie rurale, t. 79. — Effet de la gelée sur la récolte de 1873, n. 148.

SAXE-ALTENBOURG. — Territoire agricole par nature de cultures, XXI à XXIII, t. 100. — Produit des cultures : céréales, XXVIII à XXXI, t. 102 à 106; farineux, XXXI, t. 108; cultures industrielles, t. 109 à 112. — Animaux domestiques, XXXVIII à XLII, t. 114. — Population agricole, n. 172.

SAXE-ROYALE. — Territoire agricole par nature de culture, XXI à XXIII, t. 100. — Produit des cultures : céréales, XXVIII à XXXI, t. 102 à 106; farineux, XXXI, t. 108; cultures industrielles, t. 109 à 112. — Animaux domestiques, XXXVIII à XLII, t. 114.

SAXE-WEIMAR. — Territoire agricole par nature de cultures, XXI à XXIII, t. 100. — Produit des cultures : céréales, XXVIII à XXXI, t. 102 à 106; farineux, XXXI, t. 108; cultures industrielles, t. 109 à 112. — Animaux domestiques, XXXVIII à XLII, t. 114. — Inspections agricoles; fumure; mode d'élevage du bétail; effets des pratiques usuraires sur l'achat des denrées, n. 172.

SEIGLE. (Voir *Céréales*.)

SEINE (Département de la). — Territoire, t. 15. — Produit des cultures, t. 25. — Animaux domestiques, t. 61. — Économie rurale, t. 79.

SEINE-INFÉRIEURE (Département de la). — Territoire, t. 15. — Produit des cultures, t. 25. — Animaux domestiques, t. 61. — Économie rurale, t. 79.

SEINE-ET-MARNE (Département de). — Territoire, t. 15. — Produit des cultures, t. 25. — Animaux domestiques, t. 61. — Économie rurale, t. 79.

SEINE-ET-OISE (Département de). — Territoire, t. 15. — Produit des cultures, t. 25. — Animaux domestiques, t. 61. — Économie rurale, t. 79.

SEMENCE par hectare. — *Céréales :* France, 9, 26 à 36; États européens, 104. — *Farineux :* France, 9, 36; États européens, 104. — *Betteraves et cultures oléagineuses :* France, 9, 42 à 46. — Rapport de ces produits à la semence, en France, XXVII.

SEMOIRS MÉCANIQUES aux États-Unis, n. 197.

SERBIE. — Production des céréales, XXIX à XXX, t. 102 à 106.

SÈVRES (Département des DEUX-). — Territoire, t. 15. — Produit des cultures, t. 25. — Animaux domestiques, t. 61. — Économie rurale, t. 79.

SOMME (Département de la). — Territoire, t. 15. — Produit des cultures, t. 25. — Animaux domestiques, t. 61. — Économie rurale, t. 79.

SUCRE (Production du) aux États-Unis, n. 193. (Voir *Cannes à sucre*.)

SUÈDE. — Territoire agricole par nature de cultures, XXI à XXIII, t. 100. — Produit des cultures : céréales, XXVIII à XXXI, t. 102 à 106; farineux, XXXI, t. 108; cultures industrielles, t. 109 à 112. — Animaux domestiques, XXXVIII à XLII, t. 114. — Sociétés agricoles; mode d'exploitation du sol; assolement, n. 169.

SUIF (Production du), XLV, t. 11, 74. — Exportation du suif de l'Australie, n. 183.

SUISSE. — Production des céréales, XXIX à XXX, t. 102 à 106. — Farineux, XXXI, t. 108. — Animaux domestiques, XXXVIII à XLII, t. 114.

SUPERFICIE cultivée en *céréales et farineux :* France, XXIV, t. 9, 26, n. 131; Hollande, XXVII, t. 92; États européens, XXVII, t. 102; Australie, n. 177; États-Unis, XXIX, t. 120,

Nancy. — Imprimerie Berger-Levrault et Cⁱᵉ.

www.ingramcontent.com/pod-product-compliance
Lightning Source LLC
LaVergne TN
LVHW020142070726